Net recherche 2013

Information & stratégie

regroupe des ouvrages pratiques et de réflexion destinés à l'entreprise et à ses professionnels, aux enseignants et aux étudiants concernés par la gestion de l'information et toutes les problématiques stratégiques qui y sont liées.

La collection s'adresse tant aux responsables marketing, communication, business analysts, RH, documentalistes, ingénieurs, chercheurs, bibliothécaires ou journalistes qu'aux étudiants et enseignants de ces filières. Elle fournit des outils et analyses de qualité, au contenu complet bien que concis, avec des exemples concrets et des illustrations. Des encadrés thématiques et une structure bien découpée permettent, au choix, une lecture fragmentée ou continue des ouvrages, toujours opérationnelle.

« Information & Stratégie » porte le label de l'**ADBS**, l'Association des professionnels de l'information et de la documentation, la plus importante association professionnelle de France dans le domaine des métiers de l'information. Créée en 1963, l'ADBS compte plus de 4000 membres actifs.

La collection est dirigée par **Stéphane Cottin**, chargé de mission pour le développement des systèmes d'information et la valorisation des ressources documentaires auprès du cabinet du Secrétaire général du Gouvernement, et **Ghislaine Chartron**, professeur au Conservatoire national des arts et métiers de Paris (CNAM) et directrice d'un institut de formation des professionnels de l'information (INTD). Tous deux lui apportent leur expertise dans les domaines de l'information et de la documentation.

À PARAÎTRE :

Joumana Boustany, Evelyne Broudoux, Ghislaine Chartron (dir.),
La médiation numérique : renouvellement et diversification des pratiques.
Actes du colloque « Document numérique et société », Zagreb, 2013

Information & stratégie

Véronique Mesguich
Armelle Thomas

Net recherche 2013

Surveiller le web et trouver l'information utile

Préface d'Olivier Andrieu

de boeck

ADBS

Pour toute information sur notre fonds et les nouveautés dans votre domaine de spécialisation, consultez notre site web : **www.deboeck.com**

Couverture et maquette intérieure : cerise.be
Mise en page : Softwin

1re édition

Imprimé en Belgique

Dépôt légal :
Bibliothèque nationale, Paris : décembre 2013
Bibliothèque royale de Belgique, Bruxelles : 2013/0074/265

ISSN 2295-3825
ISBN 978-2-8041-8228-1

REMERCIEMENTS

Nous tenons à remercier nos collègues professionnels et nos proches, qui nous ont prodigué conseils, compléments d'information, relecture... et encouragements.

Véronique Mesguich, Armelle Thomas

PRÉFACE

J'ai été ravi d'apprendre, il y a quelques mois de cela, que l'ouvrage *Net recherche* allait connaître une nouvelle mouture, la cinquième déjà, en cette année 2013. Comme je le disais dans ma précédente préface, en 2010, le monde mouvant de la recherche d'information sur le Web est parfois difficile à appréhender. L'internaute a alors besoin d'aide au quotidien pour être plus performant dans ses recherches. Je ne peux que louer, une nouvelle fois, l'initiative d'Armelle Thomas et de Véronique Mesguich, avec ce livre qui nous dévoile les arcanes des moteurs de recherche et nous aide, depuis de nombreuses années, à « trouver » plutôt que « chercher ».

Ce petit (mais finalement, est-il si petit que cela ?) monde des outils de recherche a tellement évolué en vingt ans ! Au départ, on a connu l'avènement des *moteurs de recherche*. Leur but était de fournir, lorsque l'internaute tapait des mots-clés, une liste de résultats qui répondait de la manière la plus précise possible à la demande. Le moteur était un *hub*, une interface entre le cerveau de l'utilisateur et l'information se trouvant sur la Toile.

Puis est arrivé Google, qui a submergé bien des concurrents et affiné sa stratégie de conquête au fil des ans. Petit à petit, son ambition s'est dessinée et cet outil désire, aujourd'hui, avant tout être, au quotidien, un *moteur de réponses*. Son but n'est plus de vous fournir des liens à cliquer pour trouver l'info, mais bien de vous fournir lui-même la réponse à vos interrogations, directement dans sa page de résultats (ou SERP pour *Search Engine Result Pages*). D'ailleurs, un jour, la première page de Google proposera peut-être uniquement des infos traitées et mises en pages par le moteur, reléguant les « liens bleus » sur une zone secondaire de l'outil. Il s'agit là de la voie clairement tracée par Google pour les années qui viennent. Réfléchira-t-il un jour à notre place ? On peut espérer que non... Mais il n'est pas interdit de le redouter.

La prochaine étape sera certainement l'avènement des *moteurs de recommandations*. L'aspect social est partout dans notre quotidien et il gagne petit à petit nos investigations sur le Web. Il semble logique de ne pas uniquement demander à une simple algorithmie mathématique de nous aider dans nos recherches. Nos « amis » (au sens webo-social du terme) et les amis de nos amis peuvent également ajouter leur brique à l'édifice pour nous aider à trouver cette satanée aiguille parfois minuscule dans une botte de foin - toile d'araignée souvent immense. Dans ce sens, des sites comme Facebook ou les réseaux sociaux professionnels auront certainement une incroyable carte à jouer dans ce domaine dans un proche avenir. Un peu de concurrence au « Dieu Google » ne peut pas faire de mal et pourrait même réenclencher une « spirale de l'excellence » toujours salvatrice en termes d'innovation. Innovation : un mot que Google semble avoir rayé de son dictionnaire interne, trop occupé à couper les branches mortes et supprimer ses services non rentables... Laissant ainsi une place libre pour de nouveaux acteurs ?

Mais il serait illogique de ne se focaliser que sur les grands acteurs du domaine, comme Google ou Facebook. En effet, la richesse et la valeur ajoutée d'une recherche sur le Web sont avant tout le fruit d'une réflexion sur le meilleur outil à utiliser en fonction de la requête désirée. Le Web propose une extraordinaire multitude d'outils souvent moins connus et pourtant très utiles et précis dans de nombreux cas. Se servir uniquement des « mastodontes » quelle que soit la recherche, c'est se couper d'outils pouvant effectuer des frappes chirurgicales remarquables dans le magma du Web afin de vous aider au quotidien.

Dans ce cas, rien ne vaut un bon guide pour suivre la trace qui nous guide vers la substantifique moelle de l'information. Et ce guide, comme je le disais précédemment, vous l'avez entre les mains...

La cinquième édition de ce livre connaîtra, j'en suis certain, le même succès, tout autant mérité que les précédentes. Je suis très fier que les co-auteures de cet ouvrage m'aient demandé de rédiger une nouvelle fois cette préface. Je suis persuadé que ce livre vous aidera au quotidien dans vos requêtes numériques et vous apportera une vision claire et précise des « gestes qui sauvent » en la matière.

Bonnes recherches, ou plutôt, « Net recherches » !

Olivier Andrieu

Éditeur du site Abondance.com

INTRODUCTION

Pourquoi un livre sur un thème aussi mouvant que la recherche d'informations sur Internet ? Parce qu'il nous a semblé nécessaire de proposer une vision globale de ce sujet en perpétuelle évolution mais relativement peu étudié dans son ensemble, et de permettre ainsi aux internautes de disposer d'un certain recul face à la prolifération d'informations en ligne et d'identifier des contenus de qualité. Sous l'apparente facilité d'utilisation des moteurs de recherche se cache une réalité complexe, et le secret de la réussite, dans ce domaine, passe autant par la maîtrise des aspects techniques que par la capacité à évaluer et sélectionner les sources pertinentes. Il en va de la recherche d'information sur Internet comme de la pratique culinaire : il s'agit tout autant d'une activité quotidienne et très répandue que d'un véritable savoir-faire professionnel. Pour beaucoup, cette pratique se résume à une utilisation très élémentaire du moteur Google, qui bat tous les records d'utilisation en France avec plus de 90 % de parts de visites[1] ! Et en effet, quels que soient les mots-clés saisis dans le formulaire, n'est-on pas assuré d'obtenir des « réponses » ? Malheureusement, hormis pour des questions très factuelles ou très générales, les résultats se révèlent souvent peu convaincants, et la frustration est vite au rendez-vous...

Qu'elle réponde à des besoins professionnels ou personnels, la recherche d'information représente une grande part de l'activité des internautes : selon une étude du cabinet Comscore[2], parue en février 2013, plus de 175 milliards de recherches auraient été effectuées en décembre 2012 dans le monde via des moteurs, alors que le nombre de requêtes atteignait en 2008 88 milliards, soit moins de la moitié. Le succès des outils de recherche sur Internet est mondial, et concerne les États-Unis bien sûr, mais aussi désormais la Chine, la Russie ou l'Amérique du Sud.

Depuis la première édition de cet ouvrage, en mars 2006, la physionomie du web ainsi que ses usages ont considérablement évolué : le concept de « web social » ou « web 2.0 », que nous évoquions alors, est devenu familier à la majorité des internautes, au point que beaucoup en utilisent les services sans en être nécessairement conscients. La recherche d'information peut s'envisager sur un mode collaboratif, avec une mutualisation accrue de documents ou données. Autre tendance forte : l'émergence du web temps réel, conséquence des accès via des tablettes et smartphones ; de plus, les fichiers multimédia, audio et vidéo sont désormais innombrables sur la Toile, et au cœur des recherches : selon les statistiques du site Alexa[3], le moteur YouTube (racheté par Google) est le troisième site le plus consulté au monde, derrière Google et... Facebook.

1 Source baromètre des moteurs de AT Internet Institute, été 2013.
2 www.comscore.com
3 www.alexa.com/topsites

Les acteurs leaders du monde de la recherche d'information sont également touchés par ces évolutions : phénomènes de concentration, arrivée de nouveaux acteurs sur le marché, déclin de certains autres, etc.

Certains moteurs web, apparus plus ou moins récemment, se dotent d'interfaces innovantes, basées sur des représentations cartographiques ou des classifications automatisées. Pourtant, les utilisateurs sont encore noyés par un trop grand nombre de résultats, souvent imprécis. Les moteurs, même les plus puissants d'entre eux, ne sont toujours pas en mesure de prendre en compte, dans son intégralité et sa diversité, l'énorme masse de données disponibles en ligne. Leur fonctionnement reste encore mal connu des internautes, malgré une utilisation quotidienne. Chaque année apparaissent plusieurs moteurs généralistes dans lesquels on croit déceler le futur « Google Killer », qui va détrôner le moteur roi... pour autant l'hégémonie de Google perdure, et nous verrons quelles sont les raisons de ce succès qui dure depuis maintenant plus de quinze ans.

Ce n'est sans doute pas un hasard si certains outils pionniers de la recherche web se nommaient Copernic ou Magellan. Nous sommes encore, dans la courte histoire du web, à l'aube des grandes découvertes dans ce domaine. Internet s'est imposé au fil des années comme un formidable canal de diffusion d'informations et, plus que jamais, il peut être perçu comme l'incarnation d'une immense « bibliothèque de Babel », permettant d'accéder à une énorme quantité de savoirs, d'informations, de documents et de données extrêmement divers, et en constante évolution.

Afin de ne pas se perdre dans ce labyrinthe d'informations, l'internaute doit appréhender cette multitude en faisant preuve de rationalité et de pensée critique, tout en sachant ménager une part au hasard, qui favorise les découvertes « heureuses ». Cette profusion de sources demeure relativement récente : jusqu'à l'explosion du web, au début des années 1990, les outils de recherche d'information donnaient accès à un volume beaucoup plus limité de données ; par contre ces données étaient généralement validées *a priori* et faisaient l'objet de nombreux traitements (mise en forme, indexation humaine, etc.). Les langages d'interrogation étaient complexes et nécessitaient une formation particulière. Aujourd'hui, on trouve pêle-mêle sur le web des contenus structurés ou non structurés, validés ou non par un comité éditorial, gratuits ou payants ; la syntaxe d'interrogation des moteurs tend vers une plus grande simplicité.

L'art – car il s'agit bien davantage d'un art que d'une science exacte – de la recherche d'information et de la veille va consister alors, en grande partie, à déterminer les outils, les méthodes et les sources les plus adaptés aux différents types de requêtes. La qualité des résultats de la recherche reposera non seulement sur la maîtrise des divers outils disponibles, qu'ils soient généralistes ou spécialisés, mais aussi sur une bonne connaissance des sources d'informations correspondant à un domaine du savoir. Le savoir-faire est autant celui de l'« ingénieur » dans la pratique des fonctions avancées des outils, que celui du « bricoleur », dans le sens où l'entendait Claude

Lévi-Strauss[4], c'est-à-dire une forme d'agilité dans la « jungle informationnelle », une aisance qui passe en grande partie par la maîtrise des sources.

Cet ouvrage voudrait offrir à toute personne amenée à effectuer des recherches sur Internet un panorama des outils et méthodes existant à ce jour. Il est destiné tant aux professionnels de l'information (documentalistes, bibliothécaires, veilleurs, etc.) qu'aux enseignants, chercheurs, étudiants, aux professionnels d'entreprise et de façon générale à tout internaute confronté à la complexité sans cesse grandissante des données disponibles en ligne. Le lecteur y découvrira des conseils méthodologiques, mais aussi des « trucs et astuces » destinés à optimiser le processus de recherche, des informations précises sur les évolutions actuelles, mais également des présentations d'outils et des listes d'adresses utiles.

La structure même de l'ouvrage favorise d'ailleurs différents accès à l'information, au gré du lecteur, en fonction du besoin du moment. Nous avons souhaité, dans cette nouvelle édition, rendre compte de la nouvelle donne du web : plus profond, plus fluide, plus interactif. L'ouvrage est ainsi plus étoffé et comporte de nouveaux chapitres et de nouvelles fiches pratiques.

Le premier chapitre décrit la diversité des besoins et présente une typologie des requêtes. Nous y retraçons entre autres la courte histoire du web et la place qu'occupe la grande vague du « web 2.0 ». La recherche par mots-clés sur le texte intégral des pages web ayant nettement pris le pas sur d'autres modes de recherche, le chapitre 2 est consacré aux moteurs et métamoteurs : nous y présentons tout particulièrement les différentes générations de moteurs de recherche, et comparons leurs mérites respectifs. Signe des temps, les métamoteurs, dont l'utilisation s'est réduite au fil des années, ne font plus l'objet d'un chapitre spécifique comme dans les éditions précédentes, mais leur valeur ajoutée est évaluée par rapport aux moteurs classiques, et les cas dans lesquels il est souhaitable d'y avoir recours sont précisés. En revanche, un chapitre spécifique a été consacré aux modes de recherche avancés des moteurs ainsi qu'aux nombreux « trucs et astuces » souvent peu connus des internautes et destinés à optimiser les recherches.

Passant du général au particulier, le chapitre 4 est dédié à la recherche thématique, évoquant autant le déclin des annuaires généralistes que l'essor des portails spécialisés. Il donne aussi des pistes concrètes pour identifier des sources spécifiques répondant à un besoin.

Les flux de diffusion au format RSS sont à l'honneur au chapitre 5, consacré à la recherche automatisée ; y sont présentés également différents outils et méthodes de surveillance automatisée des contenus web. Le chapitre 6 permet d'avoir une vue synthétique sur les méthodes présentées dans les chapitres précédents, en exposant sur la base d'exemples concrets les avantages et inconvénients des différentes approches. Un tableau méthodologique, récapitulant les

4 LÉVI-STRAUSS, Cl., *La Pensée sauvage*, Plon, 1961.

types de besoin d'information et les démarches associés, complète ce chapitre. Un dernier chapitre ouvre les perspectives d'évolution autour du « web sémantique » et de son impact sur la recherche d'informations.

Enfin, une « boîte à outils » comprenant 20 questions-réponses constitue la deuxième partie de l'ouvrage. Ces fiches pratiques donnent une lecture plus transversale des outils en s'intéressant aux méthodologies à appliquer selon les cas de figure. Ces fiches pratiques permettent d'apporter des réponses directes aux questions que se posent nombre d'internautes novices ou confirmés (où trouver l'information sur les personnes, comment trouver des articles de presse, garder un historique ou assurer la confidentialité d'une recherche ? etc.).

D'autre part, un panorama des outils de recherche web, mis à jour pour cette édition, est en ligne sur le site de l'ADBS.

Les outils et méthodes décrits concernent plus particulièrement la sphère professionnelle ou universitaire, afin de permettre des recherches plus efficaces, plus fructueuses, plus rapides, de donner un peu d'ordre et de sens dans le « chaos informationnel » du web, de faciliter l'accès à la connaissance par une meilleure pratique de la recherche d'information.

Nous vous en souhaitons une bonne lecture.

CHAPITRE 1

DIVERSITÉ DES BESOINS, DIVERSITÉ DES CONTENUS

Sommaire

1. L'INTERNET, UN UNIVERS COMPLEXE

La recherche d'information sur Internet est loin d'être une science exacte. Il ne faut pas se laisser abuser par l'illusion de facilité que donnent de plus en plus les outils de recherche : un processus efficace de recherche d'information peut se révéler difficile et parfois long. À quoi tiennent ces obstacles ?

En premier lieu à la nature même d'Internet, élaboré au départ davantage comme un outil de communication que comme un véritable outil documentaire.

N'oublions pas que l'ancêtre d'Internet, Arpanet, apparu dans les années 1960, a été à l'origine conçu comme un outil de connexion entre différents ordinateurs situés dans des lieux géographiques éloignés. Comme le souligne Manuel Castells[5], « Arpanet est « né du rêve scientifique de changer le monde par la communication entre ordinateurs, même si certains de ces experts ne visaient qu'à stimuler une science informatique de qualité ». La création du World Wide Web au début des années 1990 a fait d'Internet un formidable réseau mondial de publication, de diffusion et de recherche d'information. Cette nature complexe d'Internet, son histoire totalement originale ainsi que d'autres facteurs, liés à la nature des contenus disponibles sur le réseau, viennent renforcer et aggraver les difficultés à trouver une information répondant aux besoins de l'internaute.

5 CASTELLS, M., *La galaxie Internet*, Paris, Fayard, 2011.

1.1 L'abondance de l'information

Il est très difficile d'estimer actuellement la taille de la Toile. Les dernières études fiables en la matière remontent aux années 1999-2000. Les chiffres récents sont souvent contradictoires, et vivement discutés.

Il devient de plus en plus difficile de mesurer cette structure du web qui a gagné en complexité avec l'apparition, au milieu des années 2000, des fameux « UGC » ou User Generated Contents, c'est-à-dire les contenus générés par les utilisateurs eux-mêmes : réseaux sociaux, blogs, wikis, sites de partage de contenus... Il semble donc que la croissance du web ne s'effectue plus seulement de façon exponentielle, « en largeur », mais aussi « en profondeur ».

L'une des méthodes utilisées pour estimer la taille du web consiste à mesurer l'infrastructure informatique destinée à héberger les sites. La société Netcraft réalise ainsi chaque mois une estimation du nombre de sites web mondiaux en se connectant à tous les serveurs web potentiels par l'exploitation des noms de domaine déposés.

En juin 2013, le site Netcraft décomptait lors de son enquête mensuelle plus de 672 millions de sites, en très forte augmentation par rapport aux 460 millions de sites recensés au début de l'année 2012. Ce phénomène est dû en partie à l'accroissement des communautés de réseaux sociaux, ainsi qu'à celui des plates-formes de cloud computing, comme celle que propose Amazon. Notons que la courbe a tendance à fléchir en juillet 2012, suite à une amélioration de la méthode de comptage qui élimine certains « doublons ».

La notion classique de « page web » ayant beaucoup évolué[6], il devient extrêmement difficile d'en mesurer le nombre, et tout aussi ardu d'avoir une idée de la part du web indexée par les principaux moteurs « de référence ». Le site Worldwidewebsize.com estimait à l'été 2013 la taille du web « indexé » à plusieurs dizaines de milliards de pages : cette évaluation est basée sur le nombre minimal de pages indexées par les principaux moteurs Google, Bing et Yahoo!. Cette méthode de comptage a ses limites, si l'on tient compte de la prolifération des pages dynamiques et de contenus résultant des interactions sociales : la notion de « page web » ne constitue plus désormais une unité de mesure adaptée, en raison d'une granularité de plus en plus haute en matière de contenus web. Il y a quelques années, concurrence oblige, les principaux moteurs de recherche ont mené une véritable bataille de chiffres sur la question de la mesure des index.

Rappelons que l'index de Google en 1998 comptait à sa création en 1998 26 millions de pages, et atteignait le milliard en 2000. Selon une étude menée par des chercheurs italiens et américains et parue en janvier 2005[7], le web « visible », c'est-à-dire indexable par les moteurs, contenait environ 11,5 milliards de pages, dont plus de 9 milliards accessibles *via* les moteurs les plus « importants ». Début

6 Les pages web sont notamment beaucoup moins statiques (voir infra, « Le manque de structuration »).
7 « The Indexable Web is more than 11.5 billion pages », www.cs.uiowa.edu/~asignori/web-size

août 2005, Yahoo! annonçait de son côté un index de 19,2 milliards de pages, et les spécialistes supposaient quelques mois plus tard que celui de Google avait dépassé les 20 milliards, alors même d'ailleurs que la mention du nombre de pages indexées disparaissait de la page d'accueil du célèbre moteur ! Les moteurs ont cessé depuis cette période d'afficher la taille réelle de leur index. À quelques exceptions près, comme le moteur Cuil, disparu en 2010, qui annonçait à l'époque un index de plus de 127 milliards de pages... On voit ainsi le caractère un peu vain de ces mesures : à l'heure des médias sociaux et du web temps réel, il serait un peu réducteur d'estimer la taille du web uniquement sur la base d'un nombre de pages ni même d'un nombre de noms de domaine. La notion d'URL unique n'est plus un critère suffisant pour justifier de l'« existence » d'une page (pensons notamment aux contenus des médias sociaux, aux pages générées automatiquement, aux pages « recopiées », etc.).

1.2 L'hétérogénéité de l'information et son degré de fragmentation

L'information que l'on trouve sur le web se caractérise par une grande hétérogénéité, tant dans le fond que dans la forme. On trouvera pêle-mêle des données issues d'entreprises, d'organismes, du monde universitaire, de particuliers, etc. Et les outils de recherche permettent rarement de trier les résultats selon la nature et l'origine de l'information. Ce caractère hétérogène se retrouve dans les supports : on trouve sur Internet du texte, des images, des documents sonores et des vidéos qui sont accessibles dans de multiples formats d'encodage. Il convient de souligner la part de plus en plus importante de la vidéo sur le web, phénomène accentué par le succès de sites comme YouTube ou Dailymotion, ou de sites d'archives comme celui de l'INA (Institut National de l'Audiovisuel).

L'expression « big data » utilisée – entre autres sens – pour rendre compte de cette surabondance est plus que jamais appropriée aux contenus du web : chaque minute, le site YouTube reçoit 48 heures de fichiers vidéos chargés par des particuliers, 3600 nouvelles photos sont partagées par les utilisateurs de la plate-forme Instagram, 47 000 applications Apple sont téléchargées... Cette infographie, réalisée en 2012 par le cabinet Domo, donne une idée des chiffres vertigineux concernant la création continuelle de données.

"Data never sleeps" : la surabondance de l'information

Source : domo.com

Le contenu des documents est également très divers, allant du plus intime au plus officiel, du plus trivial au plus abstrait. Le type d'information fournie peut varier, de la description bibliographique au texte intégral. Enfin, certaines données à valeur ajoutée, comme les études de marché ou les bilans d'entreprise, ou tout simplement les ouvrages soumis à droit d'auteur, sont payantes. On se trouve ainsi confronté à des contenus extrêmement différents, fiables ou non (sachant que cette notion de fiabilité peut se révéler elle-même très subjective !), structurés ou non, gratuits ou non, toutes ces caractéristiques pouvant évoluer avec le temps.

L'information en ligne est non seulement hétérogène mais aussi, bien souvent, très fragmentée. Prenons l'exemple d'une recherche portant sur une question à caractère scientifique : on utilisera tout à la fois des données provenant d'encyclopédies généralistes ou spécialisées, de sites universitaires, d'articles de presse, de blogs de chercheurs, etc., ces sources pouvant être disséminées aux quatre coins de la toile. De plus, les réponses trouvées par les moteurs de recherche sont souvent sorties de leur contexte, et peuvent apparaître comme les pièces d'un « puzzle » à reconstituer. Cette fragmentation est à l'image de la diversité des producteurs. Elle est à la fois déstabilisante et gage de pluralité. Les modes d'accès à l'information redonnent cependant une cohérence à l'ensemble de ces fragments, quand ils deviennent le résultat d'une recherche ciblée d'information. C'est là tout le paradoxe : la fragmentation de cet espace est en même temps gage de diversité des points de vue et approches.

1.3 Le manque de structuration

En langage documentaire, un document structuré est un document qui contient de l'information à propos de sa structure logique, soit directement encodée dans le document (balisage XML), soit associée au document (métadonnée, champ bibliographique, etc.) : par exemple, un catalogue de bibliothèque est structuré autour de champs tels que nom d'auteur, éditeur, date de parution, etc. Le web donne accès tout à la fois à des contenus structurés tels que bases de données ou portails, et non structurés comme les pages html classiques. N'oublions pas que le langage html est un langage de description de documents, caractérisé par des balises indiquant par exemple le titre de la page, l'adresse ou les liens, mais non structuré en champs documentaires indexables.

Sur le web coexistent également des pages statiques et « dynamiques », c'est-à-dire générées par un code (php, asp, cgi, etc.) exécuté par un serveur, ce qui permet d'interroger des bases de données structurées. Les pages statiques correspondent au premier modèle de publication des pages web, qui consiste à écrire ses pages html à l'aide d'un éditeur plus ou moins sophistiqué, puis de les transférer vers un serveur web. Mais ce modèle s'avère peu souple du point de vue de l'évolutivité des sites, surtout quand les pages sont fréquemment modifiées et que l'équipe de contributeurs s'agrandit. Une page dynamique est une page dont le contenu est généré par une application, et non simplement récupéré sur le disque dur du serveur. C'est par l'intermédiaire de cette application que sont extraites les données destinées à alimenter le site web, qui sont elles-mêmes le plus souvent stockées dans des bases de données.

Qu'est-ce qu'un site dynamique ?

C'est à partir du milieu des années 1990 que furent développés plusieurs techniques et langages de programmation pour rendre les sites web dynamiques. Ce modèle de publication est caractérisé par une « architecture trois tiers », c'est-à-dire à trois niveaux : le navigateur (qui gère l'interface) demande une ressource à un serveur d'applications (qui gère le traitement) chargé de calculer la réponse après avoir consulté un serveur secondaire (qui gère les données).

Si les moteurs de recherche web sont désormais capables de collecter automatiquement le contenu d'un grand nombre de pages dynamiques, la coexistence de divers formats et le manque de structuration ne facilitent pas cette tâche de collecte.

1.4 Le renouvellement continuel

Le contenu du web est éphémère : les pages apparaissent puis disparaissent..., leur contenu et leurs adresses URL changent ; la fréquence de mise à jour est extrêmement variable d'un site à l'autre. Il n'existe pas, bien sûr, d'archivage systématique et organisé des pages web, mais des initiatives publiques et privées sont lancées (voir Question/Réponse 4). De nombreux sites diffusent leur actualité sous forme de flux au format RSS, ce qui peut accentuer ce caractère volatile de l'information.

L'effet d'immédiateté a encore été renforcé avec le déferlement de contenus éphémères publiés via les médias sociaux comme Facebook ou Twitter.

D'où l'utilité de travailler avec un « outil de capture », qui permettra aisément de garder trace de pages web, ou parties de pages dans des applications dédiées (voir Question/Réponse 9).

1.5 Le multilinguisme

Le web constitue également une véritable tour de Babel, et on se heurte parfois à la barrière des langues, ou bien à la prise en compte de caractères non latins.

Selon les chiffres 2012 (non réactualisés en 2013) de l'Internet World Stats, la langue chinoise, avec près de 510 millions d'utilisateurs, talonne désormais la langue anglaise dans le palmarès des langues utilisées sur le web. L'anglais reste bien entendu en tête avec 565 millions d'utilisateurs, avec un pourcentage toujours en baisse (26 % en 2011 contre 30 % en 2008 et 35 % en 2004). La langue française, toujours selon cette source, ne se classerait qu'en huitième position, en recul derrière l'espagnol, le japonais, le portugais, l'allemand et l'arabe.

Les outils de traduction automatique, gratuits ou payants, ont fait de grands progrès notamment dans la prise en compte des langues asiatiques ; si ces outils se limitent généralement à de la traduction mot à mot, ils permettent néanmoins d'avoir une vision rapide du sens global d'un texte (voir Question/Réponse 3).

1.6 La question cruciale de la fiabilité

Tout internaute peut être producteur d'information : cette tendance s'est considérablement accentuée depuis le développement des médias sociaux, blogs et sites collaboratifs.

Il conviendra bien entendu de toujours vérifier la source de l'information, en privilégiant les sources officielles et reconnues, mais d'autres critères (voir Question/Réponse 1) peuvent entrer en jeu pour l'évaluation de la qualité des contenus.

En effet, cette notion de fiabilité se révèle toute relative. Il ne faut pas se fier systématiquement aux apparences : certains sites personnels ou blogs, considérés *a priori* comme peu fiables, sont à même de contenir de l'information précieuse ; *a contrario* certains sites officiels ou réputés dignes de foi peuvent diffuser – de façon involontaire – une information incomplète ou obsolète ; ils sont parfois tout simplement les canaux de diffusion d'un point de vue dit « officiel »...

Le professionnel de la veille, habitué à travailler sur des signaux faibles plutôt que sur des informations structurées et vérifiées, pourra trouver dans le « bruit documentaire » des éléments à caractère anticipatif ou original.

1.7 Internet et le web... ce n'est pas la même chose !

On a parfois tendance à confondre, à tort, Internet et le web. Le World Wide Web, ou toile d'araignée à l'échelle mondiale, est un système, inventé au début des années 1990, qui permet de consulter des pages hébergées sur des sites et de passer de l'une à l'autre *via* des liens hypertextes. Mais le web ne représente que l'un des services offerts par cet immense réseau informatique qu'est Internet, au même titre que le courrier électronique, la messagerie instantanée ou le partage de fichiers en *peer-to-peer*[8]. Pour autant, il est vrai que la recherche d'information *via* Internet passe dans la plupart des cas par l'utilisation du web plutôt que des autres services.

2. LA PHYSIONOMIE DU WEB : UNE PERPÉTUELLE ÉVOLUTION

2.1 Les quatre âges du web

Internet apparaît ainsi comme un univers foisonnant et mouvant, dans lequel les règles et formes de publication sont peu codifiées. Et cet univers en continuelle expansion n'a pas évolué selon un modèle linéaire. On peut distinguer, dans l'encore courte histoire du web, plusieurs phases successives.

• Le « **web des pionniers** », que l'on pourrait situer entre 1994 et 1996. Le nombre de sites se comptait à l'époque en centaines, les internautes étaient encore pour la plupart des pionniers technophiles. Les moteurs de l'époque se nommaient Gopher, Archie, Veronica, etc.

8 Services correspondant à des protocoles que l'on peut mobiliser pour la recherche d'information et qui relèvent d'Internet et non du web : IRC, FTP, NNTP.

• Le « **web de documents** », de 1996 à 2004. Cette période voit le développement des sites d'entreprises, des sites institutionnels ou universitaires, des premiers sites de commerce électronique, des premiers grands portails thématiques ou sites fédérateurs et, bien sûr, la mise en ligne de contenus accessibles via des bases de données. Ce développement aura pour conséquence la naissance d'une nouvelle notion : le « web invisible » ou « web profond », inaccessible aux moteurs de recherche pour des raisons techniques qui seront exposées ci-après. C'est l'époque des grands annuaires de sites web (Yahoo!, Nomade) et de la prépondérance d'Altavista dans le monde des moteurs de recherche, du moins jusqu'au début des années 2000.

Cette période se caractérise également par l'éclatement de la première bulle Internet, à la fin des années 1990, et l'apparition du moteur Google dès 1998. On retrouve en partie dans ce « web de documents » l'équivalent numérique des ressources de la sphère documentaire classique (documents institutionnels, académiques, professionnels ou journalistiques) mais aussi, déjà, des sources d'information totalement nouvelles et originales.

• Le « **web social** », que certains spécialistes désignent sous l'expression « web de conversations », et plus communément connu sous l'appellation parapluie « web 2.0 ». Ce concept, apparu en 2004, désigne cette nouvelle vague du web, caractérisée par une implication plus importante des internautes dans la création, l'enrichissement, la description et la diffusion des contenus. Simplicité d'accès, partage, mutualisation, individualisation, réutilisabilité des contenus : toutes ces caractéristiques du « web 2.0 », même si certaines peuvent sembler antinomiques, participent d'une même conception de l'accès à l'information dans un contexte de liberté et de créativité.

Ce web social permet à des « consommacteurs » de l'information de créer non seulement des contenus électroniques, mais de les enrichir collectivement et d'en assurer la diffusion.

Les internautes peuvent en effet créer et mettre en ligne de plus en plus aisément des contenus textuels ou multimédias : blogs, articles, photos, vidéos, etc., sur des plates-formes comme Flickr ou YouTube. Ils peuvent en outre partager leurs favoris Internet *via* des sites de « bookmarking social » comme Delicious. L'apport des internautes peut également concerner la description et l'enrichissement de ces contenus, *via* des annotations et commentaires ou la pratique du tagging, c'est-à-dire l'apposition de mots-clés, en toutes langues, destinés à mieux décrire les contenus.

Si l'homme est un animal social, comme l'affirmait Aristote, on pourrait en dire autant du web aujourd'hui, du fait de la déferlante des médias sociaux. Les réseaux sociaux comme le célèbre Facebook, ou bien les réseaux professionnels Viadeo ou Linkedin, permettent d'entrer en relation avec des millions de personnes partageant les mêmes centres d'intérêt. Les cinq dernières années ont ainsi été marquées par l'essor des médias sociaux : Facebook compte désormais plus d'un milliard de membres, Twitter s'est imposé comme un formidable moyen de diffusion virale de l'information et des données. Google, qui du propre aveu de ses dirigeants, a eu du mal à intégrer le monde des médias sociaux, a lancé à l'été 2011 son réseau Google Plus destiné à concurrencer Facebook.

Le succès de l'expression « 2.0 » a dépassé la simple sphère du web, au point que ce terme est devenu le signifiant emblématique de la « vie share »[9] : c'est-à-dire de nouveaux modes de travail, d'enseignement, de communication, mais aussi d'achats basés sur l'échange et le partage. Les flux au format RSS font également partie de cette nouvelle vague et apportent à l'époque une approche complémentaire de la recherche d'information et de la veille automatisée.

Qu'est-ce qu'un flux RSS ?

Popularisés au milieu des années 2000, les flux au format RSS font également partie de la vague du web 2.0. Concrètement, un flux RSS est un simple fichier texte, basé sur le langage XML, et qui contient la description (titre, date, résumé et autres balises) des nouveautés mises en ligne sur un site, ainsi que le lien vers le contenu complet de ces nouvelles informations. Ce fichier est généré automatiquement et son contenu réactualisé au gré des mises à jour du site auquel il est lié.

C'est la raison pour laquelle les sites diffusant sous forme de flux sont souvent liés à l'actualité : les grands quotidiens nationaux ou régionaux, les blogs, les grandes entreprises, les organismes institutionnels, les sites d'offres d'emploi, etc.

Ce schéma publié en 2006 sur le blog de Frédéric Cavazza, spécialiste du web 2.0, illustre le fort développement et la diversité des médias sociaux :

Panorama des médias sociaux sur le blog de Frédéric Cavazza

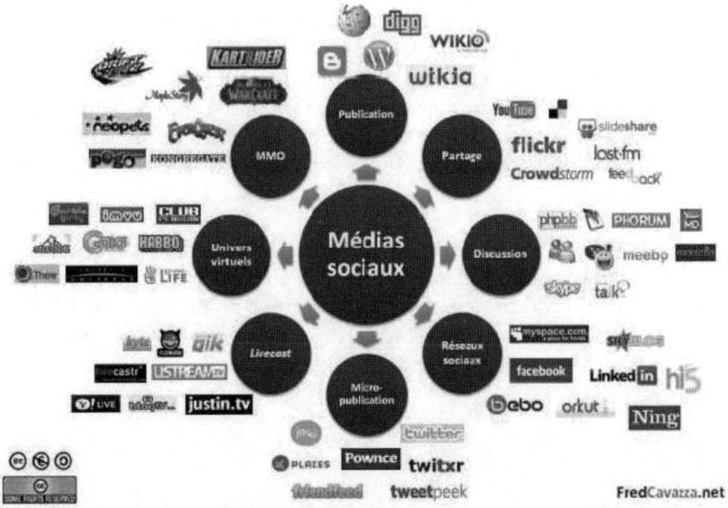

Source : Frédéric Cavazza

9 *La vie share* est le titre d'un ouvrage de Sophie Nouvel paru en mars 2013 aux Éditions Alternatives.

• Le **web temps réel**. Pour la première fois de l'histoire, au mois de mars 2010, Facebook dépassait Google en termes d'audience, aux États-Unis. C'est dire l'importance grandissante qu'ont prise les médias sociaux dans le domaine de la diffusion et du partage d'informations, mais également de la recherche web. Avec la démocratisation des smartphones et des tablettes apparaît un nouvel eldorado : le web temps réel. Dave Winer, créateur des standards RSS 0.91 et 2.0 en donne cette définition laconique : « Il arrive sans attendre ».[10]

Ce web des années 2010 s'inscrit dans son époque et dans les usages de ce qu'on a appelé « la génération Y », adepte de la règle des « 4I » : individualisme, interconnexion, inventivité et impatience. Pour autant, il n'y a pas de fossé générationnel : l'usage des réseaux sociaux est désormais loin d'être cantonné à la génération des « digital natives », et ce sont des millions d'internautes qui vont alimenter quotidiennement ces plates-formes d'échange et de partage de données texte et multimédia. L'un des principaux enjeux des années à venir sera d'assurer l'interopérabilité entre ces données brutes (« raw data »[11], selon l'expression de Tim Berners Lee, l'un des pères fondateurs du web) accessibles entre autres via des plates-formes de médias sociaux. Cette interopérabilité sera rendue possible via les technologies sémantiques, que certains désignent sous l'appellation « web 3.0 » et dont nous traiterons au chapitre 7.

Les usages du web temps réel se sont fortement développés avec l'essor des applications pour smartphones et tablettes. À tel point que le magazine américain Wired titrait dans son édition d'août 2010 : « The web is dead »[12], mais précisait en sous-titre : « Long live the Internet ». Internet serait selon cet article promis à un brillant avenir, mais le web « classique » serait en déclin au profit des applications mobiles.

Tim Berners Lee détournait ce titre dans la tribune intitulée « Long live the Web » qu'il publiait en novembre 2010 sur le site Scientific American[13]. Le directeur du W3C y faisait part de ses inquiétudes sur l'avenir du web et les dangers de « fragmentation ». Il mettait en cause notamment les opérateurs télécoms ou compagnies de télévision par câble qui vendent des accès à l'Internet, mais aussi les sites de médias sociaux, ou encore Apple et son système propriétaire ITunes. Selon Tim Berners Lee, ces sociétés ne jouent pas le jeu de l'universalité, ni de la neutralité du web, principes fondateurs du réseau.

Quoi qu'il en soit, le web des années 2010 acquiert une nouvelle physionomie, caractérisée par surtout par cette déferlante de contenus produits par des internautes et diffusés en temps réel. Avec pour conséquence l'apparition de nouveaux usages et enjeux stratégiques dans le monde du Search.

10 http://www.cmo.com/articles/2009/12/5/introduction-to-the-real-time-web-and-its-future.frame.html
11 http://www.ted.com/talks/tim_berners_lee_on_the_next_web.html
12 http://www.wired.com/magazine/2010/08/ff_webrip/
13 http://www.scientificamerican.com/article.cfm?id=long-live-the-web

2.2 La convergence des outils et des sources

L'explosion des sources d'information a engendré plusieurs conséquences pour les internautes : tout d'abord, un accès plus direct et plus immédiat à l'information ; ensuite, un déplacement de la médiation traditionnelle apportée par les « gate keepers » traditionnels que sont les enseignants, journalistes ou encore professionnels de l'information ; et enfin, une illusion de facilité, d'exhaustivité, voire d'ubiquité, dans la mesure où Internet se moque des notions d'espace et de temps. L'évolution des moteurs de recherche renforce encore cette impression de simplicité, en proposant des services allant de la correction automatique des fautes à l'interprétation éventuelle des questions.

Autre phénomène à noter également, l'intégration de plus en plus importante des outils et des sources : à « l'âge de l'accès » et de la dématérialisation des ressources, on constate une convergence entre les contenus informationnels et les outils technologiques qui permettent d'y accéder. Les flux au format RSS constituent dans ce domaine un exemple important de convergence entre le « contenant » et le « contenu ». Dans ce contexte, la connaissance des sources et l'aptitude à en évaluer la pertinence, la fiabilité et la traçabilité constituent des compétences professionnelles mais aussi personnelles indispensables, quel que soit le secteur d'activité.

Ainsi, avoir une vision claire des différents types de sources traditionnelles ne suffit plus : il faut désormais disposer d'une expertise technique de l'Internet et des nouveaux « contenants » pour consulter un moteur spécialisé sur les blogs, chercher des informations spécifiques sur les réseaux sociaux, ou des actualités particulières. La surabondance des informations oblige plus que jamais à bien maîtriser les sources et leurs accès. Il est d'ailleurs intéressant de constater que les premières expériences universitaires de formation à la maîtrise de l'information, ainsi que le concept d'*information literacy*, ont été formalisés à une période contemporaine de l'apparition du web.

2.3 La déferlante des médias sociaux

Comme dit le célèbre adage : « Ce qui compte, ce n'est pas ce que vous savez mais qui vous connaissez. » On constate depuis plusieurs années un véritable engouement pour le « réseautage social » à travers les succès rencontrés par des plates-formes au fonctionnement très simple, permettant de répondre à plusieurs objectifs : accroître un cercle de connaissances, rechercher des partenaires ou des clients, identifier des experts d'un domaine, publier son CV en ligne, etc. Le principe de ces plates-formes met en application la célèbre loi de Metcalfe, selon laquelle la valeur d'un réseau est proportionnelle au carré du nombre d'utilisateurs. Les internautes se créent via ces réseaux un profil qui va constituer une des facettes de leur « identité numérique », laquelle ne se résume pas à un seul espace de publication de type blog ; cette identité virtuelle va se trouver démultipliée à travers différentes plates-formes de réseaux sociaux, de partage de favoris ou de photos, de sites de microblogging, etc. Mais ces nombreux « avatars » peuvent conduire à une forme de schizophrénie « numérique »

En dehors des grands leaders comme Facebook qui franchissait en octobre 2012 le cap du milliard d'utilisateurs actifs, on trouve également une multitude de réseaux sociaux spécialisés par secteurs d'activité ou par pays. L'article de Wikipédia « List of social networking websites[14] » recense plusieurs dizaines de réseaux, plutôt d'origine anglo-saxonne. Certains réseaux ont même une vocation purement pratique, tel le français Peuplade, dont l'objectif est de se rendre service entre voisins !

Ces réseaux ne sont pas forcément tous concurrents les uns des autres. Selon le site TechCrunch, « le réseau social généraliste a pour première vocation de rester en contact, le réseau social spécialisé repose sur un intérêt commun ».

Les contenus disponibles via ces réseaux peuvent constituer pour le professionnel de l'information une mine de renseignements à caractère non documentaire, permettant entre autres de s'informer sur des personnes ou des organisations ; il conviendra bien sûr d'être plus que jamais vigilant quant à la fiabilité et à la pérennité des données que l'on y trouve.

Autre phénomène de ces dernières années, le microblogging qui pourrait se définir comme un croisement entre le blog et l'envoi de messages par SMS. On peut ainsi adresser des notifications, sous forme de message texte très court (moins de 140 caractères), à un réseau d'amis, *via* le web ou *via* des mobiles. Les plates-formes de microblogging, dont Twitter est bien entendu le plus connu, sont ainsi particulièrement adaptées à la couverture d'événements en temps réel. Pour le professionnel de l'information, les sites de microblogging sont à considérer davantage comme des outils de veille – plutôt que comme des outils de recherche – permettant de suivre l'actualité d'une personne ou d'une entité, ou encore de détecter des tendances ou sujets émergents. Selon l'expression de Christophe Deschamps, auteur du blog Outils froids, un outil comme Twitter représente une formidable « caisse de résonance » de l'actualité mondiale. Véritable enjeu de pouvoir pour les personnalités politiques, Twitter est devenu un média à part entière, qui a gagné au fil des années fiabilité et respectabilité. Les médias sociaux induisent de nouvelles formes d'accès à l'information et une véritable « économie de l'attention ». Comme le soulignait la sociologue Danah Boyd lors de la Web 2.0 Expo en 2010 : « Le pouvoir n'est plus entre les mains de ceux qui contrôlent les canaux de distribution mais de ceux qui contrôlent les ressources limitées de l'attention. »[15]

2.4 L'ère des data

« Big data », « Open data », « raw data », « semantic data »... L'heure est aux « data » de plus en plus variées. Les énormes volumes de données générés par les réseaux sociaux, mais aussi mis à disposition

14 en.wikipedia.org/wiki/List_of_social_networking_websites
15 http://www.internetactu.net/2010/01/06/danah-boyd-ce-quimplique-de-vivre-dans-un-monde-de-flux/

via le cloud computing, rendent nécessaires de nouvelles compétences professionnelles autour de la recherche, le traitement, la gestion et la capitalisation de ces « data ». Selon le cabinet Gartner, le volume de données numériques créées dans le monde entier devrait croître de près de 60 % par an.

À l'instar des pays anglo-saxons, la France s'est mise à l'heure de l'open data et le portail data.gouv.fr ouvrait en décembre 2011. De nombreuses collectivités locales et administrations se sont inscrites dans ce grand « mouvement de libération des données » et proposent désormais aux internautes des jeux de données ouvertes. Mais le mouvement se heurte également à des freins juridiques ou financiers ; la réutilisation des données publiques est devenue un enjeu à la fois économique et politique.

Le processus de recherche d'information va être fortement impacté par ces mutations d'un web de documents à un « web de données ». Pour Jean Michel Salaun[16], « même si le mot est ancien, la référence à la notion de document est récente dans l'Histoire, sans doute en résonance avec l'organisation de la société industrielle, sa régulation et ses valeurs. Au tournant du millénaire, le web s'est appuyé sur un renversement du circuit documentaire, jusqu'à, dans le web de données, un court-circuitage radical. » Les moteurs web classiques, conçus à l'origine pour indexer des documents au format html, devront continuer à évoluer pour prendre en tenir compte de cette nouvelle vague de contenus non structurés.

3. UNE GRANDE DIVERSITÉ DE BESOINS

Les besoins liés à la recherche d'information peuvent être très divers, comme le montre la figure ci-dessous : le type de données à rechercher ainsi que l'outil à utiliser dépendent également du degré de connaissance du sujet, de la nature même de la question et du niveau d'exhaustivité que l'on souhaite obtenir dans la réponse. La qualité d'une recherche d'information ne repose pas uniquement sur le choix de l'outil ; elle nécessite également une connaissance, à défaut d'une expertise, des contenus, et une agilité dans l'exploration des liens.

Quelles données pour quel public ?

Type de besoins	**Données factuelles**	**« Question-réponse »**	**Étude complète**
Type de public	**« Grand public »**	**Professionnel**	**Enseignement**
Type de données	**Données bibliographiques**	**Texte intégral**	**Contenus éditoriaux**

16 *Le document numérique à l'heure du web de données : séminaire INRIA, 1er au 5 octobre 2012, Carnac*, Paris, ADBS Éditions, 2012.

3.1 De la recherche documentaire à la veille stratégique

Le développement d'Internet a eu pour effet, entre autres, de simplifier et élargir l'accès à de nombreux documents, quelle que soit leur nature.

On peut distinguer plusieurs types de besoins documentaires :

- recherche d'éléments factuels : adresse, date, etc. ;
- réponse à une question ponctuelle : indicateurs économiques, listes d'entreprises d'un secteur, textes de loi, etc. ;
- étude complète, synthèse documentaire : il s'agira de rassembler un grand nombre de documents sur un sujet. Cette étude pourra prendre la forme d'une question d'« état de l'art », en se limitant à des documents récents ;
- recherche de sources d'information : dans le cas d'une veille notamment, on sélectionnera un ensemble de sources qui feront ensuite l'objet d'une surveillance régulière, voire systématique.

Pour autant, la recherche d'information ne peut se limiter à la recherche documentaire. Comme l'affirme l'historien Robert Darnton, l'information n'est pas le savoir[17]. La production de « savoir » via Internet n'émane pas uniquement d'une accumulation de connaissances individuelles : il s'agit plutôt d'un savoir en perpétuelle évolution, constamment enrichi et réorganisé.

Au-delà de la typologie présentée ci-dessus, on peut de façon plus large regrouper les différents types de besoin d'information dans trois grandes catégories : le besoin d'information « instrumentale », le besoin d'information « conceptuelle » et le besoin d'information « décisionnelle ».

• Le besoin d'**information instrumentale**, circonscrit dans le temps, correspond à un rôle opérationnel dans un processus d'action, quel qu'il soit : réponse à une question précise, organisation d'un déplacement, lancement d'une action, etc.

• Le besoin d'**information conceptuelle** concerne plutôt un enrichissement de la connaissance et de la réflexion : il s'agit d'accroître son savoir, sans lien immédiat avec des prises de décision.

• Enfin, le besoin d'**information décisionnelle** se situe dans le cadre d'une aide dans le processus de décision : il s'agit de viser une information moins large et plus élitiste, pour éclairer des prises de décision.

17 http://www.lepoint.fr/grands-entretiens/robert-darnton-l-information-n-est-pas-le-savoir-06-01-2011-1283072_326.php

Les différents types de besoin d'information

Type de besoin	Besoin d'information instrumentale	Besoin d'information conceptuelle	Besoin d'information décisionnelle
Objectif	Rôle opérationnel dans un processus d'action	Enrichissement de la connaissance et de la réflexion	Rôle d'influence dans le processus de décision
Mise en œuvre	Recherche d'informations : recherche factuelle, recherche de documents	Recherche ou veille documentaire : recherche de documents, collecte régulière d'informations	Veille thématique ou stratégique : recherche de sources, collecte régulière d'informations

Yves-François Le Coadic[18] souligne la nécessité d'analyse du besoin d'information, ainsi que le caractère extensif de ce besoin. Selon cet auteur, « le besoin d'information n'est pas quelque chose de statique mais est produit dynamiquement. Le système d'information joue un grand rôle dans cette extension du besoin. Si sa première fonction est de satisfaire certains besoins d'information, il aide également les usagers à développer d'autres besoins. »

3.2 Différents modèles de recherche

Cette diversité de besoins s'accompagne d'un grand nombre de modèles d'interactions entre l'utilisateur et le système d'information. Il est intéressant de constater que les Anglo-Saxons disposent d'un éventail large de termes pour désigner le processus de recherche d'information. Stephenson, en 1988[19], a décrit plusieurs modèles d'interaction entre l'homme et la machine :

- *retrieving* : l'utilisateur possède une connaissance du sujet recherché, ainsi qu'une maîtrise des techniques de recherche documentaire ;
- *searching* : l'utilisateur possède une connaissance du sujet recherché mais maîtrise moins bien l'utilisation du système d'accès aux données ;
- *browsing* : l'utilisateur n'a pas de notion précise de ses besoins et ne peut les traduire en termes précis. Le système doit l'aider à affiner sa requête dans le champ des possibles.

Modèles auxquels nous ajouterons les termes *wandering*, ou parcours peu élaboré ; *scanning*, ou balayage rapide de quelques réponses ;

18 LE COADIC, Y.-Fr., *Le besoin d'information*, ADBS Éditions, 2008.
19 STEPHENSON, G.A., « Knowledge Browsing – Front-ends to statistical databases », *Statistical and cientific Database Management*, 1988, pp. 327-337.

exploring, exploration du domaine reposant sur une connaissance des sources mais sans maîtrise des outils de recherche. Sans oublier la fameuse *serendipity*, ou l'art de faire par hasard des découvertes heureuses, qui se traduit notamment dans le processus de recherche par une exploration des liens à partir de sites connus.

Il s'agit également de prendre en compte l'intérêt documentaire de la production « éditoriale » que l'on trouve sur le web. La publication sur le web répond en effet à des motivations diverses de la part des producteurs d'informations :

- intérêt commercial de la part des sites d'entreprise ;
- diffusion de la connaissance et des résultats de la recherche pour le monde académique (selon l'adage « *publish or perish* ») ;
- diffusion d'informations institutionnelles pour les sites officiels ;
- partage d'informations au sein d'une communauté dans le cas de blogs ou réseaux sociaux.

Les moteurs de recherche classiques ne permettent pas de faire toujours la distinction entre ces types d'« éditeurs ». Par contre, grâce à de nouveaux outils spécialisés apparus plus récemment, on pourra effectuer des recherches en se limitant aux contenus de sites académiques, de blogs, de sites commerciaux, de réseaux sociaux, etc.

Typologie des données disponibles sur le web et outils de recherche correspondants

Données factuelles	Encyclopédies, dictionnaires. Sites officiels. Moteurs généralistes
Données académiques : publications de chercheurs, cours en ligne, thèses	Moteurs spécialisés : Google Scholar, Sudoc. Archives ouvertes. Sites universitaires. Blogs de chercheurs
Actualité générale	Agrégateurs d'actualité (Google Actualités, Pickanews). Services d'actualité des moteurs.
Description bibliographique d'ouvrages	Catalogues de bibliothèques. Catalogues collectifs. Catalogues d'éditeurs ou libraires en ligne.
Revues spécialisées	Bases de presse. Agrégateurs d'actualité.
Ouvrages en texte intégral	Bibliothèques numériques (Gallica, Wikisource, etc.).
Données publiques : lois, informations officielles	Sites officiels et gouvernementaux. Grandes organisations.
Données commerciales	Sites d'entreprises, comparateurs divers, etc.
Données financières	Fournisseurs d'informations financières, solvabilité.

4. MOTEURS DE RECHERCHE WEB : DES ARBRES QUI CACHENT LA FORÊT ?

Il existe un grand nombre d'outils de recherche web, qui seront étudiés en détail par la suite. Aucun n'est exhaustif ni parfait, mais il convient d'utiliser des outils adaptés aux différents types de recherche. Les moteurs web, et tout particulièrement les trois grands (Google, Yahoo!, Bing), se sont taillé la part du lion dans les pratiques de recherche, avec des usages variés. « Les internautes utilisaient déjà les moteurs de recherche comme leurs aiguilleurs sur le web et cette fonction va en s'accentuant », indiquait déjà en 2005 François-Xavier Hussher[20], directeur du département Internet et nouveaux médias de Médiamétrie.

La recherche *via* les moteurs web a pris une importance toujours plus grande, occultant par la même occasion d'autres modes de recherche complémentaires.

4.1 La recherche par navigation arborescente : « du général au particulier »

Il s'agit d'une démarche systématique consistant à rechercher à partir des catégories d'un cadre de classement préalablement établi, en allant du général au particulier.

À l'instar d'un livre organisé par chapitre, un site web est généralement structuré selon des rubriques ou catégories plus ou moins précises : on pourra ainsi en appréhender le contenu en suivant les différents niveaux d'arborescence.

Ce mode de recherche par navigation arborescente convient particulièrement à une première approche d'un sujet peu connu de l'utilisateur, et concerne notamment les annuaires de recherche web. Les annuaires, ou listes de sites web classés par catégorie, furent parmi les premiers outils de recherche sur le web, à une époque où les sites se comptaient en milliers plutôt qu'en millions ; depuis quelques années, on constate un déclin de ces outils, en raison d'une part de la difficulté à les maintenir à jour et de la complexité de sélection des sites, et d'autre part du manque d'objectivité de l'indexation humaine. Ce point sera détaillé au chapitre 4 « La recherche à la source ».

4.2 La recherche exploratoire : « des sources connues aux territoires inconnus »

Ce mode de recherche est tout particulièrement adapté à la recherche sur des corpus non structurés, et donc bien entendu sur le web. Il s'agit là de tirer parti de la structure réticulaire du web, en naviguant à travers le formidable réseau de liens.

20 http://www.parrainage.net/referencement/mediametrie2005_11_09.pdf

Ce type de recherche consiste à identifier des sources peu connues, en explorant les liens existants depuis un site spécialisé pertinent sur le sujet. La recherche pourra ainsi débuter à partir de sites ou portails connus pour identifier des sources d'informations plus « souterraines ». L'exploration des liens, à partir des sites des principaux acteurs d'un secteur (entreprises, associations professionnelles, portails spécialisés), permettra de dénicher des sites peu ou mal référencés par les moteurs classiques. L'exploration d'une *blogroll*, ou liste de liens associée à un blog, s'inscrit également dans cette démarche associative et itérative. On illustrera de cette façon le principe qu'Olivier Ertzscheid nomme plaisamment « la première loi de la sérendipité » : « Je trouve plus et mieux quand je ne cherche pas[21]. »

Ce mode de recherche n'exclut pas d'utiliser les moteurs web, en exploitant des options autres que la traditionnelle saisie de mots-clés, comme la recherche par similarité : la fonction « link » de Google permet par exemple, à partir de l'URL d'une page donnée, de trouver les pages comportant un lien hypertexte avec la page en question ; la fonction « related » met en évidence des pages « apparentées » à une page donnée, le calcul s'effectuant à partir des pages pointées pour des mots-clés similaires.

4.3 La recherche dans les métadonnées

Méta, en grec, signifie « au-dessus de ». Le terme de métadonnées désigne l'ensemble des informations ajoutées aux documents pour en décrire le contenu. Par exemple, dans un catalogue de bibliothèque, les métadonnées correspondent à un nom d'auteur, une date, un mot-clé, etc. La recherche par métadonnées s'effectue sur un corpus préalablement structuré, à partir de champs documentaires indexés manuellement ou automatiquement. Ce type de recherche concerne les bases de données en ligne, les catalogues, etc. Les mots-clés utilisés comme descripteurs peuvent être extraits de thésaurus ou listes de vocabulaire contrôlé. Les « tags », indissociables du web 2.0, décrivent également le contenu de données numérisées (photos, vidéos) ou encore de sites web sur les sites de partage de favoris comme Delicious.

Une recherche complète sur un sujet donné mettra ainsi en œuvre plusieurs de ces modalités, la requête par mots-clés *via* les moteurs généralistes ne constituant bien souvent qu'une première approche.

4.4 La navigation sociale

Ce concept découle du développement important, depuis désormais presque une dizaine d'années des interactions humaines offertes par le web « social » ou « web 2.0 » décrit plus haut. La navigation « sociale » consiste à exploiter des adresses de sites ou de pages repérées par d'autres internautes d'une même « communauté » ou réseau social. Des plates-formes de bookmarking social ou de curation

21 http://affordance.typepad.com/mon_weblog/2005/10/lhomme_est_un_r.html

comme Diigo ou Pearltrees peuvent être utilisées pour dénicher des contenus de qualité, correspondant à un besoin de recherche d'information et préalablement sélectionnés par d'autres internautes. Dans un même ordre d'idée, les réseaux sociaux comme Linkedin ou Viadeo permettent d'identifier des experts ou spécialistes d'un sujet donné. La navigation sociale consiste également à s'inspirer des commentaires ou recommandations de plus en plus présents sur les blogs, sites communautaires ou plates-formes de curation. Ce mode de recherche sera présenté de façon détaillée au chapitre 7.

5. LES DIX RÈGLES D'OR DE LA RECHERCHE D'INFORMATION SUR INTERNET

1. Savoir questionner : il s'agit de savoir poser les bonnes questions afin de bien définir la démarche de la recherche : se questionner sur l'objet de la recherche ; bien cerner le sujet dans toute son ampleur, éventuellement au moyen de recherches préliminaires dans des dictionnaires ou encyclopédies, et définir précisément le ou les concepts ; traduire ces concepts sous forme de mots-clés, déterminer les termes les plus significatifs, prendre en compte éventuellement des critères géographiques. En fait, avant toute recherche, il s'agit de se poser les questions : « Qui détient l'information que je cherche ? », « Qui est censé la produire ? », « Quelles sont les sources les plus pertinentes ? ».

De façon paradoxale, on pourrait recommander : « Lorsqu'on a une recherche à faire sur le web, la première chose à faire, c'est de ne pas aller sur le web. » C'est à ce moment de la démarche qu'il faut imaginer (au sens de l'image) au mieux le système d'action concret et que le niveau de connaissance du périmètre ou du domaine considéré joue un rôle crucial.

2. Maîtriser les outils de navigation, et notamment les fonctions de gestion des signets, des flux RSS, de récupération des données ainsi que les options de recherche avancée des moteurs. Attention, ces fonctionnalités peuvent varier d'un navigateur à l'autre, et également d'un moteur à l'autre.

3. Choisir les bons mots-clés : n'oublions pas que les moteurs de recherche classiques ne sont pas dotés de fonctions sémantiques, et ne peuvent pas « comprendre » le sens des mots qu'ils indexent automatiquement. Il s'agit donc de pallier cet inconvénient par la maîtrise d'un vocabulaire spécialisé ou non, par l'utilisation de termes associés, spécifiques ou synonymes. Les outils de recherche contextuelle (le moteur Exalead, par exemple) peuvent aider à préciser le sens de la recherche et trouver des idées de mots-clés. Enfin, la plupart des moteurs de recherche affichent des suggestions de mots-clés. Certains outils de recherche offrent la possibilité de choisir des mots-clés complémentaires représentés sous forme de « nuages de tags ». À noter : le choix des mots-clés ne sera pas le même selon que l'on se place dans une démarche de recherche ou de veille, ou a fortiori d'indexation.

4. Toujours chercher l'information à la source : il s'agit de trouver de bons points de repère, c'est-à-dire les « bons sites » (portails, associations professionnelles, experts, usuels) dans un domaine :

- retrouver les équivalents de sources utilisées habituellement en dehors du web (d'où l'importance d'avoir une idée, même approximative, de l'offre documentaire dans le domaine recherché) ;
- compléter avec les sources « inconnues » à identifier notamment à partir de recherches via les moteurs, mais aussi de plates-formes de bookmarking social ou de curation de contenus ;
- identifier des sites de référence et portails spécialisés.

Cette notion de points de repère spécialisés dans l'océan d'informations du web est fondamentale.

5. Toujours analyser l'information : recouper l'information, faire preuve d'esprit critique, évaluer rapidement la qualité et la date des données trouvées. Cet enjeu de l'évaluation de l'information n'est bien entendu pas nouveau, mais devient crucial à l'heure de l'« infobésité » et de l'explosion de sources d'information de toutes natures et toutes provenances.

6. Utiliser son répertoire de favoris et son outil de capture en cours de recherche pour garder trace des sites ou pages intéressants, mais momentanément hors sujet, conserver les éléments d'information intéressants (pages ou paragraphes ou images) et « noter » rapidement les ressources enregistrées. Cette méthode permettra de capitaliser l'information recueillie, et de gagner du temps lors d'une prochaine recherche.

7. Savoir se limiter dans le temps, et ne pas se rendre esclave d'une recherche d'exhaustivité à tout prix, ne pas s'obstiner en vain. Internet contribue souvent à répondre à la question « Où trouver ? », c'est-à-dire à chercher l'information qui conduira à l'information. D'où d'ailleurs la nécessité de formaliser au préalable un « plan de recherche ».

8. Rester clair sur ses objectifs, sa stratégie et ses critères de choix établis auparavant face à l'« hyper-choix ». Rester vigilant sur la trajectoire parcourue et celle qui reste à parcourir. On ne doit pas rechercher l'information de la même manière selon que l'on est novice ou expert sur un sujet. Le « novice » recherche en effet les sites les plus riches et les plus visités. Il n'a pas de temps à perdre et veut aller à l'essentiel. Il obtient des résultats rapides, après la phase d'acclimatation à sa problématique. L'expert n'est pas intéressé par les sites les plus classiques. Il recherche au contraire des sources « rares » ou moins connues afin de trouver le « signal faible » qui lui donnera l'avantage. Il est prêt à y consacrer beaucoup de temps, et pourra ainsi être amené à faire beaucoup d'efforts pour des résultats marginaux.

9. Conjuguer différents modes d'accès à l'information : recherche dans les moteurs généralistes ou spécialisés, web invisible, blogs, portails et navigation à partir des liens. La recherche d'information sur Internet est un processus itératif qui oblige à passer par différents modes d'accès à l'information.

10. Être « agile » : développer une lecture rapide, lancer plusieurs recherches à la fois, savoir rebondir d'une information à l'autre, d'un outil à l'autre, d'un article à une institution, d'un tweet à un document officiel, etc., tout en évitant l'effet zapping.

Enfin, il faut garder à l'esprit qu'il n'existe pas de méthode ni d'outil infaillibles et que chercher l'information sur Internet, c'est avant tout un état d'esprit qui consistera à procéder par itération et par analogie. Ainsi, si je cherche le premier producteur de statistiques en Irlande, je peux commencer, sans trop de risque d'erreurs, par faire l'hypothèse que l'INSEE propose des liens vers ses homologues européens. Si je cherche des données sur un domaine de la connaissance, je peux démarrer ma recherche par un nom d'auteur, ce qui me permettra d'identifier les documents de cet auteur, mais aussi ses collègues, les experts du domaine, les conférences tenues sur ce sujet, etc.

Résumé

On peut énoncer que l'art de la recherche d'information avancée ne repose plus seulement, comme il y a quelques années, sur une maîtrise des fonctionnalités avancées des moteurs de recherche, dans la mesure où d'une part l'utilisation des outils de recherche s'est beaucoup simplifiée, et où d'autre part le web a atteint un grand degré de complexité.

Les règles d'or de la recherche

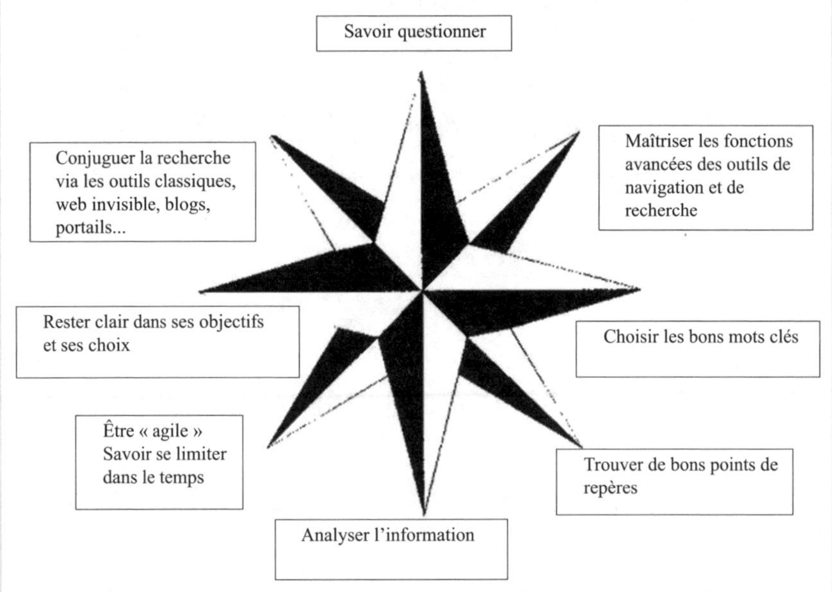

On pointera là un « paradoxe » de l'autonomie des internautes : plus les outils de recherche deviennent simples, plus le nombre de sources d'information augmente, et plus le processus de recherche se complexifie... Comme le note Gilles Balmisse[22], « la recherche d'information n'est pas l'accès à l'information », même si la recherche demeure une composante essentielle de l'accès à l'information. Si le développement d'Internet a considérablement facilité et démocratisé l'accès à l'information, la recherche *via* le réseau reste malgré tout complexe, et ne peut se résumer à l'usage d'un seul et même outil.

Il s'agit donc à la fois de maîtriser l'environnement de la recherche (mots-clés, contexte général) et de savoir s'aventurer sur des terrains peu balisés, tout en gardant toujours le contrôle de la recherche et le fil des différentes étapes.

22 BALMISSE, G., *La recherche d'information en entreprise*, Hermès, 2006.

CHAPITRE 2

LA RECHERCHE PAR MOTS-CLÉS : LES MOTEURS SACRÉS ROIS DES OUTILS

Sommaire

1. LA LAME DE FOND DE L'APPROCHE MOTS-CLÉS

Selon les statistiques de Mediamétrie-sStat[23], en moyenne près de 50 % des visites sur un site, en France, proviennent d'un moteur de recherche. Ce chiffre illustre, s'il en était besoin, l'importance prise depuis plusieurs années par les moteurs de recherche dans les usages des internautes, même si par ailleurs les réseaux sociaux tendent à gagner du terrain en tant que point d'entrée à l'Internet. Les chiffres sont éloquents : d'après son propre site[24], Google répond à plus de 3 milliards de requêtes chaque jour.

Au fil des ans, les moteurs sont ainsi devenus les indispensables compagnons des internautes pour obtenir des réponses à toutes leurs questions, des plus triviales aux plus complexes, les médiateurs par excellence entre les usagers et la gigantesque « nébuleuse » web. Si d'autres modes de recherche complémentaires coexistent et sont détaillés dans ce guide, force est de constater que la recherche par mots-clés sur les moteurs arrive de loin en première place dans les habitudes et pratiques des usagers.

23 http://www.mediametrie.fr/internet/communiques
24 http://www.google.com/insidesearch/underthehood.html

Ce phénomène est positif par bien des aspects : le volume et la diversité des documents disponibles d'une part, et les progrès réalisés par les moteurs en termes de pertinence d'autre part, ont engendré une démocratisation de la pratique de recherche d'information, et donc une certaine réduction de la « fracture numérique ». L'accès à la connaissance, qui a été pendant longtemps l'apanage d'« érudits » ou de professionnels de l'information, se trouve ainsi vulgarisé. De plus, l'approche par mots-clés reste particulièrement adaptée pour certains types de recherche, même s'il ne faut pas pour autant y voir une panacée.

Car l'utilisation des moteurs de recherche ne donne pas toujours les résultats escomptés, notamment en termes de qualité : le manque de connaissance de certaines fonctions avancées des moteurs, et une certaine méconnaissance des sources par les internautes peut constituer un frein. Les phénomènes de « fraude à l'indexation » et tout simplement le principe du positionnement payant de résultats que proposent les moteurs ont tendance également à « polluer » la qualité des résultats d'une requête.

N'oublions pas que l'objectif premier de la plupart des services de recherche (et parmi eux les moteurs) est le profit commercial... et de nombreuses fonctionnalités qui seraient nécessaires à une utilisation « intelligente » (par exemple des méthodes de classement ou des index) ne sont pas au rendez-vous...

1.1 L'approche mots-clés : « du mot à la chose »

Nous viendrait-il à l'idée, à l'entrée d'une gigantesque bibliothèque, de nous écrier : « Revêtements bactéricides ! », pour recevoir en retour l'ensemble des pages contenant ces mots, issues de livres ou autres documents de la bibliothèque ? Non, bien sûr, notre première démarche serait, par obligation, de préciser *a minima* notre besoin (quoi, pourquoi ?) et de situer notre sujet dans les strates scientifiques et techniques concernées, avant :

- d'interroger le catalogue de la bibliothèque : la recherche mots-clés sera possible, mais uniquement sur les titres des documents et leur présentation, et non sur le texte intégral, ce qui évidemment change tout ;
- d'interroger le bibliothécaire ;
- de visiter directement les rayons en exploitant le système de classification utilisé.

Or le comportement décrit plus haut, totalement absurde dans le cadre d'une bibliothèque, s'est vite banalisé sur Internet puisqu'il est finalement induit par le système des moteurs de recherche web. En l'occurrence, notre requête « revêtements bactéricides » ne choquera personne et aboutira à de nombreux documents en rapport plus ou moins direct avec le sujet.

La qualité de la recherche, et des réponses, dépendra beaucoup du respect de quatre étapes clés :

1. étude approfondie en amont de son besoin, des concepts et sous-concepts liés (notamment par l'usage d'encyclopédies et dictionnaires et d'articles de presse, voir Questions/réponses 11 et 12) ;

2. identification du champ sémantique et sémiologique et étude de la terminologie la plus adaptée, si nécessaire dans différentes langues ; listing ou cartographie des mots-clés pertinents ;

3. formulation de la (des) requête(s) à l'aide des mots-clés : nombre et choix de mots, degré de précision et de sens, langue, combinaison avec opérateurs booléens ; exploitation des fonctionnalités des moteurs de recherche pour optimiser les requêtes en prenant en compte leur mode de recherche spécifique ;

4. lecture rapide des résultats pour avoir une première idée d'une part des sources d'information (préparation d'une approche « par navigation »), et d'autre part de la pertinence des mots-clés et des requêtes utilisés.

Des itérations sont souvent nécessaires à l'une et/ou l'autre de ces étapes, en fonction de la capacité de chacun à identifier des améliorations et à réorienter sa démarche.

1.2 Des effets pervers

Mais ce laborieux travail en amont est-il effectué lors de chaque recherche ? Les usagers du web occultent en règle générale ces étapes *a priori* indispensables, ce qui entraîne une baisse de qualité des recherches : n'est-on pas assuré, avec la croissance vertigineuse des ressources disponibles, et quels que soient les mots-clés « jetés » sans plus de réflexion dans le formulaire du moteur, d'obtenir des « réponses », certes plus ou moins pertinentes, certes plus ou moins fiables, mais des réponses tout de même ?

Malheureusement, hormis pour des questions très factuelles (correspondant surtout à un besoin d'information instrumental) ou très générales (pour avoir une idée d'ensemble sur un sujet), cette approche donne des résultats peu convaincants. Si l'internaute s'aventure à formuler une requête complexe, il court le risque de n'obtenir que très peu de résultats et d'augmenter son niveau de frustration. Pour Aref Jdey, éditeur du blog Demain la veille[25], c'est « une preuve s'il en était besoin qu'un réel apprentissage est nécessaire en recherche d'information. La facilité de prise en main des outils de recherche trahit la fiabilité en termes de résultats obtenus par l'internaute lambda. De plus, la quantité de résultats obtenus a une vertu de « réassurance » qui est inversement proportionnelle à l'effet produit lorsque la quantité est (très) limitée. »

Ainsi, l'abondance d'information et la facilité apparente de l'outil ont des effets pervers sur la qualité des modes de recherche : à

25 http://www.demainlaveille.fr

l'extrême, elles induisent des comportements assez étonnants, amenant l'individu à interroger le moteur comme au mieux un ami ou un bibliothécaire, au pire comme un gourou ou un oracle : la question est posée comme elle vient à l'esprit, avec le point d'interrogation à la fin. Les milliards de milliards de requêtes deviennent alors, selon l'expression du journaliste américain John Battelle[26], « une base de données d'intentions humaines » plus ou moins bien formulées.

2. LES MOTEURS DE RECHERCHE : DES PRINCIPES SOUVENT MÉCONNUS

Si les internautes utilisent quotidiennement les moteurs de recherche, ils en connaissent généralement assez peu le fonctionnement. Le paragraphe ci-dessous en présente les principes et tord le cou à quelques idées reçues.

2.1 Les moteurs : des outils automatiques

Un moteur de recherche est un outil automatique destiné à collecter et indexer un grand nombre de pages dans l'objectif de permettre, *via* des interfaces web, une interrogation par mots-clés sur le contenu de ces pages et la présentation des résultats. Un moteur est constitué de plusieurs éléments.

Robot d'exploration : nommé également *spider* ou *crawler*, il collecte le contenu de milliards de pages web dans une base de données structurée en champs. Les champs contiennent le texte de la page, le titre de celle-ci, son adresse URL, mais aussi d'autres informations variées, comme la provenance géographique ou les liens externes.

Cette base est stockée dans des centres de traitement de données (data centers) répartis dans le monde entier. On y retrouve le contenu intégral de la page (texte et image), mais également la balise titre, l'adresse URL de la page ou les liens externes. Le robot part de la page d'accueil d'un site et explore les liens internes et externes. Une page dont l'adresse URL ne serait pas soumise au référencement peut ainsi être visitée par les robots si elle fait l'objet d'un lien hypertexte de la part d'une autre page collectée. La collecte ne s'effectue pas pour autant de façon exhaustive. Une part importante du web, appelée « web invisible », reste inaccessible aux robots, essentiellement pour des raisons techniques liées à la nature des contenus ou leur protection par un mot de passe. Les webmasters ont la possibilité de bloquer le passage des robots sur une page donnée à partir du fichier « robots.txt ».

Les robots d'exploration sont souvent personnifiés : celui de Google est tout simplement Googlebot, celui de Yahoo! répondait au nom de Slurp avant le rapprochement avec Bing. La base de données est réactualisée selon la fréquence des visites du robot sur les pages. Même si les moteurs ont fait de grands progrès dans ce domaine,

26 BATTELLE, J., *La Révolution Google*, Eyrolles, 2006.

cette collecte ne s'effectue pas en véritable temps réel : en effet la fréquence de passage des robots sur les pages web dépend de plusieurs facteurs (rythme de réactualisation des pages, importance du site...). Il peut s'écouler ainsi un délai plus ou moins long (de quelques minutes à plusieurs jours) entre la publication d'un contenu sur le web et sa collecte par les robots des moteurs.

Indexeur : il s'occupe de l'indexation automatique des pages web collectées par le robot pour construire l'index de la base de données ainsi constituée par explorations successives. L'index contient tous les mots significatifs des pages visitées par le robot, et permet de relier ceux-ci à l'URL des pages qui les contiennent. L'indexeur analyse donc les pages en les décomposant en leurs diverses zones comme les titres, les en-têtes, les textes, les liens, les styles et autres portions de la page.

Le mode d'indexation ainsi que la notion de « mots significatifs » peuvent varier d'un moteur à l'autre ; généralement, les moteurs prennent en compte *tous* les mots du texte, hormis les « mots vides » : articles, pronoms et certains termes trop peu précis. Sont considérés comme significatifs tous les autres mots présents sur la page : noms communs, noms propres, adjectifs, verbes conjugués Les moteurs analysent également des facteurs comme les liens entrants et sortants de et vers la page. En revanche, ils n'indexent désormais plus les métadonnées (informations « cachées » dans l'en-tête de la page web qui peuvent contenir des indications sur le contenu de la page, sous forme de mots-clés et d'une phrase de description).

Le schéma ci-dessous récapitule les éléments de fonctionnement des moteurs :

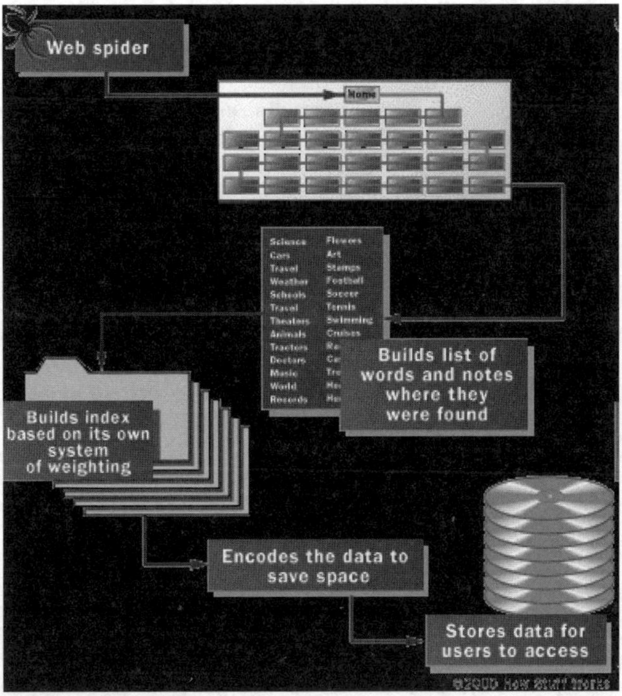

Source : emajen.com

Notons que, jusqu'à récemment, les moteurs se limitaient souvent à une indexation purement morphologique - les mots étant considérés comme de simples chaînes de caractères - et ne procédaient pas en général à un quelconque traitement linguistique. On constate toutefois une évolution récente, avec des moteurs qui intègrent plus ou moins finement des traitements d'analyse de la langue qui ne sont pas visibles par l'utilisateur final : lemmatisation (recherche identique avec ou sans « s »), prise en compte des synonymies et correction des fautes d'orthographe sont devenues courantes. Des traitements statistiques peuvent également intervenir pour mettre en œuvre, par exemple, des technologies de clustering.

Les index des moteurs sont bien entendu extrêmement volumineux : à titre d'exemple, l'index de Google contiendrait plus de 100 millions de Gigaoctets de données...

Interface web : elle met en relation le système et l'usager, et gère l'interaction entre les deux parties. La généralisation des smartphones a favorisé le développement des interfaces mobiles, en complément des interfaces classiques. Le formulaire de recherche, situé sur la page d'accueil du moteur, permet à l'internaute d'interroger l'index en saisissant un ou plusieurs mots-clés. Les moteurs proposent généralement un formulaire de recherche « simple », et une recherche dite « avancée » qui permet d'effectuer des requêtes plus complexes sans connaître la syntaxe précise d'interrogation. Notons que les moteurs ont tendance à simplifier la syntaxe d'interrogation désormais et à moins promouvoir ce type de formulaire. Les fonctionnalités de recherche peuvent différer légèrement selon les moteurs, mais restent globalement standard. Chaque page contenant les mots recherchés est considérée comme une réponse pertinente. Ce qui explique le nombre souvent très élevé de réponses !

La page de consultation des résultats se présente le plus souvent comme une liste de pages web (titre et descriptif de quelques lignes) avec quelques liens publicitaires placés en haut de la page ou sur le côté. Ce principe de base est toutefois en constante évolution, avec différentes voies d'approche : présentation d'autres types de résultats (news, multimédia, etc.), dossiers thématiques grâce aux technologies de clustering, ou présentation beaucoup plus graphique, sinon cartographique.

L'algorithme de pertinence : c'est un tri informatique complexe qui permet au moteur de classer les résultats. La valeur ajoutée d'un moteur se joue surtout sur la pertinence des premiers résultats fournis sur les requêtes, d'où l'importance de cet algorithme dont la « recette » précise est tenue secrète (voir ci-après).

2.2 La collecte au cœur du système

Les robots d'exploration commencent par visiter la page d'accueil des sites dont l'adresse leur a été soumise au préalable (à noter que, pour la quasi-totalité des moteurs, la soumission « de base » reste gratuite). Le robot suit ensuite les liens internes et externes à partir de la page d'accueil, et collecte de cette façon un nombre important de pages. C'est ainsi qu'un site non référencé[27] directement auprès d'un moteur pourra malgré tout être visité, dans la mesure où il fait l'objet d'un lien à partir d'un site déjà visité. Mais attention, les moteurs n'indexent pas forcément toutes les pages d'un site et, de plus, toutes les pages ne seront pas prises en compte en même temps. Dans le cas de certains sites très volumineux (des sites institutionnels, par exemple Europa.eu), on n'aura donc pas la garantie que la totalité des pages soit indexée.

Toutefois, les grands moteurs facilitent aujourd'hui le processus de référencement, notamment des sites volumineux, grâce à des outils spécifiques leur permettant d'identifier la structure des sites, les pages dynamiques ou avec du contenu Ajax ou Flash par exemple.

Le protocole Sitemap, une solution mise à disposition par Google depuis 2005 (licence délivrée sous Creative Commons), a été reconnu notamment par Yahoo! et Microsoft. Leurs robots peuvent donc extraire et recueillir des informations sur toutes les URL du plan Sitemap. Dans sa forme la plus simple, un plan Sitemap est un fichier XML qui répertorie les URL d'un site ainsi que des métadonnées complémentaires sur chaque URL (date de dernière modification, fréquence de révision et importance relative par rapport aux autres URL du site), de façon à favoriser une exploration plus fine de ce site par les moteurs de recherche. Bien sûr, l'utilisation du protocole Sitemap ne garantit pas la prise en compte des pages web dans les moteurs de recherche, mais permet de fournir des indications aux robots d'exploration et ainsi d'optimiser leur fonctionnement. Le processus de collecte s'est donc nettement amélioré ces dernières années, tant en termes de qualité d'exploration qu'en termes techniques, et de plus en plus de formats de fichiers, du word au pdf en passant par la vidéo, sont aussi reconnus et indexés.

La mise à jour de l'index est variable et peut prendre de quelques minutes à plusieurs semaines. Les moteurs ont depuis plusieurs années beaucoup amélioré leurs délais de collecte et d'indexation, la mise à jour de l'index s'effectuant aujourd'hui de façon quotidienne, sinon dans l'heure voire parfois quasiment en temps réel.

L'infrastructure informatique indispensable aujourd'hui pour stocker et mettre à jour en permanence autant de données est colossale. Ainsi Google utiliserait plusieurs millions de serveurs répartis sur 13 centres de données (data centers). Cette répartition des index sur de nombreuses machines peut expliquer certaines disparités, pour une même recherche, dans le comptage et l'affichage des résultats. En fin 2012, Google levait le voile sur ses data centers et exposait sur un site dédié les photos des ses infrastructures de stockage des données. Les chiffres sont impressionnants : le moteur indexe 20 milliards de pages par jour et répond à plus de 3 milliards de requêtes quotidiennes. Un chercheur de l'Université de Harvard[28] a calculé l'emprunte énergétique d'une requête dans Google et l'émission de gaz à effet de serre qui en résulte.

27 Référencer un site, c'est le soumettre aux outils de recherche du web (dont les moteurs) afin qu'ils l'indexent dans leur base de données : au départ, il s'agit simplement de « signaler » aux outils l'existence des pages du site.
28 http://www.technewsworld.com/story/65794.html

2.3 Quelle est la part du web indexée par les moteurs ?

Il est très difficile d'obtenir des chiffres précis concernant la part du web réellement couverte par les moteurs classiques, et ce d'autant plus que les choses évoluent rapidement, comme l'a montré le premier chapitre de ce guide. L'article fameux des chercheurs Steve Lawrence et Clyde Lee Giles[29], paru en 1998 et réactualisé l'année suivante, basé sur l'étude des résultats de plus de mille questions posées à onze moteurs de l'époque, débouchait sur des conclusions assez alarmistes : aucun moteur n'indexait à lui seul plus de 16 % du web, et la couverture globale du web par les onze moteurs avoisinait 40 %.

Selon l'étude menée par l'université de l'Iowa en début 2005[30], le taux de couverture du « web visible » par les moteurs les plus importants allait de 75 % pour Google à 57 % pour Ask.

Ces chiffres ne semblent pas avoir été actualisés depuis. Et pour cause : la physionomie actuelle du web fait en sorte qu'il est de plus en plus malaisé de mesurer la taille de la Toile, ainsi que son taux de couverture par les moteurs.

Pour autant, l'objectif d'exhaustivité par les moteurs de recherche demeure un fantasme inaccessible, car le web continue de gagner en taille et surtout en complexité. En raison des critères évoqués plus haut, certaines pages courent le risque de ne jamais être indexées ni collectées.

2.4 Le tri de pertinence, élément clé de la compétitivité des moteurs

Si la capacité de collecte, de traitement et de gestion des pages web et des nombreuses données utiles qui leur sont liées est essentielle pour assurer la continuité d'un moteur de recherche (les entreprises concernées doivent assurer la maintenance de véritables outils industriels, plus ou moins énormes selon les objectifs qu'elles se fixent), le véritable challenge se situe ailleurs : la compétitivité passe en effet par la pertinence des premières pages de résultats, conditionnée par le fameux « algorithme de pertinence ». L'enjeu est de taille lorsqu'on sait que les internautes dépassent rarement la lecture de la première page de résultats.

29 LAWRENCE, S., and GILES, C.L., « Accessibility and Distribution of Information on the Web », Nature, 1999, vol. 400, pp. 107-109.

30 On trouvera des détails sur la méthode utilisée pour obtenir ces chiffres dans les résultats de l'étude www.cs.uiowa.edu/~asignori/web-size.

Une grande variété de critères

Un algorithme est une méthode informatique de résolution de problème énoncée sous la forme d'une série d'opérations à effectuer. Les moteurs utilisent cette technique pour classer de façon automatique leurs résultats de recherche, afin de présenter en début de liste ceux qui obtiennent le meilleur score pour une requête donnée. Les critères de tri sont différents en fonction des outils et plus ou moins performants et complexes. Éléments importants de différenciation, ils ne sont pas connus de façon précise et varient dans le temps, parfois plusieurs fois par ans. Selon Olivier Duffez, spécialiste du référencement et responsable du site Webrankinfo : « Il est probable que Google utilise plusieurs centaines de critères pour arriver à classer les résultats par pertinence. » Une infographie[31] publiée en juin 2013 sur le site Entrepreneur.com compte pas moins de 200 critères de classement, répartis en plusieurs catégories détaillées ci-après.

Il est difficile d'énumérer l'ensemble des critères composant ces algorithmes de pertinence, d'autant plus que les moteurs restent plutôt discrets sur leurs « formules secrètes ». On peut néanmoins déterminer plusieurs catégories de critères fondamentaux :

Critères liés aux mots-clés

• « Densité » des mots-clés : il s'agit du ratio entre la fréquence d'apparition du mot-clé demandé dans la page, et le nombre total de mots-clés de la page entière, une fois éliminés les mots vides. Un mot-clé ne doit pas excéder une densité de 10 % dans une page, sous peine de soupçon de fraude à l'indexation, appelée également spamdexing. Notons que la rareté des mots (déterminée par le nombre d'occurrences du mot dans l'index) peut jouer : des mots rares ont une pondération plus importante que des noms communs ;

• Présence du mot-clé dans le titre, le premier tiers de la page ou l'adresse URL ;

• Déclinaison du mot-clé sous plusieurs formes typographiques (gras, police de caractère importante…) ;

• Si l'on saisit plusieurs termes dans une requête, la proximité de ces termes au sein d'une même page aura une incidence positive sur le classement de cette page dans les résultats ;

• L'ordre de la saisie des mots dans la requête a également une importance : le premier mot saisi aura une pondération plus importante que les suivants ;

Il faut noter également un phénomène de surpondération ou sous-pondération de certaines pages, ce phénomène pouvant être dû à plusieurs facteurs : localisation de l'internaute, identification via un profil connu, ou encore requêtes menées antérieurement ; le classement des réponses n'a en effet rien d'absolu et peut varier d'un

31 http://www.entrepreneur.com/article/226884

internaute à l'autre, surtout s'il est identifié par le moteur. Il est important pour l'internaute d'être conscient de ces effets de biais et des risques qu'ils pourraient engendrer à terme (danger pour le respect de la vie privée, « balkanisation » des internautes, etc.).

Critères liés à la « popularité »

• PageRank : c'est l'un des facteurs clés de succès de Google à ses débuts, dès 1998. Le PageRank est une propriété de la page en elle-même, indépendante des requêtes effectuées. Il s'agit d'une note de 1 à 10, basée sur l'analyse automatisée du nombre de liens hypertextes pointant vers une page, et la provenance de ces liens. L'objectif de cette formule, imaginée par Larry Page, l'un des fondateurs de Google, était de donner une meilleure visibilité aux sites « de référence » dans un secteur donné. Le calcul correspond à la probabilité qu'aurait un internaute d'accéder à une page donnée en fonction des liens qui la séparent de pages considérées comme « centrales », dotées d'un PageRank maximum. En clair, une page bénéficiera d'un score d'autant plus élevé qu'elle fait l'objet de liens par d'autres pages ayant un score important. Les critères de calcul sont nombreux et complexes (nombre de domaines différents des pages liantes, présence, densité et position des mots-clés dans les pages liantes, présence et densité des mots-clés dans les pages liées par les pages liantes, rapport entre le nombre de liens externes et le nombre total de liens ; nombre de liens externes contenant le mot-clé dans le texte des liens, etc.). La formule de base de calcul du PageRank (distribution probabiliste) est explicitée entre autres sur le site Webrankinfo[32.33]. Cette formule a pu évoluer au fil des années pour s'adapter à la nouvelle physionomie du web, et ce critère a pu perdre de son importance. Cette idée, révolutionnaire à l'époque de sa création, date en effet d'une période antérieure à la vague du web 2.0, où le web était encore assez linéaire et moins dynamique. Le paragraphe suivant présente l'évolution du PageRank ainsi que l'introduction récente du critère d'« author rank ». Précisons que l'on peut visualiser le PageRank d'un site donné sous la forme d'une note de 0 à 10 à partir de certains services comme SEO Chat ou Pageranklookup.

• Ce système de classement des résultats a pu être dévoyé de son objectif original par certains internautes qui souhaitent, souvent pour des raisons idéologiques ou commerciales, propulser en avant certains contenus. Des petits groupes ou des individus ont pu ainsi manipuler les classements en « trichant » avec les algorithmes afin de faire apparaître certaines pages dans les premiers résultats.

• Critères « sociaux » : les algorithmes de référencement des moteurs commencent à prendre en compte les « votes » des internautes à partir des boutons « Like » de Facebook ou « +1 » de Google. On voit ainsi que les réseaux sociaux vont avoir de plus en plus un impact dans le classement des résultats, et donc dans le référencement naturel. Google a encore franchi une étape dans ce domaine en janvier

32 www.webrankinfo.com/google/pagerank/pagerank.php
33 www.seochat.com/seo-tools/pagerank-search

2012, avec son nouvel algorithme « Search Plus Your World », dont le détail est présenté ci-après. Cette fonctionnalité ajoute aux réponses classiques les résultats issus du nouveau réseau social Google Plus. Par ailleurs, une étude menée par la société Brand3 montre que les pages web qui sont très souvent pointées par des tweets ressortent mieux que d'autres dans les résultats de Google.

• De nouveaux critères sont ainsi apparus, mais *a contrario*, certains critères de classement des résultats peuvent perdre de leur importance, voire disparaître. C'est le cas des balises « meta-keywords » ou « meta-description » incorporées dans l'en-tête d'une page. Les moteurs ne prennent plus en compte désormais le contenu de ces balises dans la recherche ou le classement des résultats. En revanche, la balise « meta description » garde encore son importance dans la mesure où elle peut apparaître en tant que résumé extrait de la page (« snippet ») dans la liste de présentation des résultats.

Une infographie[34] publiée en juin 2013 par la société SearchMetrics présente un panorama très complet des critères les plus importants pris en compte par Google. Même si les résultats sont discutables, on peut mesurer l'importance grandissante des critères « sociaux » et notamment de l'impact de Google Plus...

Bien entendu, n'oublions pas que l'un des modèles économiques des moteurs, et tout particulièrement de Google, est la vente de mots-clés (Adwords) pour garantir un bon positionnement. Les moteurs sont néanmoins tenus de distinguer clairement les réponses « organiques » du moteur des réponses « sponsorisées », qui apparaissent sur fond coloré en tête ou à droite de la liste de résultats.

2.5 Du PageRank à l'Author Rank...

Depuis la fin des années 1990, on a ainsi assisté à la naissance, au développement, puis au franc succès de « l'indice de popularité » comme mesure de pertinence. Ce critère de tri, ajouté à d'autres « ingrédients », a constitué la rupture technologique des dernières années dans les calculs de pertinence et a été l'un des facteurs de succès du moteur Google (il s'agit du fameux « PageRank » présenté plus haut). Pour mieux expliquer ce principe, les anglophones diront : « *It's not what you know, it's who knows you* ». En d'autres termes, le plus important n'est pas ce que vous dites ou ce que vous savez, mais qui vous connaît. En l'occurrence, on s'intéresse ici aux backlinks ou « liens à l'arrivée », c'est-à-dire au nombre et à la qualité des liens pointant sur une page : on mesure ainsi sa popularité et donc, selon les concepteurs de ces technologies, sa pertinence. Le principe, rendu célèbre par Google, n'est pas totalement nouveau. Ne mesure-t-on pas la crédibilité d'un auteur scientifique au nombre de citations qui sont faites de ses articles ? Le grand avantage de ce système est de donner une meilleure visibilité aux sites incontournables du domaine de recherche. L'inconvénient majeur en est, là encore, de pénaliser les nouveaux venus peu connus.

34 http://www.searchmetrics.com/en/services/ranking-factors-2013/

Le débat a fait couler beaucoup d'encre numérique : outre un article publié en novembre 2005 par le chercheur Jean-Paul Delahaye[35], une étude parue à la même époque sur le site Arxiv tend à démontrer l'effet « égalitaire » induit par les moteurs de recherche. Selon cette étude, contrairement aux apparences et aux idées reçues, la collecte importante effectuée par les moteurs combinée à l'action des utilisateurs a pour effet d'atténuer l'attraction des sites les plus populaires, et génère du trafic vers des sites moins connus. Dans un même ordre d'idée, l'article de Franck Pasquale[36] évoquait les questions d'ordre juridique liées au PageRank.

Le PageRank n'est bien sûr pas le seul critère pris en compte par Google. Il faut savoir en outre qu'il sert non seulement au classement des réponses mais qu'il constitue également un critère de priorité dans la collecte : les pages dotées d'un PageRank important seront visitées plus régulièrement par le moteur. L'importance de cette « notation » fait toutefois débat, et certains experts pensent qu'elle est dissociée de la notion de pertinence selon le moteur de recherche. « Ma théorie est qu'en fait le PageRank affiché dans la barre d'outils de Google, sur lequel de nombreux webmasters fantasment encore aujourd'hui, est un simple "gadget", qui fait l'objet d'un algorithme de calcul propre mais qui n'a plus aucune corrélation avec l'algorithme de "ranking" du moteur », indique ainsi Olivier Andrieu sur son blog[37]. Quant à la « Google Dance », qui correspondait à la période mensuelle où Google recalculait le PageRank des pages indexées, elle n'existe plus en tant que telle, la mise à jour se faisant désormais en continu.

L'algorithme du Trust Rank a été développé par deux chercheurs afin de réduire le spam dans les moteurs de recherche à partir d'une analyse humaine de certaines pages : il s'agit donc de donner un indice de confiance aux pages web. Google a déposé cette marque en 2005, mais l'a abandonnée quelques années plus tard.

En début 2013, Google annonçait le programme Autorship qui donne une grande importance à la balise rel=author introduite en 2011. Cette balise permet aux webmasters d'améliorer le classement de leur site en se basant sur la traçabilité et la qualité de l'auteur, en s'appuyant sur les informations du réseau social Google Plus. La réputation d'un « auteur » sur le web viendrait elle ainsi compléter, voire remplacer, le célèbre PageRank ?

Enfin, l'indice de popularité n'est pas l'apanage du seul Google. Microsoft, de son côté, utilise l'algorithme du « Browse Rank ». Présenté en juillet 2008 par les chercheurs de Microsoft Research Asia, cet algorithme se base certes sur la popularité des pages, c'est-à-dire sur le maillage des liens, mais s'appuie également sur le comportement des internautes et l'analyse de leur navigation (temps de visite sur une page ou « temps de rebond », « taux de clic », etc.).

---

35 DELAHAYE, J.-P., « Démocratie et notoriété sur Internet », *Pour la Science*, novembre 2005

36 PASQUALE, Fr., « Rankings, Reductionism and Responsibility », Cleveland State Law ReviewSymposium, 21 novembre 2006

37 ANDRIEU, O., « Le mythe du PageRank », 25 octobre 2007, http://blog.abondance.com/2007/10/le-mythe-du-pagerank.html

2.6 Panda et Pinguin : les drôles d'animaux de Google

Les moteurs modifient régulièrement leurs algorithmes, afin de s'adapter aux évolutions du web. Google a ainsi introduit en France à l'été 2011 une évolution importante de son algorithme, sous le nom de « Panda »., suivie en 2012 de la mise à jour « Pinguin ». L'objectif de ces mises à jour est de cibler la qualité des résultats, et d'éliminer les sites ayant un contenu trop pauvre ou redondant, qui ont hélas proliféré ces dernières années. Sont notamment visées les « fermes de contenus » résultant de l'agrégation de liens et contenus extérieurs, qui n'ont aucun intérêt pour l'internaute mais ont tendance à polluer les résultats de recherche. Avec Panda et Pinguin, des sites à faible PageRank sont moins crawlés, voire ignorés par le moteur, dans le cadre de la lutte contre le « spamdexing ».

Début 2012, Google a encore innové avec le lancement aux États-Unis de son nouveau système Search plus your world qui intègre dans les pages de résultats divers contenus issus de Google Plus :

- Personal Results : contenus textes et images provenant du réseau des « amis proches » sur Google Plus ;

- Profiles in Search : affichage du nom et du profil des internautes faisant partie de vos amis directement sous forme de suggestion via le module d'auto-complétion ;

- People and Pages : pour certaines requêtes génériques, le moteur propose des profils Google Plus de personnes spécialisées dans cette thématique.

2.7 Du référencement au spamdexing : un modèle économique basé sur la publicité

Depuis le début de l'histoire du web, les moteurs de recherche proposent « gratuitement » leurs services aux internautes, qui ne concevraient d'ailleurs plus un accès payant pour effectuer leurs requêtes. Ce qui implique que les sociétés éditrices doivent trouver un modèle économique viable pour se développer. Comme chacun le sait, les revenus publicitaires représentent la plus grande source de financement des moteurs.

Dans cet univers, les années 2000 ont marqué un tournant avec l'engouement pour les liens sponsorisés ou liens commerciaux, une forme alors nouvelle de publicité en ligne : les annonces sont « contextualisées », c'est-à-dire en rapport avec les mots-clés utilisés pour la recherche par l'internaute. L'annonceur n'est facturé que si celui-ci clique sur le lien publicitaire, selon le principe du « coût par clic » ou CPC (principe des Adwords de Google). Certains mots-clés étant plus demandés que d'autres, un système d'enchères régule l'ensemble. Ce système est souvent plus attractif pour les annonceurs que le CPM (coût pour mille), mais pose bien entendu aux moteurs le problème des clics « frauduleux » !

Par ailleurs, les sociétés spécialisées dans le référencement naturel cherchent bien entendu à connaître le plus précisément possible les critères clés de chaque moteur. L'objectif est de faire apparaître en bonne position (ranking) les pages web de leurs clients sur les listes de résultats à une requête comportant certains mots-clés.

Ce travail de référencement, appelé parfois SEO (Search Engine Optimisation) se fait parfois au mépris de l'éthique et donne lieu à une activité de spamdexing ou spamming, expressions qui désignent les techniques dont l'objectif est d'augmenter la position potentielle d'un site, et ce parfois aux dépens de la qualité de la base de données du moteur de recherche (référencement dit abusif). Les moteurs, de plus en plus, informent les webmestres des pratiques à bannir ; Google, par exemple, condamne celle des liens payés (il existe même des « places de marché de liens », comme celle de Linklift). Notons que, dans ce cas, l'arme absolue des moteurs est d'inscrire un site sur leur « liste noire », et donc de cesser tout simplement de le référencer (ce fut le cas pour le site allemand de BMW en 2007).

Notons que ce modèle repose aussi sur la confiance des internautes dans une séparation totale, au niveau des équipes, entre l'activité moteur et l'activité publicitaire. La crédibilité et, au final, la survie des sociétés sont en jeu et ce postulat minimise les craintes de positionnements achetés. Google va très loin dans ce principe de gratuité pour l'utilisateur financée par les revenus publicitaires, en proposant de très nombreux produits et services à ses usagers. La société est d'ailleurs parfois accusée d'être un « destructeur de valeur[38] ». Un billet de blog[39], en juillet 2013, dénonce la disparition progressive des résultats « organiques », c'est-à-dire venant réellement de l'index du moteur, face aux résultats sponsorisés.

2.8 Le projet Knowledge Graph

En 2012, Google a effectué un pas de plus vers le sémantique et annoncé le lancement du projet Knowledge Graph. Cette nouvelle fonctionnalité va plus loin que la gestion des synonymes ou la correction orthographique. Le « Graph » répertorie des millions d'entités nommées (objets, personnes, lieux, etc.) et les liens qui peuvent exister entre eux, en s'appuyant sur plusieurs sources (Wikipédia, le répertoire Freebase…) L'objectif annoncé est de rendre les recherches plus pertinentes en permettant de les désambiguïser et contextualiser, en passant « des mots aux entités ». L'intégration de cette fonctionnalité se traduit par un encart apparaissant en complément de la liste des résultats, et donnant des éléments d'information factuels en relation avec le thème de la requête.

38 *Voir à ce sujet l'article d'Émilie LÉVÈQUE, « La stratégie industrielle et commerciale de Google à la loupe », 8 décembre 2008, ZDNet www.zdnet.fr/actualites/internet/0,39020774,39385301,00.htm?xtor=RSS-1*

39 http://blog.tutorspree.com/post/54349646327/death-of-organic-search

Le « Knowledge Graph » de Google

3. ENTRE CONCENTRATION ET DIVERSIFICATION

Le marché mondial des moteurs de recherche s'est énormément concentré depuis quelques années : selon les statistiques de l'Institut Comscore[40], Google continue en début 2013 de dominer largement le marché américain des moteurs de recherche web avec 67 % du secteur, contre environ 16 % pour Microsoft Bing et 11,5 pour Yahoo! qui continue de perdre des points d'audience. La part de marché de Google dans de nombreux pays européens, dont la France, dépasse les 90 %.

On voit donc que la suprématie de Google se maintient au fil des années, depuis son lancement en 1998, malgré ses nombreux challengers parmi les différentes générations de moteurs qui se sont succédé.

Les différents observateurs et experts ont d'ailleurs cessé de pronostiquer sur le prétendant au titre de « Google Killer », c'est-à-dire le nouveau venu qui pourrait détrôner le moteur tout-puissant. De nombreux moteurs par ailleurs fort intéressants ou puissants n'ont pas tenu leurs promesses ni rencontré un large succès public et beaucoup ont disparu, victimes de la crise. Et pourtant, en mars 2010, un séisme allait secouer l'empire Google : pour la première fois, le géant des moteurs était distancé aux États-Unis en termes d'audience par… Facebook.

40 http://www.comscore.com/Insights/Press_Releases/2013/3/comScore_Releases_February_2013_U.S._Search_Engine_Rankings

3.1 Quatre générations de moteurs

1re génération (apparus en 1995-1996)	Altavista Hotbot Voilà Lycos	*Vieillissement de l'index. Algorithmes de pertinence pas toujours efficaces. Beaucoup de ces moteurs ont disparu.*
2e génération (apparus en 1998-1999 ou plus)	Google Yahoo MSN Bing Ask	*Bonne pertinence, index important.*
3e génération (apparus à partir de 2001)	Wisenut Exalead Kartoo Cuil	*Fonctionnalités de visualisation souvent originales – Wisenut, Cuil et Kartoo ont disparu*
4e génération (à partir du milieu des années 2000)	Google Custom Search	*Les moteurs personnalisables, créés par l'utilisateur*
	Powerset WolframAlpha	*Les moteurs sémantiques*
	Truveo	*Les moteurs multimédias*
	123people	*La recherche de personnes*
	Topsy	*Les moteurs temps réel*
	Qwant	*L'agrégation de résultats*

3.2 Disparitions et regroupements : un rapide historique

Le monde des moteurs de recherche connaît depuis plusieurs années un phénomène important de concentration et regroupements. Parmi les moteurs disparus depuis 2001, on peut citer : Infoseek, Ecila, Excite (en tant que technologie moteur), Webtop (Dialog), Lokace et Northern Light, Teoma (racheté en 2001 par Ask), AltaVista et Alltheweb (en tant qu'entités développant leurs propres technologies). En effet, le groupe Yahoo! a racheté en juillet 2003 la société Overture, leader des liens sponsorisés et promotionnels, qui elle-même avait racheté en février 2003 le moteur AltaVista et la division Web Search de Fast, l'éditeur du moteur Alltheweb. Altavista cesse d'exister en tant que moteur en 2013.

En mars 2003, Yahoo! avait également finalisé l'acquisition d'Inktomi, afin de posséder ses propres technologies de recherche. En 2005, Ask est racheté par InterActiveCorp (IAC).

L'année 2006 a vu la disparition du moteur Teoma, connu entre autres pour ses options de clustering. Teoma avait été racheté en 2001 par le moteur Ask. Ce dernier continue d'utiliser la technologie Teoma mais ne permet plus d'affiner la recherche à partir de clusters.

En 2007, Wisenut disparaît à son tour. Acheté par Looksmart en 2002, ce moteur fut un temps promis à un bel avenir. En octobre 2008, le moteur Accoona sort du jeu : créé début 2005 aux États-Unis et en Chine avec une technologie de recherche utilisant l'intelligence artificielle, il avait été lancé en 2006 en Europe avec sept langues.

En août 2008, Microsoft rachète Powerset, moteur spécialisé en « langage naturel ». Mais 2008 signe aussi l'évolution, voire l'arrêt en tant que moteur web à part entière, de la technologie Ask[41] vers des marchés de niche, en développant son service de questions-réponses et l'accès à des services structurés.

En avril 2009, Wikia Search, lancé en janvier 2008 par Jimmy Wales, le co-fondateur de l'encyclopédie collaborative en ligne Wikipédia, ferme ses portes. Les quatre grands principes de ce « moteur collaboratif », qui avait suscité tant d'espoirs et de polémiques, étaient la transparence (principe d'ouverture totale des technologies exploitées), la communauté (chacun pouvant contribuer en tant qu'individu ou organisation, notamment pour signaler et labelliser des sites web), la qualité (avec toutes les difficultés liées à cette question !) et la protection de la vie privée. Pour les experts, l'essai Wikia Search était un an plus tard moyennement transformé, les résultats s'avérant décevants. Par ailleurs, l'outil touchait un public trop restreint pour le rentabiliser.

L'année 2010 a été fatale au méta-moteur cartographique Kartoo, ainsi qu'au moteur Cuil, pourtant très puissant, créé par d'anciens collaborateurs de Google.

3.3 De l'oligopole au duopole

Les précédentes éditions de cet ouvrage comportaient un classement des dix premiers moteurs en termes d'importance. Aujourd'hui, ce « top ten » s'est considérablement réduit, en raison des facteurs qui figurent ci-après :

- Google est toujours en situation incontestable de leadership

- Le rapprochement entre Yahoo! et Microsoft (voir plus bas) depuis quelques années fait pencher le marché du « search » du côté du duopole.

- Plusieurs moteurs dont on a beaucoup entendu parler n'ont pas tenu leurs promesses

- L'émergence de moteurs spécialisés par pays est aujourd'hui une évidence : le moteur chinois Baidu arrive ainsi en troisième position au niveau mondial, Yandex confirme son importance en Russie, etc.

- Enfin, il faut noter l'importance accrue des marchés spécifiques liés :
  - à la téléphonie mobile d'une part, et donc aux contrats liant les fabricants de téléphones aux moteurs leaders. Google verserait

41 Voir l'article de Barry SCHWARZ, « Sorry, Ask.com I still don't think you're focused on core search », 26 juin 2008, http://searchengineland.com/sorry-askcom-i-still-dont-think-youre-focused-on-core-search-14277.php

par exemple chaque année 100 millions de dollars à Apple pour être le moteur de recherche par défaut sur l'iPhone[42];

- aux réseaux sociaux d'autre part : le partenariat entre Bing et Facebook apparaît ainsi comme une pièce stratégique de Microsoft dans son combat contre Google.

La technologie utilisée par un moteur pour la collecte et l'indexation peut servir à d'autres outils proposant des interfaces ou fonctionnalités différentes. C'est le cas par exemple du moteur Mozbot (Abondance, Brioude Internet, Raynette), apparu en juin 2005 et développé actuellement à partir de l'index de Google.

D'autre part, plusieurs moteurs d'origine américaine, comme Google, Yahoo!, Bing ou Ask, existent également en version française. Les versions française et américaine de l'index sont sensiblement équivalentes, mais les réponses en français vont généralement être privilégiées dans la version française. Certains moteurs, comme Voila/Le Moteur/Orange qui dépend de France Télécom, n'existent qu'en version française.

3.4 Google toujours loin devant

Selon le baromètre des moteurs de recherche de AT Internet Institute[43] de début 2013, Google est en situation de quasi-monopole en France, Allemagne, Espagne et Royaume-Uni, avec une part de visites allant de 91 % pour la France à 95 % pour l'Espagne. Cette supériorité écrasante dure, on le sait, depuis plusieurs années

Aux États-Unis, la situation est un peu plus contrastée, avec selon les chiffres de Nielsen une part de marché un peu plus importante de Bing.

Selon le baromètre mondial des moteurs calculé pour fin 2012 par la société Comscore, le moteur russe Yandex se hisserait à la quatrième place et détrônerait Bing.

Le « top 5 » mondial des moteurs de recherche en fin 2012, selon Comscore, est donc le suivant :

1. Google : 114,73 milliards de requêtes (65,2 % de parts de marché)
2. Baidu : 14,5 milliards (8,2 %)
3. Yahoo! (technologie Bing) : 8,63 milliards (4,9 %)
4. Yandex : 4,84 milliards (2,8 %)
5. Bing : 4,47 milliards (2,5 %)

L'addition des chiffres concernant Yahoo! et Bing, qui utilisent la même technologie, place néanmoins Microsoft en 3e position. Yandex bénéficie entre autres de son intégration comme moteur par défaut dans la version russe de Firefox. Baidu profite de sa position dominante dans le monde chinois...

42 « Google : 100 millions de dollars pour être le moteur de l'iPhone », Abondance.com, 15 février 2010, http://actu.abondance.com/2010/02/google-100-millions-de-pour-etre-le.html
43 *http://www.atinternet.fr/documents/barometre-des-moteurs-mars-2013/*

Google continue donc à dominer nettement le marché mondial. On connaît les raisons du décollage du moteur dès 1998 : sa rapidité, sa simplicité, son orientation « pur moteur » à une époque où ses concurrents jouaient la carte portail avec une page d'accueil chargée, un marketing viral performant, et surtout son tri de pertinence « révolutionnaire » en ont fait un véritable rouleau compresseur.

On peut noter plusieurs raisons de son maintien si loin devant, et ce depuis plusieurs années : l'avalanche d'innovations, de diversification et de nouveaux produits conforte l'image de « gagnant » de Google, qui parvient à conserver un esprit « start-up » séduisant et une culture d'entreprise originale. Les investissements sont globalement réussis (le rachat de YouTube accroît encore la présence de Google sur le web) et, bien sûr, la société a su phagocyter le marché des liens sponsorisés (Adwords).

Top 5 des moteurs de recherche en part de visites web (2013)

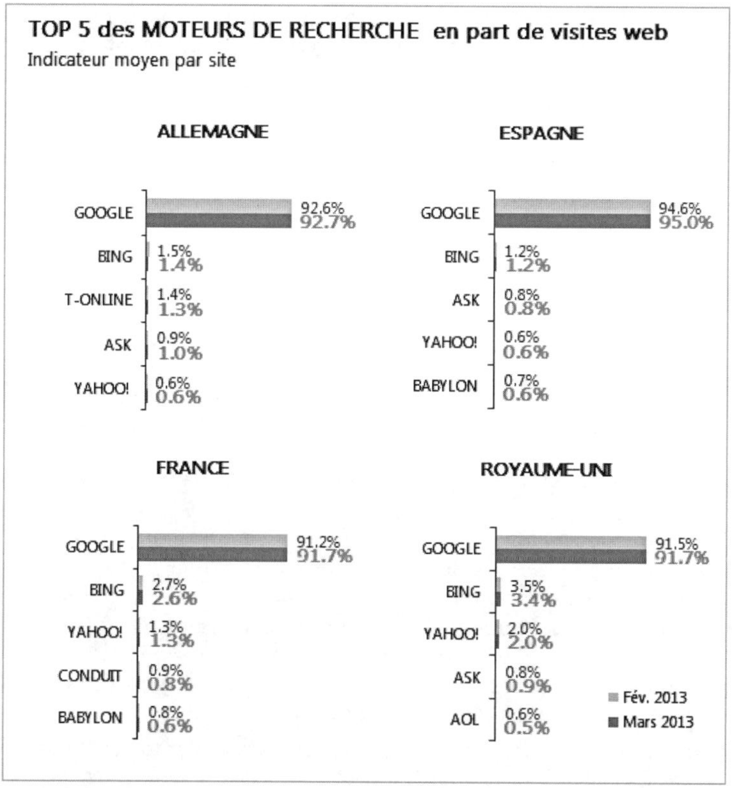

Source : AT Internet

Pourtant, parallèlement à cette diversification à tout va, Google supprime régulièrement certains services pourtant souvent très utilisés ou prometteurs. Récemment, ce sont plus de 30 produits qui ont fait partie de cette grande vague de suppressions... On peut regretter l'arrêt du « Google Labs », laboratoire de recherche et développement à l'origine de nombreuses innovations ; de même, la fin de la « roue magique » et de la « chronologie », fonctionnalités d'affinage des résultats originales et efficaces ; et bien sûr, l'arrêt du service de diffusion d'informations personnalisées IGoogle et de l'agrégateur de flux Google Reader. Citons également la fin de Knol, l'encyclopédie collaborative rivale de Wikipédia, qui n'avait jamais véritablement trouvé son public.

Certains services spécialisés se maintiennent au fil des années : c'est le cas de Google Scholar, le moteur de recherche de contenus « académiques » qui recense les références ou le texte intégral de nombreux articles de chercheurs dans tous domaines. Notons également le maintien de Google Blogs, qui reste l'un des rares moteurs de recherche de blogs dignes de ce nom.

Les incursions de Google dans d'autres domaines que le Search ne sont pas toujours couronnées de succès. De l'aveu même de ses dirigeants, la firme de Mountain View a raté à plusieurs reprises son entrée dans le monde des médias sociaux, malgré de nombreuses tentatives au fil des années (Orkut, Google Buzz, Google Wave...). Le réseau social Google Plus, lancé courant 2011, représente la nouvelle arme du célèbre moteur contre ce concurrent inattendu, venu d'une sphère d'activité différente, que représente Facebook.

Google, le plus célèbre et le plus ambitieux des moteurs

En septembre 2008, le plus célèbre des moteurs, créé en 1998 par Larry Page et Sergey Brin, étudiants à l'Université de Stanford, fêtait ses 10 ans. Google a réussi à révolutionner le monde des moteurs de recherche, avec un algorithme de pertinence prenant en compte des critères totalement nouveaux, utilisant le fameux PageRank présenté ci-dessus.

Après son introduction en bourse en 2004, la société affirmait déjà sa « mission » : « Organiser l'information mondiale et la rendre universellement accessible. » Depuis, elle poursuit sur cette lancée avec la mise à disposition de plus en plus de ressources, mais mène aussi une politique de diversification fort dynamique. Les nouveaux produits et services se succèdent, soit en création directe, soit par rachat d'entreprises (dont You Tube en 2006) : recherche (images, actualités, vidéos, blogs, livres, littérature scientifique et médicale, disques durs des utilisateurs ou réseaux internes d'entreprises, moteurs personnalisables, lecteur RSS, recherche multilingue, etc.), communication (mails, forums, blogs, plate-forme collaborative, messagerie instantanée, téléphones portables), cartes et images satellites (la terre et le ciel), numérisation de livres, bureautique en ligne, retouche d'images, nouveau navigateur baptisé Chrome, et même système d'exploitation d'abord pour téléphones portables (Androïd), puis pour PC. Certains de ses services ont été supprimés, mais d'autres ne cessent de se créer.

La société va toujours plus loin : selon l'expression de Stéphane Foucart[44], cette société « fabrique, pour l'indexer, l'information qui n'existe pas encore ». N'a-t-elle pas investi dans un satellite pour améliorer Google Earth ? N'a-t-elle pas photographié les rues de toutes les grandes villes du monde pour permettre à Google Street View d'être toujours plus proche de la réalité ? N'a-t-elle pas enfin investi dans la société 23andme.com qui propose aux particuliers l'analyse de la structure de leur ADN ? « Des grands espaces de la géographie terrestre aux réarrangements infinitésimaux des nucléotides de notre patrimoine génétique, le spectre des données conservées et compilées par Google semble devoir s'étendre indéfiniment », conclut l'auteur.

44 FOUCART, S., « Peut-on tout confier à Google ? », *Le Monde 2*, 14 novembre 2008.

3.5 Yahoo! et Bing : une alliance contre Google

Le rapprochement entre les sociétés Yahoo! et Microsoft a constitué un long « feuilleton » durant les années 2009-2010. Un accord de partenariat a été conclu en 2009 entre les deux sociétés et a reçu en février 2010 l'aval du Département de la justice américain et de la Commission européenne. L'accord stipule que Yahoo! utilisera la technologie Bing sur les portails Yahoo!, alors que Yahoo! devient intermédiaire pour les deux compagnies pour les annonceurs. Cette alliance a bien sûr pour objectif de constituer une véritable alternative à Google... mais marque la fin de Yahoo! comme moteur indépendant.

Yahoo!

Il faut rappeler que, lors de sa création en 1994 par Jerry Yang et David Filo à l'Université de Stanford, Yahoo! était un annuaire de sites web, et est devenu assez rapidement un portail où se regroupent contenu éditorial et services. La société a été introduite en bourse dès 1996. À partir de 2000, le moteur utilisé par Yahoo! pour compléter les résultats de l'annuaire n'était autre que Google, un partenaire de plus en plus encombrant qui finalement lui captait de nombreux clients et internautes. Le partenariat est rompu lorsqu'en février 2004 Yahoo! sort sa propre technologie de moteur, Yahoo! Search Technology (YST), basée sur les technologies AltaVista, Fast et Inktomi. Selon le site Alexa, Yahoo! était le site web le plus visité en 2004.

Début 2008, Yahoo! refuse une offre de rachat de Microsoft à 47 milliards de dollars. La société se tourne plus tard dans l'année vers Google pour un accord publicitaire majeur, mais le moteur leader y renonce en novembre (mauvais accueil de la part des autorités de la concurrence et des annonceurs américains). Jerry Yang quitte en fin d'année la présidence de Yahoo!, qu'il avait rejoint en juillet 2007. En juillet 2009, l'accord conclu entre Yahoo! et Microsoft est dévoilé.

Yahoo! propose plusieurs applications basées sur la personnalisation. En 2007, Yahoo! innove par rapport à ses concurrents en lançant Yahoo! Pipes, qui permet aux développeurs ou amateurs avancés de combiner des flux d'information avec des passerelles entre plusieurs applications (mashups). D'autre part, Boss[45] (Build your own search service) est une API de recherche, qui permet « de bénéficier de l'infrastructure de Yahoo!, mais en offrant également la possibilité d'intervenir à différents niveaux du processus de recherche, le tri des résultats, et la présentation », comme l'explique Jérôme Charron du blog *Motrech*, qui considère Boss comme « la plus grande révolution dans le domaine des moteurs de recherche depuis bien longtemps[46] ». Une nouvelle version enrichie de Yahoo! Boss a été lancée fin 2011.

45 http://developer.yahoo.com/search/boss/
46 CHARRON, J., « Yahoo! Boss, une révolution est en marche », 10 juillet 2008, http://motrech.blogspot.com/2008/07/yahoo-boss-une-rvolution-est-en-marche.html

Yahoo! avait racheté la plate-forme de bookmarking social Delicious qu'il a revendu en 2011 aux fondateurs de YouTube. En 2010, un partenariat avait été signé avec Twitter pour intégrer une dimension temps réel dans les résultats du moteur.

Bing

C'est en juin 2009 que Microsoft a dévoilé son nouveau moteur, Bing, pour remplacer Live Search. Le moteur a connu un démarrage encourageant, mais les dernières statistiques le placent toujours très loin derrière Google. L'alliance avec Yahoo! est certes de nature à changer la donne en redonnant une seconde place à Microsoft avec quelque 30 % de parts de trafic aux États-Unis, ainsi que son partenariat renforcé avec Facebook (Microsoft détient des parts dans la société de Mark Zuckerberg).

La version américaine de Bing intègre des résultats du moteur scientifique WolframAlpha

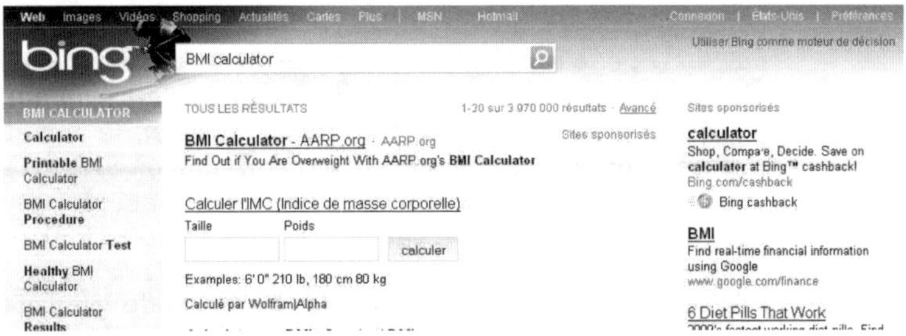

Rappelons que Microsoft avait été un moment soupçonné de vouloir racheter Google avant son introduction en bourse. C'est fin 2004 que le groupe avait lancé une nouvelle version de son moteur MSN, et fin 2006 la solution Live Search, à l'interface très épurée qui utilisait l'index de MSN et s'inscrivait fortement dans la tendance à la personnalisation.

Au-delà de la fonction de moteur de recherche, Bing est devenu une véritable épine dorsale dans la stratégie du groupe et s'est intégré au sein des logiciels de la société.

En 2008, la société a fait l'acquisition du moteur spécialisé en langage naturel Powerset (développé en collaboration avec le Palo Alto Research Center de Xerox), actuellement en démonstration à partir du contenu des articles de Wikipédia et de Free Base. Microsoft a également racheté en 2008 le norvégien Fast Search and Transfer (éditeur à la fin des années 1990 du moteur de recherche AlltheWeb) pour ses solutions de recherche pour entreprise.

La société confirme son intérêt pour le langage naturel et l'analyse sémantique en annonçant en novembre 2009 sur son blog un partenariat avec le moteur scientifique WolframAlpha (présenté plus haut) : la version américaine de Bing intègre désormais des données trouvées par cet outil.

À l'instar de Google Scholar, Microsoft cherche à séduire le monde académique avec le moteur Microsoft Academic Search[47], qui indexe plusieurs millions d'articles : il peut être interrogé par auteur, conférence, revue et date, met en exergue sur la page les auteurs les plus nommés, les conférences et les revues concernées, et permet également une représentation visuelle du réseau des co-auteurs.

La même équipe de recherche propose aussi EntityCube[48], qui détecte les entités nommées (personnes, organisations, lieux, etc.) dans les contenus web.

3.6 Ask, Exalead, Qwant, Duckduckgo et les autres...

Ask

Créé en 1996 sous le nom d'Ask Jeeves, ce moteur « des premiers temps du web moderne » a été l'un des pionniers de l'interrogation en langage naturel : le moteur Ask, devenu propriété du conglomérat Internet IAC/InterActiveCorp, s'était débarrassé de son « majordome » Jeeves en 2006, année du lancement de la version française, qui est restée très confidentielle. Aux États-Unis, le moteur est resté loin derrière ses concurrents (4,8 % d'après ComScore) malgré de nombreux développements, en particulier sur l'algorithme de pertinence, et innovations, notamment clustering et travail sur l'interface.

La société a amorcé en 2008 un virage stratégique pour passer d'une technologie moteur mondiale classique à un recentrage progressif sur un système de questions-réponses, renouant ainsi finalement avec ses racines « jeeviennes ». Actuellement proposé sur le moteur mondial, le nouveau service Ask Q&A permet d'afficher des réponses en relation avec le thème de la recherche, avec exploitation de technologies de recherche sémantique. Jusqu'en juin 2009, les réponses venaient de sites tels que Yahoo! Answers ou WikiAnswers ou de sites spécialisés. La technologie AnswerFarm, présentée alors, redonne vie au passé de Ask avec plus de 300 millions de questions-réponses annoncées[49].

Exalead

Ce moteur français a été créé en 2000, notamment par François Bourdoncle (connu pour avoir développé en 1997 pour AltaVista – alors moteur vedette – la fonction Refine[50]). La technologie Exalead a longtemps été présentée en démonstration sur le répertoire Open Directory, avant d'« habiter » un moteur mondial à part entière en

47 *http://academic.research.microsoft.com/*

48 *http://entitycube.research.microsoft.com*

49 *D'après ses dirigeants, les utilisateurs de Ask seraient trois fois plus enclins à poser des questions à leur moteur que ceux des autres moteurs, du fait du nom du service (Demande !) et de l'ancienne marque Ask Jeeves.*

50 La fonction Refine permettait d'affiner une recherche grâce à une analyse statistique du contenu des pages obtenues, en ajoutant ou supprimant différents mots-clés, le tout avec une visualisation graphique très innovante pour l'époque.

octobre 2006, avec un index d'environ 16 milliards de pages aujourd'hui. Basée sur des modèles statistiques, la technologie Exalead est devenue une référence : elle permet d'obtenir une liste de termes et de catégories associées pour chaque requête (clustering), permettant ainsi une autre navigation dans les résultats.

Ce moteur permet également d'affiner sa recherche en précisant la langue mais aussi le type de sites (blogs, forums, commercial ou non), de fichiers multimédias (audio, vidéo) et de format (pdf, ppt, etc.), et donne des snapshots ou vignettes de prévisualisation des pages de résultats.

Notons qu'Exalead propose les fonctionnalités de recherche avancée parmi les plus puissantes.

De nombreuses innovations ont été ajoutées : la recherche sur Wikipédia, la recherche d'images (avec une technologie de reconnaissance de formes et couleurs grâce au partenariat avec la société LTU Technologies, et une interface innovante), le lancement d'un moteur vidéo et d'une application de cartographie (Constellations), ainsi qu'un module très original basé sur la technologie speech to text (Voxalead) permettant la recherche dans des fichiers audio. On visitera avec profit Exalabs, le « laboratoire » de ce moteur.

En 2009, Exalead s'est doté d'une nouvelle interface utilisateur. Parmi les nouveautés : auto-complétion de la requête, outils graphiques de navigation (voir notamment l'outil Constellation à partir des résultats proposés par Exalead lors d'une requête[51]), requêtes associées, nouvelle version du moteur image, etc.

Exalead a été racheté en 2011 par la société Dassault Systemes, mais reste disponible en ligne pour des recherches web. Son objectif principal reste néanmoins la recherche interne, dans le cadre d'une entreprise.

51 http://demos.labs.exalead.com/constellations

Gigablast

Moteur de recherche américain créé en 2002, Gigablast tente de se différencier de ses concurrents en se présentant comme le « Green search engine » : 90 % de l'énergie utilisée provient des énergies renouvelables !

En recherche avancée, Gigablast propose également une recherche annuaire basée sur l'Open Directory qui permet de créer simplement un moteur personnalisé à partir d'une liste de sites web (jusqu'à 200).

Voila/Le Moteur/Orange

France Télécom a lancé son moteur de recherche Voila dès 1998. Depuis 2007, son nouveau nom est « Le Moteur » et la nouvelle version équipe les deux portails, Voila.fr et Orange.fr.

Voila, qui détenait 18 % du marché français en 2001, est aujourd'hui en dessous de 1,5. En 2007, une nouvelle interface innovante (qui reste disponible uniquement sur Voila.fr) est lancée avec une visualisation des résultats « à la mode 2.0 ».

À partir d'une recherche mots-clés, le moteur affiche des blocs de résultats classés selon leur nature : pages web, images, vidéos, actualités, etc. : l'utilisateur peut manipuler ces blocs à sa guise pour créer une page personnalisée. Voila se rapproche ainsi davantage du portail multi service que du « pur moteur ».

Qwant

En ce début 2013, un nouvel outil crée la polémique : le moteur Qwant, présenté comme « une alternative française à Google », agrège des résultats venant de plusieurs outils parmi lesquels... le moteur américain Bing. Qwant est emblématique d'une nouvelle génération d'outils d'agrégation de résultats provenant de différentes sources : c'est déjà le cas de nombreux moteurs de recherches de personnes comme 123people ou Youseemii, ou encore du moteur Corporama spécialisé dans l'information sur les entreprises. Qwant se distingue par la clarté de son interface.

Duckduckgo et les moteurs « respectueux de la vie privée »

Plusieurs moteurs apparus plus ou moins récemment se positionnent en champions du respect de la vie privée. Les révélations concernant le programme de surveillance sur Internet PRISM à l'été 2013 ont incité de nombreux internautes à vouloir se protéger... Ces moteurs assurent à leurs utilisateurs qu'ils peuvent effectuer leurs recherches de façon anonyme et en toute confidentialité, dans la mesure où ces moteurs ne conservent pas les données de personnalisation et les adresses IP des internautes. Les publicités et liens sponsorités restent affichés, mais ne sont pas personnalisés en fonction des requêtes précédentes des internautes. Parmi ces moteurs « respectueux de la vie privée », on peut citer Duckduckgo ou Startpage (ce dernier étant basé sur le méta-moteur Ixquick présenté ci-après).

4. LES MOTEURS SPÉCIALISÉS, VERTICAUX ET PERSONNALISABLES

Un moteur spécialisé permet d'effectuer des recherches sur une thématique précise : il peut s'agir d'un secteur d'activité (BTP, agroalimentaire, télécoms, etc.), d'une spécialité professionnelle (marketing, finance, etc.), d'un sport, d'un individu, d'un sujet ou d'un concept (les restaurants de Paris, les droits de l'homme, le développement durable, etc.), ou de contenu transverse dédié B2B (business to business). Dans tous ces cas, on pourra aussi parler de moteur vertical ou sectoriel.

Mais notons que les outils peuvent aussi se spécialiser sur un type particulier d'information ou de documents (information statistique, juridique ou universitaire, articles, livres, photos, vidéos, blogs, forums, etc.).

4.1 Technologies et marché

Différentes technologies en œuvre

Plusieurs technologies permettent la création d'un moteur spécialisé. Certaines procèdent à une catégorisation automatique de pages web, avec une sélection de contenu opérée par un processus entièrement automatique : à moins qu'ils n'exploitent soit du contenu structuré (comme le font par exemple les comparateurs de prix), soit des documents dans des formats particuliers (photos, vidéos, sons, etc.), soit des « matériaux » précis (blogs par exemple), ces moteurs restent peu nombreux, du fait de la complexité mise en œuvre. Plusieurs moteurs se sont développés récemment dans le domaine de la recherche de personnes : c'est le cas de 123people, Youseemii et autres Webmii qui effectuent la recherche dans plusieurs corpus (annuaires téléphoniques, blogs, réseaux sociaux…) et agrègent les résultats sous forme d'une page unique. On peut citer également, sur le même principe, le moteur Corporama spécialisé dans l'information économique.

Les moteurs spécialisés prennent beaucoup plus fréquemment comme point de départ une sélection manuelle de sites web, intéressant le grand thème choisi. Deux techniques sont alors envisageables.

Soit on applique à l'ensemble des pages web sélectionnées le processus classique d'un moteur : aspiration des contenus et indexation automatique pour permettre l'interrogation par mots-clés. C'est alors à l'éditeur de prévoir la technologie moteur, le périmètre précis d'indexation en fonction des sites, la fréquence de mise à jour et le tri de pertinence des résultats. Notons que, jusqu'à présent, la majorité des bons moteurs spécialisés du web étaient réalisés ainsi, ce qui explique d'ailleurs leur nombre assez limité. Citons par exemple un des précurseurs, Spinoo, créé par le Centre national de documentation pédagogique (CNDP) et dédié aux sites éducatifs institutionnels français (voir ci-dessous).

Soit on utilise la fonctionnalité *ad hoc* d'un moteur généraliste en limitant les résultats de celui-ci aux pages des sites sélectionnés. On travaille alors sur un sous-ensemble de l'index du moteur, sans qu'il y ait d'indexation plus poussée des sites en question, ou de choix très spécifique. C'est ici que se situe l'univers des moteurs personnalisés : leur création est ainsi rendue très simple et accessible à tous, mais l'inconvénient majeur réside bien entendu dans la limitation aux ressources indexées par le moteur, avec une carence en sites professionnels.

Les outils les plus avancés intègrent des ressources multimédias, offrent des interfaces évolutives, et se dotent de fonctionnalités 2.0 avec des flux RSS et la participation des usagers (proposition de liens ou de contenu, collaboration à des wikis, vote, etc.).

4.2 Des moteurs verticaux pour tous les besoins

Des répertoires peu satisfaisants

Reste à choisir les bons moteurs, ceux qui intègrent notamment des mises à jour de sources, et à ne pas se reposer entièrement sur ces outils, par nature sélectifs. Malheureusement, les répertoires d'outils sectoriels mélangent le plus souvent répertoires, bases de données, gros sites spécialisés et moteurs. Le repérage du bon moteur spécialisé n'est donc pas évident.

Si l'on prend l'exemple du secteur pharmacie-santé, qui est l'un de ceux où l'on trouve le plus de moteurs verticaux du fait du nombre de ressources gratuites, on se rend compte que les outils sont très variés : selon leur cible (grand public ou professionnelle) et selon leur degré d'automatisation. Le schéma de la société Digimind (reproduit page suivante) permet de situer quelques moteurs spécialisés du domaine.

En revanche, on trouve des répertoires pour les outils développés à partir des moteurs généralistes. En effet, de nombreux internautes ont déjà exploité la simplicité et le potentiel de ces nouveaux moteurs spécialisés qu'ils proposent à la communauté. **Custom Search Guide** répertorie ainsi les moteurs personnalisés conçus avec Google Custom Search, sachant qu'une sélection des plus intéressants est opérée par l'éditeur de l'annuaire, Moving Traffic Inc, qui privilégie les moteurs américains.

En revanche, **Boss** (Build your own search engine), la solution de moteurs personnalisés proposée par Yahoo! ne semble pas disposer de répertoire qui recenserait des réalisations par les internautes.

Des moteurs spécialisés en pharmacie-santé positionnés par Digimind

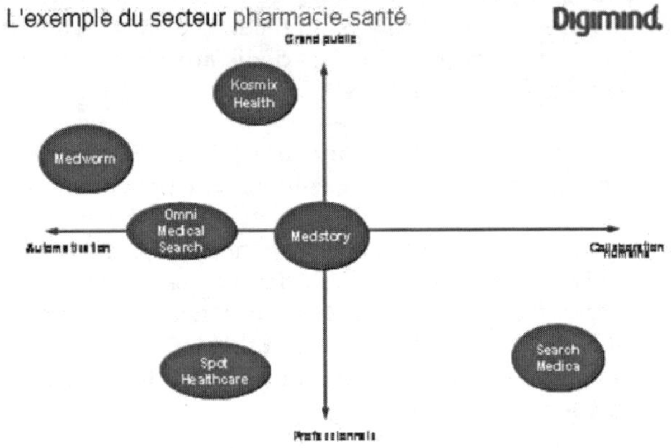

Source : Digimind

Quelques exemples de moteurs spécialisés

Moteur	Description	Adresse
ArchiTacTic	Architecture	www.architactic.com
Hurisearch (différentes langues)	Droits de l'homme	www.hurisearch.org
Isidore	Sciences humaines et sociales	www.rechercheisidore.fr
Motref	Référencement	www.motref.com
Propulseur	Sites inscrits dans l'annuaire professionnel Indexa	www.propulseur.fr
Recettes de cuisine.com	Cuisine	www.recettes-de-cuisine.com
Search Medica	Médical	www.searchmedica.fr
Spinoo	Ressources éducatives	www.cndp.fr/spinoo
Usine Nouvelle	Industrie	www.usinenouvelle.com
FindTech (service questions-réponses)	Technologies de l'information	www.findtech.com
Law Crawler	Juridique	http://lawcrawler.findlaw.com
Medhunt	Médical, santé	www.hon.ch/MedHunt
Scirus	Scientifique	www.scirus.com

À noter aussi l'initiative originale du métamoteur Veosearch lancé en octobre 2007 par les Français Arthur Saint-Père et Guillaume Heintz, VeoSearch est un moteur de recherche qui permet de financer des projets associatifs de développement durable. À chaque recherche sur VeoSearch, l'internaute génère des revenus publicitaires dont 50 % sont reversés aux associations présentes sur le site et engagées pour l'un ou l'autre des grands thèmes du développement durable.

4.3 Créer son propre moteur

Un moteur personnalisé est un moteur spécialisé, simple à réaliser, surtout depuis que Google, Yahoo! et Microsoft ont décidé, courant 2006, de lancer chacun leur solution à partir de leur moteur propre.

On trouvera dans la Question/Réponse 8 les quatre étapes à respecter pour créer son propre moteur spécialisé, ainsi qu'un tableau donnant les critères de choix les plus importants pour les outils majeurs.

5. L'EXPLORATION DU WEB INVISIBLE : EST-CE ENCORE UN ENJEU ?

5.1 Une réalité technique, un parfum de mystère

Le web invisible a fait couler beaucoup d'encre et reste mystérieux pour beaucoup de non-initiés, intrigués à juste titre par cette appellation pour le moins floue. Il est aussi, disons-le, devenu parfois un véritable argument marketing pour les concepteurs de moteurs de recherche ou d'outils de veille scrutant chacun plus loin le fameux « deep web » (web profond, terminologie utilisée en anglais). L'évolution du web et la déferlante des « big data » ont rajouté une nouvelle dimension à cette notion de « web invisible ».

Le web invisible désigne l'ensemble des pages non localisables et/ou non indexables par les moteurs ou métamoteurs. En effet, les outils de recherche, aussi puissants soient-ils, n'ont pas la capacité technique de prendre en compte la totalité des ressources web accessibles par les internautes. L'invisibilité de ces pages pour les moteurs n'est généralement pas le fait d'une volonté délibérée de leurs auteurs, mais résulte de plusieurs caractéristiques techniques.

Les exemples présentés ci-dessous peuvent relever de ce fameux « web invisible » :

- Pages appartenant à des sites très volumineux que les moteurs ne crawlent pas toujours en entier. L'invisibilité peut alors être temporaire et dépendra bien entendu des moteurs.
- Pages « dynamiques », générées par l'interrogation, *via* un formulaire, d'une base de données structurée ; l'internaute utilise ce formulaire pour saisir ses critères de recherche. Ainsi, ces pages ne disposent pas d'adresse URL « fixe » sur le réseau, leur adresse comprend souvent des signes du type ?, = ou &. Parmi les exemples les plus courants, on peut citer les catalogues de sites marchands, les catalogues de bibliothèque, les sites d'annonces (annonces de marché public, offres d'emploi, immobilier, etc.). Notons que les moteurs ont fait de grands progrès dans la prise en compte de ces pages dynamiques

que l'on trouve désormais fréquemment dans les réponses des moteurs.

- Pages nécessitant une identification de la part de l'internaute : sans même parler des ressources payantes, accessibles bien sûr aux seuls abonnés (si l'on prend l'exemple des grands serveurs commerciaux type Dialog ou STN, ils disposent tous aujourd'hui d'une interface web), de nombreux documents à valeur ajoutée « se cachent » derrière des pages d'identification. Ce système permet aux éditeurs de livres blancs, rapports et autres articles de garder trace des visiteurs. Bien entendu, dans ce cas, le titre et le résumé de la ressource seront indexés, mais pas le texte intégral.
- Pages « interdites » aux moteurs : leur passage est bloqué volontairement par les webmestres, grâce à l'utilisation d'un fichier baptisé « robots.txt » incorporé dans le code source à la racine du site.
- Pages orphelines, n'ayant fait l'objet ni d'un référencement direct, ni d'aucun lien d'une autre page : elles sont accessibles à un internaute connaissant l'URL de ces pages, mais ne sont pas encore détectées par les moteurs, ni *a fortiori* indexées. Ce cas est assez rare néanmoins
- Pages que le format ou certaines caractéristiques techniques rendent « incompréhensibles » aux moteurs : ce cas également apparaît relativement rare.

S'il est difficile d'estimer la taille du web visible, celle du web invisible reste totalement inconnue ; et les dernières études ou estimations sont anciennes. Selon certains experts, le web invisible serait 250 fois plus important que le web visible... mais ces estimations sont difficilement vérifiables, la notion de « page web » ayant considérablement évolué avec le développement du web multimédia, social ou temps réel.

5.2 Pages issues de formulaires : un enjeu de poids pour les moteurs

La plus grande partie du web invisible est ainsi composée de pages contenues dans des bases de données structurées installées sur des serveurs indépendants du serveur web. Les pages web obtenues suite au choix de critères effectué par l'internaute sur un formulaire ne disposent souvent pas d'URL fixe sur le réseau mondial : leur existence reste ponctuelle, conditionnée à l'affichage dans le navigateur de l'usager. La requête de l'internaute puis la réponse extraite de la base sont transmises *via* des langages de script en passant par des serveurs secondaires.

Alors, le web invisible resterait-il définitivement une zone « interdite » aux moteurs, incapables d'incursions dans cette zone souterraine du continent web ? La réponse est à nuancer. En effet, de nombreux éditeurs de bases de données souhaitent rendre leurs documents indexables par les moteurs, et donc mieux visibles par les internautes. Certains choisissent donc de « recopier » tous les enregistrements de leur base en html (ou tout au moins la très grande majorité), supprimant ainsi le problème à la source ! Dans ce cas, on ne disposera pas des pages de résultats à une interrogation, mais seulement des résultats eux-mêmes.

Mais les moteurs parviennent aussi à rendre « visibles » de nombreuses pages pourtant issues de formulaires ; certains comme Google, Yahoo! ou Bing ont fait depuis quelques années de réels progrès dans la prise en compte de ces pages dynamiques : ils sont désormais capables d'interpréter des scripts d'interrogation, afin de prendre en compte des pages provenant de sites marchands (E-bay par exemple) ou de diverses bases de données gratuites.

Les sites d'annonces immobilières, d'offres d'emploi sont ainsi beaucoup mieux référencés aujourd'hui. De la même façon, les moteurs sont capables de prendre en compte un grand nombre de profils, ou d'extraits de profils, issus des réseaux sociaux Facebook, Linkedin ou Viadeo, dans la mesure où il n'est pas nécessaire de s'identifier sur ces réseaux pour effectuer des recherches. Les outils peuvent donc, dans certaines conditions, explorer le web en intégrant la notion de profondeur et exploiter davantage le contenu de certaines bases de données, et donc indexer le contenu de pages dynamiques.

On voit ainsi que les frontières entre web visible et invisible sont de moins en moins étanches sur le front des pages issues de l'interrogation d'une base de données structurées *via* un formulaire, tout au moins pour les formulaires les plus simples à gérer. Un peu de technique s'impose ici pour bien comprendre cette problématique : il existe en effet deux principaux types de requêtes acceptés par le protocole http pour transmettre les données d'un formulaire vers un programme (c'est-à-dire les informations envoyées dans la requête), le type « GET » et le type « POST ». Ils correspondent à la valeur de l'attribut « METHOD » de la balise <FORM> de la page html où se situe le lien vers le programme.

Sans entrer dans des détails complexes, indiquons qu'avec la méthode GET les données du formulaire sont incluses dans l'URL du script, et donc tout à fait visibles par les internautes dans l'adresse de la page de résultats. Avec la méthode POST, les informations ne sont pas envoyées dans l'URL mais dans l'en-tête http, et ne sont de ce fait pas visibles dans l'adresse de la page de résultats. Il faut savoir que, si les formulaires « GET » commencent à être bien pris en compte, les formulaires de type « POST », eux, échappent encore aux assauts des moteurs.

On peut ajouter que certaines pages issues de bases de données peuvent être disponibles dans l'index des moteurs, pour peu :

- qu'elles disposent d'une URL identifiable unique,
- qu'un webmestre ou blogueur ait créé un lien vers elles, les rendant de ce fait visibles. En suivant les liens dans son exploration habituelle du web, le robot peut alors arriver sur ces pages et les indexer « normalement ».

De même, s'il est impossible aujourd'hui aux moteurs de tenir compte de la page de résultats de la requête « Rwandair » de la base d'archives du magazine suisse *Logistic Worldwide* (formulaire POST), la page actuellement « invisible » qui correspond à un enregistrement particulier de cette base est, elle, potentiellement indexable.

En résumé, on peut dire que la visibilité sur un moteur des pages « dynamiques » générées par l'interrogation d'une base de données structurées *via* un formulaire dépend de plusieurs facteurs :

- volonté des éditeurs de la base de faire évoluer leur modèle économique. En effet, de plus en plus de sites voient l'intérêt d'ouvrir certaines de leurs pages, auparavant protégées, à l'indexation d'un moteur comme Google. Une partie de contenu indexé est gage d'un trafic supplémentaire et les éditeurs se rallient volontiers au modèle économique : faire connaître le site et « diriger » les internautes vers le contenu payant et faire connaître le site et « diriger » les internautes vers les bannières de publicité.
- « technique formulaire » utilisée ;
- capacité du moteur à interpréter les scripts d'interrogation ;
- critères retenus par les moteurs pour « suivre ces scripts » ou non ;
- liens effectués par les gestionnaires de sites vers des pages de résultats ou des enregistrements particuliers de la base.

5.3 Rechercher sur le web invisible

Même si, on l'a vu, les moteurs sont davantage présents dans la partie immergée de l'« iceberg web », la recherche d'information sur le web « plus ou moins invisible » exigera des stratégies particulières, sauf à compter sur le hasard pour récupérer des résultats de ce type : rappelons que la croissance exponentielle des ressources rend de plus en plus improbable d'obtenir, dans les premières pages de résultats, une réponse provenant d'un type de sources en particulier.

Ainsi, au même titre que l'on peut être amené à effectuer des recherches sur des sources provenant d'émetteurs particuliers (sources publiques, associations, instituts d'étude, etc.), on peut (et parfois on doit) prévoir de rechercher spécifiquement sur des bases de données pertinentes, ou sur des publications exigeant une identification.

Quatre pistes spécifiques de recherche s'offrent alors :

- dans des répertoires de bases de données, de contenus de type étude ou articles, ce qui implique, à partir du sujet particulier de recherche, de remonter aux concepts « pères » (ce qui renvoie à la recherche par navigation arborescente mentionnée plus haut) ;
- dans de grands répertoires généralistes ou plus thématiques (exemples : culture.gouv.fr), voire dans des listes de ressources très spécialisées proposées par des experts ; ce point sera détaillé au chapitre 4 ;
- dans des moteurs spécialisés (voir plus haut) ;

- dans des « réservoirs d'information » particuliers comme les sites d'archives ouvertes, d'open data…

6. LES MÉTAMOTEURS : INNOVER OU MOURIR

Les métamoteurs (parfois appelés métachercheurs) interrogent simultanément plusieurs moteurs de recherche et/ou répertoires et compilent les résultats avant de les présenter, en éliminant les éventuels doublons et en calculant un nouveau tri de pertinence. Ils ne maintiennent donc pas de base de données et se contentent de transmettre la requête aux outils utilisés.

6.1 Des stratégies innovantes

La consultation des métamoteurs a longtemps été présentée par les experts de la recherche d'information sur Internet comme un complément indispensable, voire une alternative très pertinente, à l'interrogation des moteurs. Mais c'était avant l'ère Google ! Depuis, les grands moteurs ont augmenté de manière exponentielle leur index, et la pertinence des résultats s'est nettement améliorée. D'autant que les métamoteurs présentent certains inconvénients, comme l'impossibilité de traduire les options de recherche avancée et la sélection fréquente des seules premières réponses fournies par les différents moteurs mis en œuvre.

On notera de plus qu'un grand nombre de métamoteurs n'ont pas la possibilité d'interroger l'index de Google. D'autant plus que les grands moteurs viennent les concurrencer en permettant, dans une logique « portail généraliste », d'interroger simultanément différentes bases de données (base répertoire, base pages web, base articles de presse ou dépêches, base d'information sur les entreprises, photos, vidéos, etc.). Ajoutons à cette liste la diminution du nombre de moteurs généralistes, et la prédominance du duopole Google-Bing… Tous ces facteurs concourent à une désaffection, voire une quasi-disparition des premières générations de méta-moteurs.

Toutefois, les métamoteurs se sont adaptés à cette nouvelle situation ; ils ont réagi en mettant en œuvre différentes stratégies :

- application de leur technologie à une grande variété de sources dans des thématiques diverses (*news*, images, vidéos, comparateurs de prix, santé, etc.) ; c'est le cas de tous les métamoteurs cités plus loin ;
- réalisation d'études montrant le très faible taux de recouvrement entre les résultats des moteurs (c'est le cas de Dogpile par exemple) ;
- développement de fonctionnalités innovantes à partir de l'analyse textuelle des résultats (clustering comme Clusty ou Polymeta, visualisations graphiques comme le regretté Kartoo) ;
- développement d'autres innovations, techniques ou liées à l'interface (vie privée avec Ixquick).

Certains métamoteurs comme Releton ou Jux2 s'étaient spécialisés dans comparaison des résultats de plusieurs moteurs, mais soit n'existent plus soit ont du mal à accéder à l'index de Google...

Le nombre des méta-moteurs existant aujourd'hui a fortement diminué, et parmi eux, dont certains ne sont que de simples supports publicitaires...

La qualité d'un métamoteur s'évalue selon plusieurs critères :

– outils et sources interrogeables : le nombre d'outils pris en compte peut être très variable d'un métamoteur à l'autre, allant de cinq à plus de mille ! Ni Google ni Yahoo! ne sont ainsi systématiquement interrogés par les métamoteurs. La liste des annuaires et moteurs mis en œuvre n'est pas toujours indiquée de façon très visible ;

– options de paramétrage : il convient de pouvoir obtenir plus de dix résultats par moteur, et d'éviter de récolter un nombre trop important de résultats sponsorisés ; il s'agit également d'avoir le choix des moteurs que l'on souhaite interroger ou non ;

– tri et présentation des résultats : l'élimination des doublons est indispensable. Il est également préférable que le métamoteur classe les réponses selon des algorithmes qui lui sont propres, et non selon un mode aléatoire ;

– fonctionnalités innovantes proposées : analyse des résultats, interface, etc.

Notons qu'en dehors des métamoteurs « en ligne », accessibles directement sur le web, il existe aussi des logiciels qui fonctionnent sur le même principe, mais qui sont souvent dotés de fonctionnalités plus élaborées. Copernic a longtemps été un acteur emblématique de cette lignée : quoique toujours disponible au téléchargement (y compris dans sa version gratuite), il n'a malheureusement pas été mis à jour depuis 2001, et notamment depuis son rachat par le méta-moteur en ligne Mamma.com (qui s'appelle aujourd'hui Copernic Inc). Les outils performants remplissant cette fonction sont aujourd'hui très coûteux et souvent intégrés pour d'autres usages en recherche fédérée (moteur de recherche entreprise, plate-forme de veille ou de Knowledge Management).

6.2 Les métamoteurs parmi les plus représentatifs du web

Plusieurs métamoteurs sont très connus, sinon très utilisés, et jouent sur le web un rôle un peu emblématique de cette catégorie. Mais leur reconnaissance n'est pas toujours un gage de leur survie. Ainsi, la société française Kartoo a cessé son activité en début 2010, et donc arrêté son outil de recherche Kartoo qui proposait une interface graphique interactive en flash. Voici quelques outils qui nous semblent les plus représentatifs actuellement :

Le leader mondial : Dogpile

Cet important métamoteur, propriété d'Infospace (qui détient aussi les méta-moteurs Webcrawler, Metacrawler et Webfetch), est le leader mondial de la « métarecherche ». Il interroge notamment les « quatre grands » moteurs du web (Google, Yahoo!, Bing et Ask). Il limite le nombre de résultats et modifie le tri de ceux-ci en fonction des clics antérieurs de ses utilisateurs pour les mêmes requêtes. Attention ! Les liens payés sont inclus dans ce calcul.

Le meilleur protecteur de la vie privée : Ixquick

Ixquick, qui avait racheté le métamoteur Debriefing, se présente comme le « métachercheur le plus puissant du monde », mais aussi comme le champion de la protection de la vie privée des internautes : les informations sur les utilisateurs sont supprimées au bout de 48 heures (Certified Secure, une des principales autorités de certification, a certifié les procédures d'Ixquick relatives à la vie privée).

Basé aux Pays-Bas, il dispose entre autres d'une interface en français (18 langues de recherche sont proposées, dont le chinois, le japonais et le coréen). Il interroge 12 moteurs (dont Google, Yahoo! et Ask) et limite comme Dogpile le nombre de résultats. Le classement se fait par rapport au nombre de moteurs qui ont choisi les pages dans leur « top 10 » (plus un résultat a d'étoiles, plus il a de chance de figurer parmi les 10 premiers résultats des moteurs interrogés). Ixquick présente l'avantage de traduire les requêtes même complexes à base de parenthèses ou de recherche sur champs : il prend en charge un nombre important de fonctionnalités de recherche et les traduit dans la syntaxe spécifique à chacun des moteurs, parmi ceux qui supportent ces fonctions.

Le champion du « clustering » : Yippy (anciennement Clusty)

Ce métamoteur, développé par Vivisimo et créé en 2000 à Carnegie Mellon University, a pour particularité de classer les 200 à 500 premiers résultats des recherches dans des dossiers (catégorisation automatique, ou clusterisation, effectuée à partir des titres et descriptifs ramenés par chaque moteur). Un menu hiérarchique de sujets et sous-sujets est ainsi proposé pour affiner ses résultats à côté d'une liste classique, sachant qu'un traitement linguistique, qui inclut les synonymies, améliore les résultats du traitement (mais inégal selon les langues).

On regrettera que Google ne fasse pas partie de la sélection de moteurs, qui inclut Yahoo!, Bing, Ask et l'Open Directory. Notons que la pertinence n'est pas recalculée mais est fonction des algorithmes des moteurs utilisés.

Il est désormais possible d'effectuer une requête dans les clusters (le mot est alors surligné dans les clusters et les résultats).

6.3 Exemples de métamoteurs spécialisés

Ils interrogent simultanément le texte intégral de plusieurs bases de données, moteurs ou sites spécialisés dans un domaine.

Domaine	Métamoteur spécialisé	Adresse
Blogs	Yippy Blogs	http://blogs.yippy.com/
Documents et images culturels	Moteur « Collections » (ministère de la Culture)	www.culture.fr/fr/sections/ collections/moteur_collections
Livres	Justbooks	www.justbooks.fr
Médecine	Omnimedicalsearch Medworm	www.omnimedicalsearch.com www.medworm.com
Offres d'emploi	Keljob	www.keljob.com
Personnes (réseaux sociaux)	What's yoName	www.yoname.com
Sciences	Scirus Science.gov	www.scirus.com www.science.gov/
Vols, hôtels (comparateur)	Trabber	www.trabberfr
Wikis	Qwika	www.qwika.com/find-fr

7. ÉVOLUTION DES MOTEURS DE RECHERCHE : DIX TENDANCES ACTUELLES

7.1 Simplifier la syntaxe et aider l'utilisateur

Au cours des dix dernières années, le mode de fonctionnement général des moteurs a somme toute peu évolué. En revanche, on constate une tendance à la simplification de l'interface d'interrogation avec, comme on l'a vu, une normalisation des principales syntaxes. La complexité de la recherche d'information réside désormais davantage dans la maîtrise des contenus que dans une expertise technique des langages d'interrogation, même si la connaissance de certains opérateurs peut parfois s'avérer déterminante. Les moteurs ont tendance au fil des années à promouvoir de moins en moins l'interface dite « de recherche avancée », qui reste de ce fait est de plus en plus méconnue !

Il faut souligner également un progrès important en ce qui concerne les services à l'utilisateur. Les moteurs veulent aller toujours plus loin dans l'aide apportée, en simplifiant au maximum la vie de leur client. Différentes « aides » comme les suggestions de recherche ou le récent « Knowledge graph » de Google sont présentées au chapitre suivant.

7.2 Permettre une recherche « universelle »

Le principe de la recherche universelle (*blended search* en anglais) représente un peu le rêve de tout concepteur de moteur de recherche : une interface unique de visualisation des résultats de toute nature, issus de bases de données différentes (pages web classiques, actualités, blogs, données financières, documents images, vidéos, plans et cartes, etc.). L'idée étant de prendre en compte la grande diversité des supports disponibles sur le web.

Tous les moteurs de recherche multiplient leurs efforts en ce sens pour proposer toujours plus de matière à leurs clients : après les pages html, de multiples formats de fichiers sont devenus accessibles, et le web invisible lui-même cède du terrain. Les moteurs s'attaquent au contenu des livres, des magazines, en numérisant les contenus non encore disponibles, ils proposent d'organiser et d'indexer tous documents de la sphère privée (ou semi-privée), qu'ils soient sur le disque dur de l'ordinateur (moteurs de recherche personnels) ou sur des espaces en ligne.

Google a encore dans ce domaine joué les pionniers en lançant en 2007, sur la version américaine du moteur, une interface de visualisation de ce type. Le principe est simple : la requête est effectuée dans chacun des moteurs de Google spécialisé par type de document ; un algorithme spécifique récupère ces données et les organise selon les critères classiques (PageRank, position des mots) ainsi que sur des critères liés au support (fraîcheur de l'information, notation des internautes, etc.). Attention, les résultats de la recherche universelle ne sont pas toujours analogues à ceux que l'on obtiendrait avec chaque catégorie de documents, et notamment les images. Ce nouveau mode de présentation des résultats a d'ailleurs suscité un certain questionnement dans la communauté des référenceurs, dans la mesure où le nouveau mode de classement pouvait venir bouleverser des stratégies de référencement.

En résumé, si les interfaces de recherche « universelle » allient simplicité, ergonomie et rapidité, elles souffrent parfois des mêmes travers que les méta-moteurs web, à savoir le manque d'exhaustivité et de transparence dans le classement des résultats.

Ce mode de présentation vient en tout cas bouleverser le schéma habituel de lecture d'une page de résultats. En effet, selon une étude réalisée par le cabinet Enquiro[52], la présence d'un élément graphique, type image ou vidéo, change la donne : « Le résultat

52 www.enquiroresearch.com/personalization

accompagné de cet élément devient dès lors plus visible, même s'il n'est pas en première position. »

Le site SearchMetrics publiait en avril 2013 une infographie[53] très complète sur la part des différents moteurs verticaux visualisés dans les résultats de la recherche universelle de Google. On note la part importante des vidéos issues bien entendu en très grande partie de la plate-forme YouTube.

7.3 Personnaliser son moteur de recherche

La personnalisation est, on l'a vu, l'une des caractéristiques du web 2.0. C'est de fait l'un des grands chantiers pour les outils de recherche et un élément non négligeable de fidélisation des utilisateurs.

Les internautes vont ainsi pouvoir interagir avec leur moteur, avec la possibilité, au-delà d'une simple personnalisation de l'interface et des préférences, devenue assez classique, de stocker des éléments d'information dans un espace dédié du serveur de l'outil, de conserver un historique de leurs recherches, de surveiller des requêtes, de partager de l'information avec d'autres personnes selon le principe de la navigation sociale, etc. En voici quelques exemples.

- ***la personnalisation selon Google***. Les internautes titulaires d'un compte de messagerie Gmail (ou tout simplement abonnés à la plate-forme Google) disposaient déjà de nombreux autres services personnalisés :
  - les liens « abonnés » : cette option permet d'offrir des résultats de recherche spécifiques à un produit, un site, un service ou une expertise ;
  - un service de surveillance (Alerts) de l'apparition de mots-clés sur les pagesweb du moteur Google, les pages d'actualité, les forums, les blogs, les documents vidéos, etc., l'alerte pouvant être transmise par mail ou sous forme de flux ;
  - la possibilité de créer des documents partagés avec d'autres internautes (Google Docs, Google Drive) ou des espaces d'échange et de discussion (Groups) ;
  - des informations sur la date de dernière consultation d'une page donnée par l'internaute ;
  - et également un bloc-notes, un historique des recherches avec statistiques journalières, etc. (attention toutefois à la confidentialité des recherches et à la question de l'anonymat sur le web !).

  Par ailleurs, grâce à Google Custom Search, disponible *via* la plate-forme Google Coop, on peut désormais créer son Google « personnalisé », c'est-à-dire un sous-ensemble de l'index du moteur limité à une sélection de sites choisis en amont par l'internaute (pour plus de détails, on se reportera à la Question/Réponse 8).

53 http://www.searchmetrics.com/en/universal-search-study/

- **la personnalisation selon Yahoo!** Ce moteur avait lancé dès 2006 sa technologie de création de moteurs personnalisables, sous le nom de Yahoo! Search Builder. Désormais, Yahoo! va plus loin avec un véritable kit de création de moteur baptisé Boss. En outre, l'espace personnalisable « Mon Yahoo! » offre la possibilité de sauvegarder les résultats, voire de les commenter et d'y effectuer des recherches, ainsi que l'accès aux favoris et l'archivage de flux RSS.
- D'autres moteurs, comme **Ask** ou **Mozbot**, par exemple, proposent également diverses options de personnalisation. L'espace « Mon Ask » permet de sauvegarder des liens obtenus comme résultats lors de requêtes sur le moteur et de les gérer par la suite (mention « save » à côté d'un résultat) dans des catégories.

7.4 Exploiter les technologies de clustering

Le clustering (ou mise en évidence de « grappes » de résultats) et la présentation visuelle des résultats d'une recherche ont nettement progressé sur le web ces dernières années, même si les deux types de technologie n'ont guère été pour le moment investis par les leaders. Ceci explique d'ailleurs que l'on trouve, à côté d'outils dédiés, quelques utilitaires permettant de « clusteriser » et cartographier les résultats de Google, notamment avec des extensions Firefox (Google TagCloudMaker par exemple).

Le terme cluster signifie « regroupement » ou « grappe » et peut avoir plusieurs significations en informatique. Ici, cela désigne des techniques statistiques (méthode des mots associés avec matrices de cooccurrences) qui permettent la catégorisation automatique des résultats d'une requête selon des thématiques prédéfinies ou non ; sur le web généraliste, où l'on ne peut pas faire référence à des dictionnaires ou ontologies préexistantes (type thésaurus ou autre), le classement des pages web s'effectue donc dynamiquement, les « catégories » étant générées par le moteur ou le métamoteur en fonction des termes les plus fréquemment associés aux mots-clés de départ dans les pages de résultats.

Les technologies de clustering, qui s'appliquent souvent aux 100, 200, 500, voire 1 000 premiers résultats, sont utiles sur le web pour :

- donner une vue d'ensemble du corpus de résultats en mettant en évidence les principales thématiques présentes dans les documents trouvés par les outils de recherche : on pourra ainsi démarrer une recherche à partir d'un terme assez généraliste, et avoir immédiatement une idée de « l'environnement sémantique » correspondant, à travers les expressions apparaissant le plus fréquemment dans les pages contenant le ou les mots-clés de départ. On peut parvenir à des résultats pertinents qui, classés plus loin dans une interface classique, n'auraient pas forcément été remarqués ;
- lever des ambiguïtés, affiner la recherche si le mot-clé de départ recouvre plusieurs significations différentes (homonymie) : par

exemple, on pourrait éliminer d'une recherche sur la société Orange tout ce qui concerne la couleur ou le fruit ;

- réorienter une recherche en suggérant des pistes nouvelles : les clusters peuvent mettre en évidence des cooccurrences « insoupçonnées » de termes, dont certaines peuvent se révéler des signaux faibles d'évolution à étudier dans le cadre d'une veille.

Cartographie des clusters liés à une recherche sur le moteur Carrot2

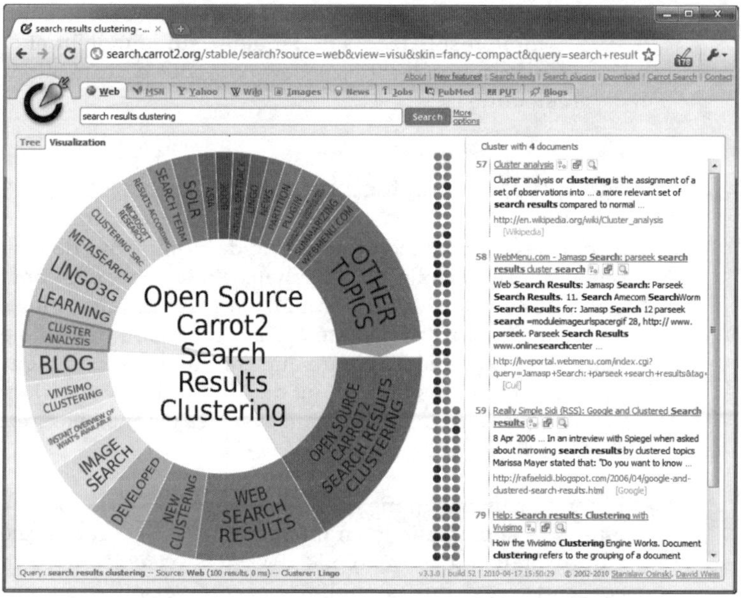

Des moteurs comme Exalead ou l'application open source Carrot2, des métamoteurs comme ceux développés par Vivisimo ou Polymeta utilisent le clustering, mais l'application de la technologie et la compétence d'extraction linguistique (unitermes/expressions, une langue/plusieurs langues) varient d'un outil à l'autre.

On trouve aujourd'hui sur le web certaines applications ciblées des clusters, comme le moteur de recherche présenté par la société SparkIP pour grouper des brevets, demandes de brevet et technologies innovantes.

7.5 Permettre une visualisation cartographique des résultats

La représentation de résultats de recherche sous forme de carte visuelle, par rapport à une présentation classique sous forme de liste, vise à apporter une vision d'ensemble plus claire, à mettre en évidence des liens entre pages et mots-clés, à appréhender plus aisément des volumes importants de données, etc. La cartographie peut ainsi permettre d'exercer la fameuse « sérendipité » vue au chapitre 1, en présentant sous forme visuelle des liens entre sites (ou entre personnes physiques *via* les réseaux sociaux) et de suivre les liens à partir d'une source connue.

La visualisation est aujourd'hui en progrès, avec des composantes dynamiques et contextuelles. En général, un ensemble d'information n'est pas représenté par une carte unique qui aurait du mal à rendre compte de la complexité de l'ensemble, mais par une multitude de cartes ou de vues reliées entre elles.

Les technologies de visualisation s'intéressent à des types de données de plus en plus diversifiés, et à des volumes de plus en plus grands. Elles s'interfacent naturellement avec des moteurs de recherche ou d'autres applications d'analyse de données, notamment les moteurs utilisant des technologies de classification automatique. Si la lisibilité et l'interprétation restent souvent délicates, ces techniques sont néanmoins promises à un bel avenir sur le web (et ailleurs) pour aider à la prise de connaissance d'un corpus, et générer de nouvelles hypothèses de travail.

La représentation cartographique s'applique tout particulièrement à la représentation des réseaux sociaux, et est souvent liée à des réseaux de personnes. C'est pourquoi les solutions de cartographie sont de plus en plus associées à la mesure de l'e-réputation d'une entreprise ou d'une personne, ou encore à la veille image. On peut même désormais obtenir une représentation cartographique des flux présents dans un agrégateur. On peut citer les technologies suivantes :

- technologie **Touchgraph** appliquée aux résultats de Google, affichant une représentation graphique des sites similaires à un site donné. À partir d'une recherche mots-clés, l'interface Touchgraph affiche les dix premières réponses extraites de l'index de Google, ainsi que les pages considérées comme similaires (related) à ces dix premières réponses. Touchgraph peut s'appliquer également au réseau Facebook et présente sous forme de graphe les interconnexions entre membres. D'autres applications peuvent être testées sur les résultats de PubMed, Alexa ou Amazon ;
- technologie **Constellation** développée par Exalead (voir plus haut) ;
- technologie **Social Computing** appliquée à Societe.com : il s'agit d'une option de cartographie des sociétés françaises qui possèdent des dirigeants communs ; on peut ainsi mesurer l'influence d'un dirigeant sur un réseau de sociétés ;
- technologie **Bscopes** appliquée aux flux présents dans un agrégateur ;
- solution **Linkfluence** proposée par RTGI : elle assure une vision synthétique de l'ensemble des territoires d'opinion sur une marque, un produit, une personne publique ou une institution. Linkfluence est basé sur le logiciel open source Gephi, l'une des plus fameuses solutions de visualisation de données.

Visualisation de données avec Gephi

– Technologie **The Brain** appliquée aux résultats de l'Open Directory.

Certains moteurs associent les options de clustering et de cartographie dans une même interface de visualisation : c'est le cas de la solution Cluuz.

Pour en savoir plus sur la cartographie, on consultera l'excellent blog Serial Mapper spécialisé dans les technologies de cartographie et de visualisation de l'information.

7.6 Rechercher en langage naturel

La recherche dite en « langage naturel » permet de s'affranchir de la technique de recherche par mots-clés en s'adressant au moteur comme on s'adresserait à un interlocuteur humain, avec des phrases construites, en posant des questions, ou en utilisant un texte comme point de départ de sa requête. Le principe n'est pas nouveau et réapparaît périodiquement sur le web avec de nouveaux avatars ; il fut à la base du succès de moteurs travaillant à partir d'une base de données de questions-réponses comme Ask ou son « clone » français Infoclic à la fin des années 1990. Le traitement du langage naturel fait appel à des analyses syntaxiques et sémantiques complexes nécessitant l'interprétation de la question en concepts, pour comprendre le sens des mots. Ces technologies n'ont donc rien à voir avec la suppression de mots parasites (où, quoi, pourquoi, qui, est, de, etc.) dans la requête pour ne conserver que les mots signifiants et lancer alors une requête classique « full text », ni bien sûr avec les services de questions-réponses humains, créneau sur lequel Yahoo![54] est leader.

On peut noter de nouvelles avancées dans ce domaine. C'est d'abord Powerset, société créée en 2006 avec la collaboration du Palo Alto Research Center de Xerox, qui crée en mai une vitrine très convaincante sur l'encyclopédie collaborative Wikipédia, avec l'ajout de données issues de Freebase. Le moteur est racheté quelques mois plus tard par Microsoft, qui utilise sa technologie pour améliorer son moteur Bing.

Le lancement en mai 2009 de WolframAlpha, du nom du physicien britannique Stephen Wolfram, a suscité de multiples commentaires sur le web. Ce moteur, utilisable seulement en anglais, est capable de répondre à des questions en langage naturel de nature scientifique (mathématiques, physique-chimie, astronomie, nutrition, géographie, etc.) à partir d'une base de connaissances spécifique. Le moteur Bing intègre d'ailleurs début 2010 des résultats issus de cet outil.

Parmi les moteurs de recherche en langage naturel, on pourra aussi tester Hakia basé sur un mélange d'analyse sémantique, d'ontologie, de logique floue et d'intelligence artificielle. Le moteur propose un système de « sites de confiance » validés par une communauté de libraires et de professionnels dans des secteurs traitant de la médecine et de l'environnement.

C'est également le grand retour des bases de questions-réponses. En 2009, le moteur Ask a présenté une technologie baptisée AnswerFarm, qui met en relation des réponses trouvées sur le web avec des questions posées en langage naturel par les internautes (plus de 300 millions de questions-réponses annoncées, couvrant 180 sujets). On retrouve cette fonction sur l'onglet Q&A de la version américaine du moteur[55].

Dans cette mouvance, on trouve aussi la relance d'Infoclic sous le nom Besoin d'infos (« le moteur de recherche qui répond à vos questions »). Lancé en 2007, il a présenté plus tard une nouvelle version et un nouveau moteur en langage naturel développé avec Sinequa : basé sur près de 3,5 millions de questions-réponses, Besoin d'infos choisit aussi une orientation collaborative, puisque les internautes peuvent proposer leurs réponses. Actuellement, l'outil se limite à des questions « grand public » et n'envisage pas de répondre aux questions complexes de nature professionnelle ou académique

On s'intéressera également au moteur Evi, qui s'efforce de répondre aux questions qui lui sont posées en langage naturel. Une application mobile est également disponible.

54 http://fr.answers.yahoo.com/ (en français)
55 http://answers.ask.com

7.7 Rechercher dans les fichiers multimédias

Les moteurs de recherche ne se limitent plus depuis longtemps à l'indexation de documents textuels, et intègrent des options de recherche multimédia. Limitée à l'origine aux tags accompagnant éventuellement le fichier, ou encore au contexte de la page, la recherche multimédia porte de plus en plus sur le contenu du fichier lui-même (reconnaissance de formes ou de couleurs, technologies speech to text...).

Il s'agit d'une tendance majeure dans la mesure où le web regorge de contenus multimédias de toutes natures. On ne présente plus YouTube, plate-forme collaborative de mise en ligne de vidéos, racheté en fin 2006 par Google, et actuellement classé comme le 3e site visité au monde. 200 000 vidéos seraient mises en ligne quotidiennement sur cette plate-forme, et on estime à 600 ans la durée nécessaire pour visionner l'intégralité des contenus disponibles ! De nombreux autres services de recherche et partage de vidéos ont vu le jour au cours des dernières années : Dailymotion en France, MetaCafé, Revver (qui propose un système de rémunération aux internautes), Vimeo et autres Blip.tv.

La recherche sur YouTube s'effectue par mots-clés, les requêtes portant à la fois sur le titre du fichier, le résumé ou les tags décrivant le contenu. Les options de recherche avancées sont proposées à partir d'une recherche par tag, et permettent l'utilisation des opérateurs booléens, et de critères de langue, de durée ou date de mise en ligne. On peut même d'affiner la recherche selon le lieu d'enregistrement de la vidéo, à partir d'un système de géolocalisation basé sur Google Maps.

La page http://www.youtube.com/rssls fournit un grand nombre d'astuces destinées à paramétrer des flux personnalisés à partir de YouTube

Les moteurs Exalead et Google se sont particulièrement distingués récemment avec des fonctionnalités innovantes de recherche d'images. Les deux moteurs permettent de rechercher des images selon une dominante de couleur, à partir d'une palette de plusieurs nuances. Il est même possible grâce à Exalead de sélectionner plusieurs couleurs simultanément.

On pourra également tester pour des recherches multimédias :

- Blinkx, qui permet de chercher dans les fichiers vidéos issus de la télévision ;
- Truveo, moteur vidéo américain racheté par AOL, et dont une nouvelle version optimisée est sortie en 2010.
- ainsi qu'un certain nombre de moteurs permettant des recherches simultanées sur plusieurs plates-formes de vidéo (Fooooo, Strimoo...)

Les podcasts, ces fichiers sonores ou vidéos diffusés *via* la technologie RSS pour une écoute ultérieure, ont également explosé sur le web, et les moteurs[56] suivent cette tendance. Bien entendu, cette évolution pose la question des droits de diffusion et le cadre juridique est loin d'être défini à l'heure actuelle

Truveo, moteur de recherche vidéo

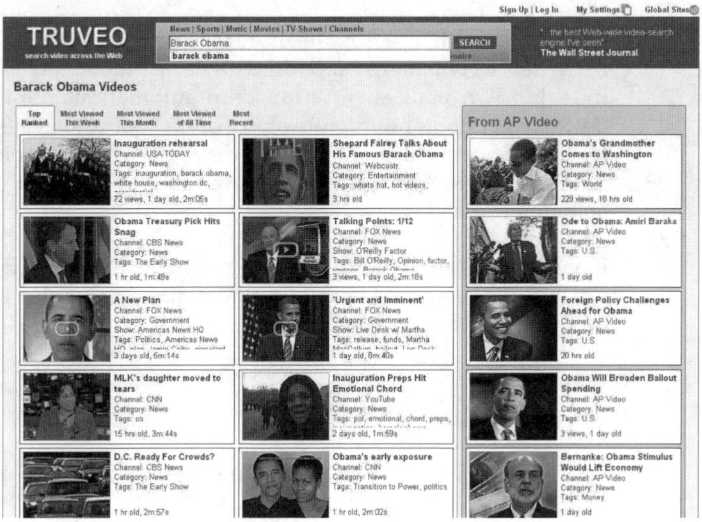

Les deux moteurs, ainsi que Bing, sont désormais dotés d'un outil détecteur de forme, qui permettra d'affiner sa requête aux images contenant par exemple un visage, ou un portrait tête et épaules... Chez Exalead, cette fonctionnalité provient de l'intégration de la technologie LTU.

Autre innovation, la recherche par similarité d'images, que l'on trouve chez Google et Bing. La similarité est « calculée » en fonction des formes et couleurs dominantes dans l'image. Google offre cette option depuis le formulaire de recherche d'image (cliquer sur l'icône en forme d'appareil photo). Ces nouvelles technologies offrent des possibilités très intéressantes dans le domaine du commerce électronique ou de la lutte contre la contrefaçon. Le moteur Tineye offre également des possibilités de recherche inversée d'image, à partir d'une image uploadée par l'utilisateur.

Google a aussi lancé l'application Goggles qui permet d'effectuer une recherche à partir d'une photo prise avec un mobile équipé d'un terminal Android : monument, peinture, livre, Google vous dit tout sur l'objet pris en photo.

La reconnaissance faciale est une application de ces technologies de recherche par similarité : Facebook, qui utilise ce type d'outil, a annoncé en septembre 2012 la suspension de la reconnaissance faciale en Europe.

Mais la recherche d'information ne se limite pas à l'image fixe ou animée. Dans le domaine du son, on assiste également à une

56 Par exemple : www.podscope.com, www.podcastdirectory.com

déferlante de technologies innovantes. La technologie Midomi par exemple (disponible sur iPhone et concurrente de la célèbre application Shazam) permet de retrouver une chanson à partir d'un simple extrait chanté ou fredonné... Les technologies de transformation automatique d'un document audio en texte (« speech to text ») se sont beaucoup développées depuis les deux dernières années.

Là encore, avantage à Exalead et Google qui ont lancé respectivement les applications expérimentales Voxalead et Google Audio Indexing. On peut ainsi retranscrire automatiquement sous forme de texte un fichier audio et retrouver un mot à l'intérieur d'une interview, d'une émission TV, d'un discours politique, etc. Voxalead, de plus, met en œuvre plusieurs langues, y compris des langues asiatiques.

Expérimental également, le moteur Viewdle lancé par Reuters, basé sur la reconnaissance faciale, peut extraire d'une vidéo les passages où une personne apparaît.

7.8 Rechercher depuis les « smartphones »

Il se vend aujourd'hui bien plus de téléphones portables que d'ordinateurs, partout dans le monde. En matière d'outils de recherche, cette tendance à l'utilisation des objets « nomades » se traduit par l'exploration de nouvelles voies en recherche, permises par les systèmes d'exploitation dédiés comme Blackberry OS, iPhone OS pour Apple, Androïd pour Google

Il est clair que ce marché devient un enjeu majeur pour les grands acteurs du web, et en particulier le moteur de recherche installé par défaut sur les mobiles

Ces nouveaux modes de consultation des moteurs de recherche vont avoir peu à peu une influence sur les interfaces de visualisation des résultats, avec notamment la prise en compte de la gestion tactile[57]. Des solutions originales apparaissent, comme le Thrrum Visual Browser, moteur de recherche pour caméraphone qui fournit de l'information contextuelle sur les objets ou les mots pointés par l'objectif. Enfin, la recherche à partir de la voix gagne du terrain : Yahoo! (Voice sur Onesearch) et Microsoft (Tellme sur Bing Mobile) proposent déjà des applications de reconnaissance vocale dans leurs outils pour téléphones mobiles, et Google (Google Mobil Ap Vocal) propose un outil similaire pour faire des recherches sur un iPhone. L'étape suivante pourrait être de traduire à la volée une conversation entre deux interlocuteurs qui ne parlent pas la même langue !

7.9 Traduire de manière toujours plus efficace

Les moteurs font des progrès en calcul, mais également en langues... mention spéciale là encore à Google avec l'option « traduction des résultats ». On peut ainsi traduire un mot-clé dans une

57 L'interface de Google pour mobile, par exemple, peut se consulter à l'adresse suivante : google.fr/m

langue étrangère, effectuer la recherche dans cette langue et retraduire automatiquement dans sa langue maternelle les résultats obtenus. Bien entendu, la traduction automatisée reste approximative mais cette option de recherche multilingue sera d'une grande utilité pour trouver des sources sur un sujet donné, dans un pays dont on ne maîtrise pas la langue. Les différents outils de traduction sont présentés dans la Question/Réponse 3.

7.10 Permettre une recherche « temps réel »

Il s'agit là d'une tendance clé pour les années 2010, qui s'invite dans de multiples débats et qui a donné lieu dernièrement au lancement de nombreux outils spécifiques ou modules dédiés. Les internautes demandent des résultats toujours plus « immédiats », et utilisent aujourd'hui les réseaux sociaux ou des services de microblogging comme Twitter pour trouver des informations en complément des moteurs de recherche traditionnels.

Pour ceux-ci, la recherche « temps réel » (*real time search* en anglais) recouvre deux dimensions distinctes.

1. **Restituer quasiment en temps réel les résultats de recherche,** c'est-à-dire au fur et à mesure qu'ils sont publiés par leurs auteurs. Il s'agit d'améliorer le temps de rafraîchissement de l'index du moteur. Par exemple, le résultat ci-après indique « publié il y a 1 seconde », un délai qui aurait été du domaine de la science-fiction il y a quelques années !

Un rafraîchissement de l'index toujours plus rapide chez Google

» Histoire de Yandex, le **moteur de recherche** russe - News ...
Publié il y a 1 seconde - Histoire de Yardex, le **moteur de recherche** russe - Veille Secrets2Moteurs : actualités du monde du référencement naturel et des **moteurs de recherche**, ...
www.secrets2**moteurs**.com/histoire-de-yandex-le-**moteur-de-recherche**-russe.html

Cette performance est rendue possible d'abord par les avancées technologiques des moteurs, et d'autre part par la percée de protocoles spécifiques.

Elle l'est ensuite grâce à l'utilisation de protocoles particuliers pour les flux RSS : RSS Cloud[58] ou PubsubHubbub[59] (protocole open source développé par Google). Il s'agit d'une spécification ajoutée dans un flux RSS qui permet aux lecteurs de flux compatibles d'afficher le nouveau billet d'un blog dès qu'il est publié, sans délai.

58 http://rsscloud.org/walkthrough.html

59 http://code.google.com/p/pubsubhubbub/ Pour une bonne explication vulgarisée de ce protocole, lire l'article Présentation de PubsubHubbub http://bigornot-fr.blogspot.com/2009/11/pubsubhubbub-et-generation-de-flux.html

2. Permettre une recherche sur un matériau informationnel bien particulier, lié essentiellement aux réseaux sociaux, le microblogging, Twitter en tête.

Les solutions apparues récemment permettent donc de voir défiler de manière assez impressionnante les messages au fur et à mesure de leur publication sur des plates-formes de réseaux sociaux du marché : Twitter, Facebook, Friendfeed, MySpace, Jaiku, etc. Les outils ci-dessus proposent chacun une recherche sur leur propre plateforme. Nous étudierons ici les initiatives prises par les moteurs et métamoteurs généralistes.

Bing. En octobre 2009, Bing a mis en ligne un moteur de recherche dédié à Twitter (disponible uniquement sur sa version américaine début 2010[60]) qui, contrairement à l'usage de Yahoo! présenté ci-contre, indexe les tweets et répond à une requête avec des résultats triés spécifiquement ; des catégories sont aussi créées « à la volée ». La page s'organise en deux parties : les tweets les plus récents (avec les nouveaux items apparaissant au fur et à mesure) et les tweets les plus partagés. On peut directement « retwitter » les articles choisis grâce à une petite icône.

Yahoo! Depuis février 2010, les différents sites de Yahoo! Search et de Yahoo! – Actualités, Finance, Divertissement, Sport – affichent en « temps réel » les dernières informations diffusées *via* Twitter, sur une grande variété de sujets (seuls les sites américains sont pour le moment concernés). Cette nouveauté s'inscrit dans un cadre plus global de partenariat entre les deux sociétés, les internautes pouvant désormais consulter et partager leurs flux Twitter à partir de leur page Yahoo! ou de Yahoo! Mail.

De nombreux moteurs « temps réel » ont été créés depuis le début des années 2010. L'un des plus efficaces est Topsy, qui propose des recherches à la fois dans Twitter et dans l'actualité immédiate. Notons également le moteur Real Time lancé en 2013 par le raccourcisseur d'URL Bitly, et qui a pour vocation de « proposer comme résultats les liens qui font le buzz »

60 www.bing.com/twitter

Résumé

Les modes de référencement et de classement des résultats évoluent donc avec la physionomie du web. L'un des principes fondateurs du web des premières années fut de lier entre elles des pages web via les liens hypertextes : le PageRank de Google est lié à cette première strate ; le « web 2.0 » consiste à lier entre elles des personnes via les médias sociaux. L'un des enjeux majeurs du web de demain sera de lier entre elles des données, de façon sémantique, et constituera sans doute, après le web social, le nouveau terrain d'affrontement des outils de recherche et de veille. La notion de « web invisible » a également beaucoup évolué en raison d'une collecte plus efficace par les moteurs, mais ceux-ci ne sont pas en mesure de collecter l'intégralité du web. Actuellement, le monde des moteurs de recherche s'est concentré autour de deux acteurs principaux : Google et son rival constitué par l'alliance Yahoo!/Bing. Les algorithmes de classement des résultats ont beaucoup évolué au fil des années, mais les réponses ont de plus en plus tendance à être « polluées » par des résultats commerciaux. Le moteur idéal n'existe malheureusement pas, mais il ne faut pas négliger pour autant de moteurs qui n'ont pas la puissance de Google ou Bing, mais présentent des fonctionnalités intéressantes et complémentaires de celles des grands moteurs : clustering, représentation cartographique des réponses, recherche en temps réel. Le chapitre suivant présente les options de recherche avancée des principaux moteurs.

CHAPITRE 3

COMMENT BIEN CHERCHER L'INFORMATION AVEC LES MOTEURS

Sommaire

Le panorama des moteurs de recherche présenté au chapitre précédent nous a permis de dégager les atouts et limites de ces outils. Nous avons évoqué notamment le mode de classement des réponses, basé sur de nombreux critères parfois trop aléatoires. Bien utiliser les moteurs implique non seulement de bien connaître leur mode de fonctionnement, mais aussi de maîtriser les fonctionnalités avancées de recherche, et de savoir choisir les mots-clés les plus adaptés. Ce chapitre présente à la fois des conseils méthodologiques et des « trucs et astuces » destinés à optimiser la pertinence des résultats de recherche.

1. LE CHOIX DES MOTS-CLÉS

1.1 Quand?

La sélection des mots-clés s'effectue après le choix d'une stratégie de recherche. En effet, le choix sera fondamentalement différent selon que l'on cherche un portail thématique, une source susceptible de fournir l'information, ou bien une information précise sous forme de « question-réponse ».

Pour simplifier, disons que, dans le premier cas, les mots-clés seront « le plus large possible », dans le second cas, ils seront « le plus précis possible ».

Le choix des mots-clés peut résulter également d'un processus itératif : on peut, au cours d'une recherche, ajouter des mots-clés que l'on aura repérés au sein des réponses trouvées par le moteur, ou au contraire en exclure pour mieux préciser sa requête.

1.2 Quel type de mots-clés ?

Nous avons vu que les moteurs de recherche indexent indifféremment la quasi-totalité des mots d'une page web : noms communs, noms propres, verbes, adjectifs, adverbes, etc. Généralement, seuls les articles et pronoms sont ignorés. Certains termes peuvent se révéler utiles pour affiner ou préciser une recherche : par exemple, dans le cas d'une requête sur un marché particulier, ne pas hésiter à employer des termes complémentaires comme « parts de marché », « statistiques », etc.

Il n'est pas forcément nécessaire de conceptualiser outre mesure les mots-clés à utiliser pour une recherche : il est parfois plus efficace de saisir en guise de mots-clés les mots « que l'on s'attend à trouver dans la page » plutôt que les mots descripteurs du concept recherché. Ce point méthodologique sera détaillé au chapitre 6.

1.3 Dans quelles langues ?

Il faudra bien sûr traduire ses mots-clés dans les langues pertinentes eu égard au besoin identifié et donc à la recherche à effectuer. (voir la Question/Réponse 3).

1.4 Un ou plusieurs mots-clés ?

On procédera par étapes pour affiner éventuellement sa recherche à l'aide de plusieurs mots-clés. Si, avec un seul mot-clé, le nombre de résultats est faible (une centaine ou moins) mais les résultats pertinents, inutile de préciser davantage. Cela arrive rarement, et concerne plutôt une terminologie ou association terminologique à occurrence rare.

En règle générale, afin de mieux cibler les résultats, il ne faut pas hésiter à employer plusieurs mots-clés (au moins quatre), les plus précis possible (de préférence les mots que l'on s'attend à trouver dans les résultats).

Selon une étude menée en début 2012 par le cabinet Chitika[61], la longueur moyenne des requêtes est toujours en augmentation. Le nombre moyen de mots-clés tapés par les internautes sur Google serait de 4,29. En 2009, une étude similaire indiquait que les requêtes

61 http://www.chitika.com

à deux mots correspondaient à plus de 20 % des recherches, les requêtes à quatre mots ne représentant que 15 % des recherches... Les internautes ont ainsi tendance à cibler et affiner de plus en plus leurs requêtes.

1.5 Pour ou contre le SAUF ?

On peut isoler les mots-clés à exclure absolument car générateurs de bruit (opérateur SAUF ou signe –). Attention toutefois à ne pas aller trop vite, au risque de passer à côté de documents pertinents. Ainsi, si je cherche des informations sur les énergies alternatives autres que solaires, je peux être tenté de soumettre au moteur une équation du type *énergies alternatives – solaires*. Mais je n'obtiendrai pas les ressources qui abordent successivement toutes les énergies alternatives.

1.6 Majuscules, minuscules, accents ?

De façon générale, les moteurs sont insensibles à la casse des caractères et retourneront le même nombre de résultats pour python, PYTHON, ou Python. Il en va de même pour les accents : la majorité des moteurs traitent de manière identique les mots accentués ou non. Google, quoi qu'en dise l'aide en ligne, ne gère pas de manière claire cette question des accents et autres signes diacritiques : théoriquement insensible aux accents, le moteur donne toutefois des résultats différents avec ou sans, surtout s'il s'agit de mots peu fréquents, et lorsqu'ils figurent dans des expressions.

1.7 Troncatures ?

La troncature sur le web permet de remplacer plusieurs caractères sur la fin des mots, généralement avec le caractère *. La troncature à la fin d'un mot peut être limitée à un caractère ou illimitée. L'option de troncature, qui était disponible auprès de plusieurs moteurs comme AltaVista, a tendance à devenir rare. Les moteurs les plus utilisés par les internautes ne proposent pas cette option en tant que telle.

En revanche, Google et les autres moteurs importants utilisent – de façon assez peu explicite et sans intervention de l'internaute – une forme de troncature qui consiste à élargir la recherche sur un terme à des termes considérés comme proches (par exemple ce terme au pluriel). Google utilise, de façon assez peu explicite d'ailleurs, une fonction de stemming qui consisterait à élargir la recherche sur un terme à des termes considérés comme proches.

Sur un certain nombre de moteurs, on peut utiliser l'opérateur OR pour rechercher deux occurrences proches d'un même terme : par exemple, l'équation de recherche *Stravinski OR Stravinsky* permet de prendre en compte les deux orthographes.

Google et la plupart des moteurs ne permettent pas d'utiliser le signe* en guise troncature à droite à la racine d'un mot. En revanche, on peut utiliser chez Google le signe * pour remplacer un mot à l'intérieur une expression : « trois * chats » permet de rechercher des expressions comme « trois petits chats », « trois jolis chats », etc.

Exalead est à ce jour l'un des rares moteurs à proposer l'option troncature, à droite, mais cette option ne semble plus fonctionner depuis quelque temps.

2. COMMENT TROUVER LES SYNONYMES D'UN TERME ?

Il est important d'explorer la terminologie du domaine de recherche pour repérer les synonymes et les mots sémantiquement proches. De façon générale, n'oublions pas que les premiers documents récupérés – les plus intéressants – permettent de valider, compléter ou revoir ses mots-clés. On trouvera ci-dessous une liste d'astuces destinées à identifier des synonymes ou mots associés à une requête.

2.1 Dictionnaire de synonymes

Utiliser un dictionnaire de synonymes, tel celui du laboratoire de linguistique du CNRS pour les termes en français (Dictionnaire électronique des synonymes)[62]. On peut utiliser également un outil de visualisation de mots-clés comme le très intéressant Kwmap. À partir d'un mot-clé saisi dans le formulaire *ad hoc*, il génère deux axes : l'un pour les mots-clés « en relation » (par exemple *Formula 1* pour *car*) et l'autre pour les « variations » possibles d'un mot (par exemple *car insurance* pour *car*). Les différents nœuds sont cliquables. L'outil fonctionne en plusieurs langues.

2.2 Moteur de recherche

Utiliser un moteur de recherche travaillant à partir de dictionnaires, encyclopédies, thésaurus tels que, pour les termes en anglais, www.thesaurus.com. Pour la langue française, l'outil **Exploredge** apporte une nouvelle voie d'exploitation des univers sémantiques des recherches mots-clés, grâce à des partenariats avec des professionnels d'un domaine. Ce métamoteur assistant de recherche est disponible gratuitement sous la forme d'un plug-in pour le navigateur Firefox : au moment du téléchargement, l'utilisateur choisit les domaines « dans lesquels il veut être assisté dans ses recherches » parmi l'environnement et l'énergie, les loisirs, la culture, un secteur d'activité particulier, l'entreprise, etc. Une fois la requête effectuée (un système d'onglets permet de passer des résultats d'un moteur à un autre), une fenêtre Exploredge structure l'univers sémantique de la recherche qu'il est ensuite possible de relancer avec un ou plusieurs mots-clés.

62 www.crisco.unicaen.fr/des

Exploredge : l'univers sémantique du domaine « énergies renouvelables »

Les internautes peuvent contribuer à enrichir les thésaurus en proposant de nouveaux termes et bénéficient alors d'une fiche de présentation.

Les outils de suggestion de mots-clés : les options d'auto-complétion des recherches sont désormais monnaie courante parmi les moteurs. Elles peuvent intervenir en amont, les moteurs proposant des termes au fur et à mesure de la saisie par l'internaute. Celles-ci sont issues des statistiques du moteur sur les requêtes déjà effectuées (avec ce que cela peut comporter parfois comme bizarreries !). Les suggestions sont aussi générées de façon automatique par certains outils qui mettent en œuvre des méthodes de clustering comme Exalead, en fonction des occurrences et co-occurrences de mots dans la liste des résultats.

On peut ainsi, à partir d'un mot, obtenir soit des synonymes soit des expressions faisant partie de l'environnement sémantique du mot-clé de départ. Par exemple, le site Wikiwax, basé sur le texte intégral de Wikipédia, affiche au fur et à mesure de la frappe les mots-clés commençant par les lettres saisies.

Les corrections orthographiques sont également à l'ordre du jour. Les moteurs sont de plus en plus aptes à détecter les fautes d'orthographe des internautes, déjà limitées par les suggestions de recherche. Pour ce faire, ils s'appuient sur leurs propres statistiques (orthographe des termes dans leur base, et/ou requêtes des internautes) et peuvent ainsi suggérer un autre.

Par ailleurs, des moteurs disposent de fonctionnalités spécifiques, tel Google qui améliore constamment sa gestion des synonymes dans le cadre de son évolution vers le sémantique, ou Exalead qui offre une recherche « orthographe approchée » (spellslike :) et une recherche phonétique (soundslike :).

L'américain WordTracker propose des expressions du mot-clé demandé, et pour chacune, le nombre de demandes quotidiennes de ce mot-clé.

Google Trends est également fort utile et permet d'avoir une idée du volume de requêtes pour un mot-clé sur une période ou une zone géographique donnée. On peut également comparer plusieurs termes. C'est un bon indicateur de « signaux faibles » pour la veille : on peut ainsi détecter les termes dont les occurrences dans les requêtes commencent à devenir fortes, ou au contraire à décliner.

On peut utiliser aussi des extensions Firefox, comme KGen (Keyword Generator) par exemple, qui permettent d'analyser les mots contenus dans une page et de déterminer ceux qui, pour les moteurs de recherche, auront le plus d'importance...

2.3 Mots-clés, tags ou hashtag ?

La notion de « tag » est indissociable de la vague du web 2.0. Il s'agit de mots-clés, avec lesquels les internautes étiquettent leurs productions ou favoris ainsi que les documents ou sites qu'ils souhaitent conserver, voire partager. Ces tags peuvent constituer une alternative aux recherches *via* les traditionnels mots-clés. Ils représentent une nouvelle manière de penser, d'indexer, totalement libre et ouverte, pour laquelle il faut abandonner au préalable tous ses réflexes de professionnel de l'indexation, si toutefois on en a !

Le secret réside alors dans sa capacité à se laisser guider sans *a priori* par les autres internautes et par les liens successifs proposés au net-chercheur. Notons bien sûr que la navigation par tags s'effectue uniquement sur les sites qui les utilisent (type Technorati ou Delicious), mais ils sont devenus nombreux dans le paysage web 2.0.

Le terme de « Hashtag » est issu du vocabulaire des utilisateurs de réseaux sociaux, et plus particulièrement Twitter. Un hashtag (ou « mot dièse » selon commission française chargée du vocabulaire des télécommunications et de l'informatique) est un simple mot précédé du signe dièse ou croisillon #. On peut ainsi indiquer une métadonnée dans un texte, notamment dans un message court de type tweet : la recherche ou le suivi d'un terme s'en trouve facilité. Il n'y a bien entendu aucune normalisation et on trouve sur Twitter quelques hashtags fantaisistes...

3. QUELQUES FONCTIONNALITÉS MÉCONNUES

3.1 Le cache

Commune à Google, Yahoo! et Bing, cette fonction consiste à créer une copie de chaque page crawlée par le moteur et à la stocker dans une mémoire cache ; cela permet de consulter la copie même si la page web originale a disparu ou est momentanément indisponible.

On peut visualiser, en haut de la page en cache, la date de dernière capture de la page par le moteur. Autre intérêt du cache : les mots-clés correspondant à la recherche sont surlignés dans la copie cachée, ce qui permet de les repérer facilement dans le texte.

Pour accéder au « cache » des pages collectées par Google, il faut désormais cliquer sur la double flèche apparaissant sous chaque résultat. Le lien vers le cache et les « pages similaires » (voir plus bas) apparaissent à droite de la page de résultats.

3.2 La recherche par similarité

Disponible sur plusieurs moteurs, la fonction « related » met en évidence des pages « apparentées » à une page donnée, le calcul s'effectuant à partir des pages pointées pour des mots-clés similaires. Cette fonctionnalité est très utile pour identifier des sources similaires à partir de l'adresse URL d'un site connu. Elle est très efficace notamment pour identifier les concurrents d'une société dans un secteur émergent.

4. LES CINQ RÈGLES DE SYNTAXE INDISPENSABLES

La syntaxe (règles définissant la manière d'interroger) est bien entendu variable selon chaque moteur. On retrouve néanmoins quelques constantes dans quasiment tous les outils. Les moteurs trouvent par défaut des pages contenant tous les termes recherchés (ce qui signifie que pour combiner plusieurs mots-clés, on n'a pas besoin d'ajouter les signes + ou AND).

Et s'il fallait ne retenir que cinq astuces indispensables pour mieux poser sa question aux moteurs (règle de syntaxe ou opérateur) ?

Et s'il suffisait d'inscrire sur un post-it, collé sur un coin de son ordinateur, cinq petits rappels de syntaxe, pour améliorer ses recherches de 30 %, en réduisant le bruit et en ciblant mieux sa requête ?

4.1 Les guillemets « »... pour manipuler les expressions

Les guillemets permettent d'imposer la recherche de termes dans un ordre convenu, c'est-à-dire de rechercher des expressions (exemple *« gaz de schiste »*).

Les moteurs des années 2010, qui ont gagné en intelligence, trient les résultats d'une requête pour fournir en premier les pages contenant les mots-clés dans l'ordre indiqué. Dès lors, pourquoi s'imposer de mettre des guillemets (deux clics de plus, tout de même) si cela ne change rien au comportement du moteur ?

D'abord parce que, on l'a vu, les algorithmes de pertinence des moteurs sont complexes et que, si les premiers résultats respectent effectivement l'ordre des mots, cela n'est pas forcément le cas par la suite. Et ce, d'autant plus si l'expression est rare.

Ensuite parce qu'avec certains opérateurs (comme le « sauf » ci-dessous pour Google) l'emploi des guillemets devient indispensable.

Enfin, chez Google, les guillemets remplacement désormais le signe + (plus).

Cet opérateur servait à imposer une chaîne de caractères spécifique, notamment un mot dans une orthographe précise ou avec une accentuation particulière, ou un terme généralement ignoré par un moteur. Il ne fait désormais plus partie de la « trousse de survie » destinée à utiliser correctement Google. Le signe + a été en effet supprimé de la syntaxe d'interrogation au milieu de l'année 2011, afin d'éviter les confusions avec le réseau social Google Plus qui démarrait alors.

Exemple d'utilisation des guillemets pour imposer la recherche sur une chaîne de caractères exacte : la saisie du mot *marché* sur Google risque de générer des réponses incluant le terme *marche* et de diminuer la pertinence. Saisir « *marché* » permettra d'imposer l'orthographe voulue.

4.2 Le – pour exclure un mot

Le signe – (moins) équivaut à un SAUF : il sert à exclure un terme, et permet donc de réduire l'ambiguïté, par exemple dans un cas d'homonymie (*Proust –marcel*).

Attention toutefois à ne pas abuser de cet opérateur : n'oublions pas qu'exclure un terme de la requête revient à bannir des réponses susceptibles de le contenir. L'opérateur – risque donc de générer du « silence ».

4.3 Intitle :... pour chercher dans le titre

Cet opérateur permet d'effectuer une recherche dans le titre de la page, et donc de se limiter aux pages traitant essentiellement du sujet indiqué.

Attention ! Il s'agit du « title html », c'est-à-dire du contenu de la balise title du fichier html.

Avantage spécifique sur Google : cette fonction permet de récupérer les pages accentuées ou orthographiées comme on le souhaite (*intitle:obésité*).

4.4 Site :... pour cibler un domaine

Cet opérateur très flexible permet de rechercher sur un domaine ou un sous-domaine particulier. Il peut aussi pallier l'absence de moteur de recherche sur un site (attention ! On ne cherchera alors que dans les pages du site réellement indexées par le moteur choisi).

Par exemple, *site:gouv.fr énergie solaire* cherche les pages contenant les termes « énergie solaire » sur l'ensemble des pages du sous-domaine gouv.fr.

4.5 Filetype :... pour trouver les documents directement dans le bon format

Cet opérateur recherche les pages créées dans un format de fichier particulier : txt, pdf, ppt, etc. (de nombreux formats reconnus, le détail dépendant des moteurs).

Le format pdf est particulièrement utile pour concentrer sa recherche sur des documents à valeur ajoutée : articles, études...

5. À QUOI SERT L'OPÉRATEUR OR ?

Les opérateurs booléens, fondements de la recherche d'information documentaire

L'expression « opérateurs booléens » vient du nom du mathématicien Georges Boole, fondateur de l'algèbre du même nom. Elle désigne les opérateurs logiques ET, OU, NON et s'inscrit dans la théorie des ensembles : le ET (AND) représente l'intersection de l'ensemble A des pages contenant le mot « x » et de l'ensemble B contenant le mot « y ». Le OU (OR) représente l'union de ces deux ensembles, et le NON (SAUF, AND NOT, –) l'exclusion (ensemble des pages appartenant à l'ensemble A mais pas à l'ensemble B.

Par exemple, soit A l'ensemble des pages contenant le mot « chien », soit B l'ensemble des pages contenant le mot « garde »

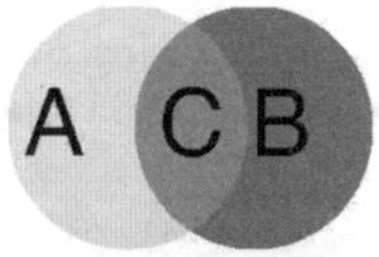

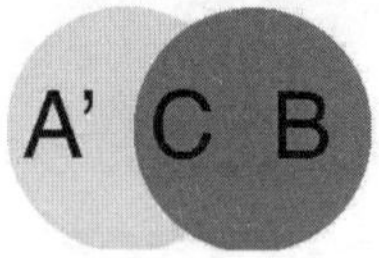

chien ET garde = C

Intersection des ensembles A et B, c'est-à-dire ensemble des pages contenant à la fois les mots « chien » et « garde ».

chien OU garde = A + B

Union des ensembles A et B, c'est-à-dire les pages contenant soit le mot « chien », soit le mot « garde », soit les deux mots « chien » et « garde ».

chien SAUF garde = A' = A – C

Ensemble des pages contenant le mot « chien », mais ne contenant pas le mot « garde » : il faut donc enlever à A l'intersection C des deux ensembles.

L'opérateur OR, inséré entre deux termes, permet de retrouver les pages contenant l'un ou l'autre de ces mots-clés (ou bien les deux). Cela peut être utile, entre autres, pour retrouver des pages contenant un terme au singulier ou au pluriel, si le moteur ne pratique pas la lemmatisation ou ne permet pas d'utiliser la troncature. Mais surtout pour retrouver des synonymes. Exemple : *cheval OR chevaux* permettra de rechercher le terme au singulier ou au pluriel.

- *On peut combiner dans une même équation de recherche les différentes options citées ci-dessus.*
- *En outre, certains moteurs proposent, généralement en recherche avancée, des options plus précises de limitation de recherche par date (attention, il s'agit de la date de dernière mise à jour dans l'index du moteur,), par format de fichier, par langue ou pays, par nature de site (option qui peut être intéressante pour éliminer les sites commerciaux).*

6. COMPARAISON DES FONCTIONNALITÉS AVANCÉES DE RECHERCHE

Le tableau des pages suivantes compare les fonctionnalités les plus utiles et courantes pour la recherche avancée « directe », sachant que les moteurs étudiés gèrent les opérateurs ET, OU, SAUF (AND, OR, NOT) et les expressions de la manière indiquée ci-dessus, et que tous disposent d'une interface de recherche guidée dite « avancée » (qui permet parfois de retrouver la fonction manquante dans le tableau). Celui-ci ne tient pas compte des raccourcis de recherche. Pour les opérateurs se terminant par « : » (« site : », « link: », « filetype : », etc.), rappelons qu'il ne doit pas y avoir d'espace entre les deux points et la chaîne de caractères suivante.

Comparaison des fonctionnalités avancées de recherche de quatre moteurs

Fonction	Google	Yahoo!	Bing	Exalead
Recherche par préfixe	Non	Non	Non	Oui, le symbole *remplace la fin du mot (cette option semble ne plus fonctionner)
Recherche par proximité	* remplace un mot entre deux autres mots		Non	NEXT (les mots se trouvent dans une proximité de 16 mots)
Recherche dans le titre de la page	intitle :	intitle:	intitle:	intitle:
Recherche de plusieurs mots dans le titre	allintitle :		Non	intitle:(mot1 mot2)
Recherche de mots optionnels	Non	Non	Non	OPT
Équations avec parenthèses	Non. L'opérateur OR prime (pas de parenthèses)		Non. L'opérateur OR prime (pas de parenthèses)	Oui
Recherche d'un mot dans l'url	inurl :	Non	Non	Non
Recherche de plusieurs mots dans l'url	allinurl :	Non	Non	Non
Recherche sur un site ou un sous-domaine particuliers	site :	site:	site:	site:
Recherche de pages liées à une autre page	link : (http pas nécessaire)	Non	Non	link:http://

Fonction	Google	Yahoo!	Bing	Exalead
Recherche de fichiers spécifiques (doc, xls, ppt, pdf, etc.)	filetype :	filetype :	filetype:	filetype:
Recherche de synonymes	Sans opérateur (la syntaxe ~ ne fonctionne plus depuis 2013)	Non	Non	Non
Recherche de définitions	define:	define: (en anglais seulement)	débine	Non
Recherche phonétique Recherche approchée	Non	Non	Non	soundslike:spellslike :
Recherche de pages apparentées (similaires)	related	Non	Non	Non
Recherche d'informations sur une page	info:http://	Non	Non	Non
Contient des liens avec des fichiers de l'extension indiquée	Non	Non	contains : (ex contains:doc)	Non
Plus d'importance à un terme	Non	Non	prefer :	Non
Pays ou région	Recherche guidée seulement	Recherche guidée seulement	loc :	Recherche guidée seulement
Langue	Recherche guidée seulement	Recherche guidée	language:	language:
Blog associé	http://googleblog.blogspot.com		http://www.bing.com/blogs www.ysearchblog.com/	http://blog.exalead.fr

Exemples de requêtes complexes

- *Sur Google : intitle:industrie filetype:pdf site:gouv.fr « commerce électronique » OR e-commerce cherche des pages dans le format pdf dont le titre comporte le motindustrie, qui appartiennent au domaine gouv.fr (et à tous ses sous-domaines) et qui contiennent soit l'expression commerce électronique, soit le mot-clé e-commerce*
- *Sur Exalead : (développement durable) OR (commerce équitable) OPT Afrique cherche des pages contenant soit développement durable soit commerce équitable et de préférence le mot Afrique.*
- *Sur Google : « gaz de schiste » lozere OR ardeche filetype : pdf site : gouv.fr. Permet de retrouver des documents au format PDF, émanant de sites officiels français, et comportant l'expression « gaz de schiste » et soit le terme « Gard », soit le terme « Ardeche ».*
- *Notons que le moteur Twitter Search comporte un certain nombre de fonctionnalités « avancées » : recherche booléenne, recherche depuis un compte ou mentionnant ce compte, teneur positive ou négative du message...*

7. UN NOUVEAU PARADIGME DE RECHERCHE : LA MÉTHODE ITÉRATIVE

Ainsi, les fonctionnalités de recherche avancée, même sans grande innovation récente, peuvent bien souvent permettre d'optimiser les résultats de recherche. On peut toutefois observer une autre voie, qui consiste à poursuivre le travail d'investigation à partir des premiers résultats, ceux-ci ouvrant des « pistes de recherche » à exploiter par itérations et associations successives. Ici, les règles classiques de la recherche d'information, qui s'appuient traditionnellement sur une analyse poussée du besoin, des concepts et du contexte de la recherche (cf. la première règle d'or de la recherche d'information sur Internet au chapitre 1) se trouvent bouleversées par l'usage et la démocratisation de l'outil. Les utilisateurs les plus chevronnés eux-mêmes se trouvent atteints par ce « syndrome du (des) mot(s)-clé(s) basique(s) », et transfèrent ainsi leur savoir-faire de l'amont vers l'aval, choisissant de se poser les bonnes questions après avoir lancé une première salve sur le moteur. Cette pré-recherche n'est pas forcément à dévaloriser ni même à déconseiller... à condition de ne pas s'arrêter là !

Pour cette approche, il conviendra là encore de respecter certains points-clés pour obtenir des résultats de qualité.

1. Réflexion minimale sur le besoin et les attentes sous-jacentes (quoi, pourquoi, pour qui ?, jusqu'où ?) et sur la première équation de recherche, c'est-à-dire les mots-clés de départ. On constate que la première étape du processus classique ne disparaît pas totalement, mais que le temps investi est nettement réduit.

2. Sélection de quatre à cinq documents : ce premier choix s'effectue sur des sources connues pour leur fiabilité, et sur des pages apparaissant pertinentes à la lecture de l'extrait fourni par le moteur.
3. Étude approfondie de ces documents : ce travail donnera lieu à trois types de « relevés » :
   - repérage de la terminologie utile, si nécessaire dans différentes langues ;
   - classement de ces termes dans un « mini-thésaurus », permettant de situer le sujet dans son contexte ;
   - angles d'attaque évidents du sujet.
4. Approfondissement sur le besoin, retour éventuel à des « références » (encyclopédies, dictionnaires, articles clés).
5. Choix d'une stratégie de recherche (si l'on choisit de poursuivre sur la recherche mots-clés, étude d'une équation de recherche répondant davantage au besoin).

Résumé

Le secret d'une recherche efficace passe par deux éléments : d'une part, le choix des mots-clés et d'autre part la maîtrise des fonctionnalités avancées. Les mots-clés décrivant la requête doivent être nombreux et le plus précis possible. De nombreuses fonctionnalités avancées (limitation par format, par site, limitation au titre, recherche par similarité...) permettent d'affiner les recherches.

Les deux chapitres précédents privilégient une approche basée sur les mots-clés : en complément de cette approche qui est bien sur la plus répandue, on présentera dans le chapitre suivant une méthode basée sur l'exploration des sources. Les avantages et inconvénients des deux méthodes sont détaillés au chapitre 6.

CHAPITRE 4
COMMENT SOURCER EFFICACEMENT UNE RECHERCHE OU UNE VEILLE

Sommaire

1. QUE SIGNIFIE « SOURCER » ?

1.1 L'approche thématique : identifier des sources pertinentes

Les deux chapitres précédents ont dressé un panorama des outils et méthodes de recherche par mots-clés, *via* des moteurs et métamoteurs. Il existe cependant, nous l'avons vu au chapitre 1, d'autres modes de recherche comme la navigation arborescente ou la recherche exploratoire. Ces approches sont utiles pour identifier des sources d'information pertinentes à partir de sélections effectuées par des professionnels de l'information, ou des internautes « bénévoles ». On peut également mettre à profit l'exploration des liens, internes ou externes, à partir d'un site connu. La recherche thématique s'attache ainsi moins aux mots-clés qu'aux concepts ; à partir d'un concept plus ou moins large, on identifie les sources d'information les plus intéressantes par rapport à la requête, pour ensuite chercher sur ou à partir de ces sources. Des outils comme les annuaires généralistes, pionniers en la matière, ou bien la nouvelle génération des portails spécialisés, ainsi que les plates-formes de partage de signets ou de curation de contenus, peuvent être d'une grande aide dans le cadre de cette recherche « à la source ». Le secret de la réussite, en matière de recherche d'information, passe ainsi en grande partie par la qualité du « sourcing », quel que soit le domaine concerné.

Qu'est-ce qu'une source d'information ?

La notion de sources d'information a connu une évolution importante depuis le schéma traditionnel de la « chaîne de l'information ». Ce schéma linéaire classique comprend plusieurs fonctions : la production (auteurs d'ouvrages, articles, documents...), la diffusion (presse, éditeurs, agrégateurs...), le traitement et l'enrichissement de l'information... La révolution numérique, et tout particulièrement la vague du web 2.0, sont venues bousculer les maillons de cette « chaîne ». Aujourd'hui, une source peut être non seulement un ouvrage, un titre de presse, une base de données, mais aussi un blog, un profil sur un réseau social, une personne physique ou morale... L'ouverture des données, le phénomène de l'open data et de l'open access a contribué a augmenter le nombre de sources ; au fil des années, le degré de granularité de l'information sur Internet s'est affiné.

Une source sera utile pour la recherche ou la veille dans la mesure où elle est pertinente par rapport au sujet et de plus répond à au moins l'un de ces critères :

- autorité : une source qui fait « autorité » sur un sujet donné est évidemment incontournable pour une recherche ou une veille. Il peut s'agir d'un expert universitaire ou professionnel du domaine, d'un organisme officiel, d'une association professionnelle, d'une revue, d'un blog...
- influence : une source influente n'est pas forcément une source institutionnelle : cela peut être un blogueur plus ou moins isolé, un groupe de pression, un passionné d'un sujet...
- audience : une audience importante pour un site n'est pas toujours synonyme de qualité ni d'une forte influence ! Néanmoins, ce critère pourra également être pris en compte.

La figure de l'auteur au sens classique du terme, qui ne représente plus désormais l'unique forme d'autorité régulatrice sur les réseaux. De nouvelles formes d'autorité cognitive se mettent ainsi en place, « l'intelligence collective » vient se surajouter (sans nécessairement s'y substituer) à l'autorité traditionnelle des auteurs et experts.

De plus, il n'est pas toujours aisé de déterminer l'origine initiale d'une information publiée sur les réseaux sociaux comme Facebook ou Twitter, et reprise par de nombreux membres du réseau. L'information numérique est une matière première en perpétuelle évolution, constamment enrichie et transformée, de plus en plus souvent de façon collaborative.

Enfin, les sources utiles pour la recherche et la veille doivent être variées dans leur nature et leur contenu : certaines sources influentes ont tendance à « occuper le terrain » du web, et notamment du web social via Twitter et Facebook. Il convient d'éviter les redondances et de jouer la carte de la complémentarité face à des sources parfois trop envahissantes.

La pratique de l'identification des sources est donc devenue indissociable de la recherche d'information et constitue à la fois un objectif et un moyen :

a. Dans le cadre d'une recherche ponctuelle :

Les moteurs de recherche classique ont beau gagner en puissance et affiner constamment leurs algorithmes, une partie encore importante du web leur reste inaccessible, ou mal référencée, pour des raisons essentiellement techniques. Pour pallier cet inconvénient, on peut compléter une recherche effectuée via des mots-clés, par une recherche thématique consistant à identifier les sources les plus pertinentes par rapport à un sujet. On approfondira ensuite la recherche sur ou à partir de ces sources : en utilisant les outils de recherche intégrés à ces sources, ou bien en explorant les liens internes et externes, etc.

b. Dans le cadre de la constitution d'un guide de sources individuel ou collaboratif :

Afin de faciliter ultérieurement les recherches ponctuelles sur des thèmes récurrents, il s'agit de repérer non pas des informations précises en tant que telles, mais des sources où l'on pourra par la suite obtenir les réponses à des questions. Ces sources peuvent également être surveillées selon une périodicité donnée, via des flux ou bien un outil de surveillance automatisée, dans le cadre d'un processus de veille documentaire et/ou stratégique.

Dans ce chapitre, nous allons d'une part étudier l'évolution des outils pionniers qu'ont été les guides ou annuaires de recherche, mais aussi présenter des méthodes de sourcing basées sur des usages « sociaux » de partage et mutualisation.

1.2 Les principes clés pour bien chercher à la source

« Penser, c'est classer », disait l'écrivain Georges Perec. Toute organisation, physique ou virtuelle, suppose au préalable une structuration plus ou moins hiérarchisée ou ordonnée. La plupart des sites les plus volumineux sont organisés autour d'un plan de classement thématique. Bien entendu, il n'existe pas de cadre de classement du web, en raison de sa grande diversité et de son caractère virtuel, interactif et spontané. Les grandes classifications dites « universelles », comme la Dewey ou la CDU, sont utiles pour classer des livres à l'intérieur d'une bibliothèque, mais ne peuvent s'appliquer à la complexité des contenus du web.

Dans ce contexte, comment effectuer une recherche thématique ? Il faut respecter là encore quelques étapes clés.

1. Étude approfondie en amont du besoin, en élargissant des mots-clés à des concepts plus extensifs.

1bis. Recherche des « acteurs » susceptibles d'avoir produit ou de détenir l'information que l'on cherche et passage en revue des différents types d'acteurs possibles (entreprises, organismes, associations spécialisées, revues professionnelles ou académiques, travaux universitaires, manifestations et salons professionnels...)

2. Recherche des sources les plus pertinentes à partir de guides de sources ou de sites de bookmarking social (voir plus bas la définition de cette notion).

2bis. Recherche de sites « de référence » ou de portails spécialisés sur le sujet à partir de requêtes mots-clés *via* des moteurs classiques.

3. Exploration en profondeur des sources identifiées.

Exemple : pour une recherche d'information sur le secteur des cosmétiques, on identifiera dans un premier temps les sites des grands acteurs du domaine (entreprises, fédérations professionnelles, distributeurs, etc.) *via* des recherches sur les moteurs. On tentera également de trouver des sites portails ou des bases de données spécialisées dans ce secteur. On explorera dans un deuxième temps les liens à partir des sites qui nous ont semblé les plus utiles, afin d'identifier des sources connexes. Cette approche, dite recherche « à la source », est particulièrement adaptée pour des recherches dans les domaines économique, financier ou juridique, où la part du « web invisible » reste importante.

2. LA GRANDE FAMILLE DES GUIDES DE RECHERCHE

2.1 La fin (regrettée) des annuaires généralistes

Les annuaires ou répertoires de sites web font figure de pionniers dans la grande famille des outils de recherche web. Un annuaire est un peu aux sites web ce qu'une bibliothèque est aux livres : une collection généraliste ou spécialisée de sites classés selon une arborescence de catégories. On emploie également le terme de répertoire, plus juste puisqu'étymologiquement le terme annuaire implique une mise à jour… annuelle !) N'oublions pas que le portail Yahoo! fut à l'origine, lors de sa création en 1994, un annuaire de sites (que l'on comptait à l'époque en centaines et non en millions) avant de devenir un moteur à part entière, dix ans plus tard.

Par rapport aux moteurs ou métamoteurs de recherche dont le fonctionnement est entièrement automatisé, les annuaires offrent l'avantage d'une validation et d'une indexation réalisées par des personnes humaines, ce qui permet de réduire le « bruit » (réponses non pertinentes) généré bien souvent par l'indexation automatique et le classement algorithmique sur lesquels s'appuient les moteurs.

Un annuaire de sites web constitue ainsi un excellent outil de recherche de « première approche », en permettant d'identifier à partir d'un mot-clé plus ou moins précis une sélection de sites, *a priori* de qualité, en relation directe avec le terme choisi.

Mais l'époque des grands annuaires généralistes est aujourd'hui bien révolue : coûteux et complexes à maintenir, ils ont surtout subi la désaffection massive des internautes, qui plébiscitent les moteurs et l'accès direct à l'information précise. En conséquence, de nombreux annuaires « historiques » ont disparu, comme MSN, Nomade, ou le répertoire Voila, associé au moteur du même nom. Ceux qui restent disponibles sur les moteurs de recherche sont peu mis en valeur, voire n'apparaissent plus du tout sur la page d'accueil du site, comme pour ceux de Yahoo!, et les équipes en charge deviennent parallèlement de plus en plus réduites, sinon inexistantes.

Pour autant, l'espèce des annuaires est loin d'être éteinte, et leur avenir passe clairement par la spécialisation, qu'elle soit régionale ou thématique. Les plates-formes de partage de favoris comme Delicious ou Diigo peuvent également être considérées comme un nouvel avatar dans la famille des annuaires de recherche web.

2.2 Les répertoires généralistes « contributifs » ou « ouverts »

Contrairement aux annuaires généralistes classiques, l'enrichissement et la mise à jour sont effectués ici par différentes équipes d'internautes non intégrées à la société gérant le site. La responsabilité d'une ou de plusieurs catégories est confiée à plusieurs types d'intervenants.

Les annuaires alimentés par des bénévoles

Ces internautes bénévoles ont une compétence reconnue dans le domaine couvert pour une catégorie. Ils reçoivent les demandes de référencement de leur catégorie, décident ou non d'intégrer les sites et, le cas échéant, en rédigent eux-mêmes la description : l'un des plus connus est l'Open Directory, connu également sous le nom de DMOZ, racheté en 1998 par Netscape (et donc aujourd'hui propriété de AOL). Bien entendu, l'inconvénient d'un tel système réside dans une qualité inégale selon les catégories.

L'Open Directory recensait au printemps 2013 environ cinq millions de sites internationaux, sélectionnées par plus de 97 000 contributeurs. Les mises à jour semblent assez sporadiques depuis quelques années, malgré l'annonce répétée d'une refonte de l'annuaire, qualifié par ses éditeurs, dans une forme plaisante d'auto-dérision, de « dinosaure du web ».

Précurseur des sites collaboratifs et du « crowdsourcing », l'Open Directory subit désormais la concurrence de sites issus de la vague du web 2.0 tels que Delicious ou Wikipédia, où l'on trouve généralement, à la fin de chaque article, des liens vers une sélection de sites de référence. Autre coup dur pour cet annuaire contributif : la suppression en 2011 de l'annuaire de Google basé sur l'Open Directory.

À l'inverse, le moteur Bing se démarque de son grand rival Google en proposant depuis fin 2011 un guide baptisé Editor's Pick et qui reprend le principe des annuaires thématiques. Les sites sont sélectionnés par des « éditeurs » appartenant à Bing et sont répartis dans 140 catégories. Le choix est plutôt « grand public » et orienté vers les besoins du public américain

Les annuaires alimentés par des experts

Dans ce cas, les experts sont rémunérés pour leur prestation : le guide américain About.com travaille ainsi avec des spécialistes qui sélectionnent les sites pour leur thématique et sont chargés de l'animation de leur section. About.com se présente de plus en plus comme une encyclopédie en ligne, traitant de sujets plutôt grand public.

Les annuaires alimentés par des centres spécialisés

Il peut s'agir d'universités ou centres techniques. Ainsi, la Virtual Library du W3C (World Wide Web Consortium), premier catalogue de ce type sur le web, renvoie pour chaque thématique à une section spécifique sur le serveur du centre concerné.

2.3 Les sélections effectuées par des professionnels de l'information-documentation

« Les bibliothécaires devront s'allier aux informaticiens pour que cesse l'anarchie qui règne sur l'Internet » : dès 1997, Clifford Lynch, directeur de la Coalition for Networked Information, préconisait le développement de répertoires de sites web organisés selon des thématiques. L'enjeu pour les professionnels des bibliothèques est ici d'apporter une plus-value à leurs collections classiques, et de proposer à leurs utilisateurs des services à valeur ajoutée, à travers leur expertise des contenus web.

Les professionnels de plusieurs grandes bibliothèques françaises ou internationales ont mis à profit leur expertise des contenus du web pour élaborer des répertoires sélectifs. Ceux-ci ne présentent que des sites triés sur le volet, en raison de leur qualité et de la valeur ajoutée de leurs contenus. Les sites répertoriés peuvent être français ou étrangers. Par contre, la mise à jour n'est pas toujours assurée régulièrement. Certains de ces répertoires (par exemple les signets de la BNF) peuvent être structurés selon une arborescence de thèmes très détaillée. Les sites figurant dans ce répertoire de signets, qui comprend des milliers de ressources, sont décrits selon un modèle de données respectant la norme Dublin Core.

En raison de la lourdeur du travail de mise à jour, certains de ces services ne sont plus mis à jour : c'est le cas entre autres de l'un des pionniers, l'excellent catalogue de ressources Bubl Link, qui n'est plus maintenu depuis 2011.

Exemples de répertoires sélectifs réalisés par des professionnels de l'information

Signets de la Bibliothèque nationale de France	Sélection de ressources de référence, sur de nombreux thèmes, surtout liés à la littérature et aux sciences humaines. Recherche par arborescence ou par un moteur interne (le moteur Google !)	http://signets.bnf.fr
Signets des Universités	Guide collaboratif universitaire, sous l'égide de l'Abes et du Cerimes. Classification Dewey. Possibilité de s'abonner à des flux thématiques	http://www.signets-universites.fr
BPI (Bibliothèque du Centre Pompidou)	Sélection de ressources classées selon une arborescence. Dominante littérature et sciences humaines	http://www.bpi.fr, rubrique « Recherche documentaire » puis rubrique « sites web, bases et revues en ligne »
Vlib (Virtual Library)	Le plus ancien catalogue de sites web, démarré dès 1991 par Tim Berners Lee. Classement par grands thèmes, contient plus de 300 sous-bibliothèques spécialisées. Une interface en français est disponible	http://vlib.org
IPL2	« Websites you can trust » : sélection de sites par un réseau de bibliothécaires américains. Résulte de la fusion entre le LII (Librarian's Index to the Internet) et IPL (Internet Public Library)	http://www.ipl.org

Les signets de la BnF

Exemples de portails spécialisés par nature de documents

Dictionnaires	Répertoire de plus de 1100 dictionnaires en ligne généralistes ou spécialisés, y compris dictionnaires de langue	http://www.dicorama.com/
Culture	Plus de 5000 ressources culturelles et artistiques en ligne sélectionnées par une équipe de spécialistes du ministère de la Culture.	http://www.culture.fr, puis accès thématique
Langues	Portail pour l'apprentissage des langues, réalisé par la Maison des langues de l'Université de Picardie	http://www.u-picardie.fr/crl/minimes/
Droit	Jurisguide : recensement des ressources juridiques quel que soit le support	http://jurisguide.univ-paris1.fr/
Musique	Répertoire de sites musicaux de la Cité de la musique, 3000 références	http://mediatheque.citedelamusique.fr/repertoire/
Presse	Liens vers des sites de quotidiens et magazines, sur tous les continents	www.newspapers.com www.gigapresse.com www.onlinenewspapers.com

Sites universitaires	Répertoire de 10 000 sites d'enseignement supérieur dans le monde entier	www.braintrack.com
Statistiques	Le portail de référence sur les statistiques mondiales. Rechstat : site personnel très complet sur les statistiques dans le monde entier	www.lib.umich.edu/govdocs/stats.html www.kyxar.fr/~jalac/
Bibliothèques	Plus de 8 000 sites de bibliothèques dans 146 pays. Site portail pour le monde des bibliothèques	http://lists.webjunction.org/libweb www.enssib.fr/base-de-signets/
Cartes géographiques	La bibliothèque de l'Université du Texas propose une collection impressionnante de cartes géographiques en ligne.	www.lib.utexas.edu/maps

2.4 Les répertoires spécialisés ou « portails » thématiques

Les sites référencés au sein de ces annuaires relèvent tous d'un domaine ou d'un secteur particulier (le vin, le tourisme, le sport, les ressources humaines, etc.) et peuvent aussi prendre en compte des entreprises du secteur ou les produits concernés. Les répertoires spécialisés sont souvent la base d'un portail thématique ou « vortail » : mot-valise composé des termes « portail » et « vertical », c'est-à-dire centré sur un secteur donné. Certains répertoires se consacrent exclusivement au monde professionnel : c'est le cas de l'annuaire francophone Indexa qui recense plus de 62 000 sites classés selon des grands secteurs d'activité (énergie, agriculture, chimie, etc.). Cet annuaire peut être utile pour identifier des sites d'associations ou de revues professionnelles.

En règle générale, ces portails thématiques, désignés parfois sous le nom de sites fédérateurs, ou sites de référence, sont des outils de recherche incontournables dans de nombreux domaines. Ils sont conçus au départ autour d'un ou plusieurs répertoires spécialisés (sites web, entreprises, adresses utiles, événements, etc.). Ils intègrent le plus souvent une rubrique d'actualité du domaine, *via* des *newsletters* ou des revues de presse ou désormais des flux, et d'autres services comme les forums de discussion ou agendas professionnels. Ils peuvent évoluer vers le commerce électronique ou de véritables places de marché.

Lorsqu'ils existent dans un secteur, ces portails peuvent rendre de grands services et faire gagner beaucoup de temps lors d'une recherche, dans la mesure où ils regroupent un nombre important de données et ressources pertinentes par rapport au sujet. Il convient toutefois d'être prudent et d'évaluer sérieusement leur valeur ajoutée et les objectifs de l'éditeur : certains n'ont pour seul objectif que la quête de notoriété ou la publicité. Il faut plus que jamais être attentif à l'exhaustivité, à la mise à jour et à l'aspect sélectif de ces portails.

Exemples de portails thématiques

Sites professionnels francophones	Plus de 62 000 sites professionnels classés par secteur	www.indexa.fr
Sites administratifs	Répertoire de sites administratifs et publics en France, en Europe et dans le monde	www.service-public.fr, rubrique Annuaire de l'administration
Médecine	Catalogue et index des sites médicaux francophones, réalisé par le CHU de Rouen	www.cismef.org
Droit	Le portail incontournable du droit : codes, textes de loi, jurisprudence, etc. Annuaire de sites et moteurs juridiques. Juriguide, répertoire de 4850 sites juridiques classés par catégories ; possibilité de recherche en texte intégral. Les signets de la bibliothèque Cujas	www.legifrance.gouv.fr www.precisement.org www.juriguide.com http://biu-cujas.univ-paris1. fr/principal/ri/index.php
Économie	Les 700 meilleurs sites en économie et management, sélectionnés par une association de documentalistes des grandes écoles de commerce	L'annuaire est désormais disponible *via* la plate-forme Delicious http://delicious.com/Association_Rime
Environnement	Portail d'information et de services sur l'environnement et le développement durable. Le média du développement durable et de la responsabilité sociale des entreprises (RSE)	www.enviro2b.com www.novethic.fr
Informatique	Sources d'information sur les nouvelles technologies de l'information	www.inria.fr/publications.infoweb/index.fr.html

2.5 Les répertoires d'outils de recherche

Ce sont des répertoires spécialisés dans le signalement d'outils généralistes ou spécialisés, de bases de données, voire de portails.

Répertoires « classiques »

On peut citer :

- Finderseeker, « The Search Engine for Search Engines » : répertorie un grand nombre de moteurs ou d'annuaires spécialisés par thème ou par pays.
- Orindon (rubrique liste des moteurs) : recense environ 1 000 outils de recherche classés.
- Indicateur : répertoire de sites sectoriels français assez complet, dont un guide d'annuaires professionnels par métiers.
- Voir aussi l'annuaire généraliste Internet Search Engine Database, le répertoire thématique Searchengines Directory, et le guide français Les Annuaires.

Répertoires de portails nationaux et régionaux

Indispensables pour démarrer une recherche sur un pays, ils permettent d'identifier des outils de recherche locaux. Attention, certains moteurs locaux ne sont disponibles que dans la langue du pays...

- Search Engine Colossus : très complet, ce « colosse » des moteurs de recherche couvre plus de 350 pays et territoires et répertorie les annuaires et moteurs spécialisés géographiquement.
- Annuaire des outils régionaux en France : Olivier Andrieu, responsable du célèbre site Abondance, a eu la bonne idée de rassembler sur une même page un certain nombre d'annuaires et moteurs de recherches régionaux.

Répertoires de bases de données

Dadi (Database directory), créé par l'Urfist de Lyon, recense environ 700 bases de données gratuites

Le guide Sinbad, maintenu également par l'Urfist de Lyon, dresse un panorama des sociétés qui produisent, éditent et diffusent des bases de données.

Completeplanet recense plus de 70 000 bases de données gratuites, en anglais, sur tous sujets et classées par thèmes. On ne peut malheureusement pas interroger simultanément plusieurs bases et le répertoire ne semble plus mis à jour.

3. MÉTHODES DE SOURCING « SOCIAL »

3.1 Le bookmarking social

Le bookmarking social (ou partage de signets) permet aux internautes de stocker, classer, partager en ligne des liens vers leurs sites favoris. Le site Delicious, racheté puis revendu par Yahoo!, fut l'un des pionniers du genre, et a été rejoint depuis par de nombreux « clones ».

Le principe est simple : une fois enregistré sur une plate-forme de bookmarking social, l'internaute peut publier en ligne ses favoris, en décrire le contenu par des mots-clés ou tags, ou encore les classer dans des catégories. Tout internaute inscrit ou non sur la plate-forme peut ensuite effectuer des recherches par mots-clés sur la description des sites ainsi répertoriés.

Certaines bibliothèques ont opté pour cette solution : elles publient leur répertoire de signets *via* une plate-forme de bookmarking social ; c'est le cas entre autres de la Bibliothèque de la Sorbonne, dont les 3 000 signets sont accessibles sur le compte Delicious de l'Université Paris 4[63] et organisés thématiquement selon des catégories intitulées « bundle » (ce qui signifie liasse en anglais). Le répertoire Rime de sites spécialisés en économie et management (voir plus bas) est également mis à jour sur la plate-forme Delicious[64]. Cette migration a permis au réseau de documentalistes contributeurs d'alléger considérablement la gestion et la mise à jour.

À noter que la gestion des bundles et des tags n'est pas toujours très aisée, notamment en matière d'indexation humaine, classement thématique, sélection de ressources web, etc. : ce mode de fonctionnement rappelle étrangement le principe des annuaires de sites web, et l'on peut considérer ces plates-formes de partage de signets comme les héritières des annuaires généralistes. Plus souples et plus faciles à mettre à jour que leurs aînés, les sites de partage de signets souffrent néanmoins parfois, à l'instar de nombreux sites du web 2.0, d'un manque de rigueur et d'harmonisation dans l'accès par mots-clés.

Les signets de la bibliothèque de la sorbonne sur delicious

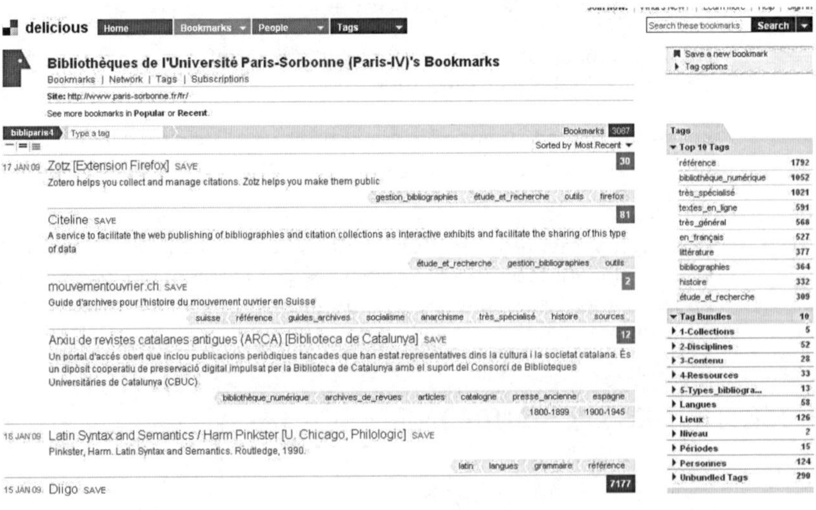

63 http://delicious.com/bibliparis4
64 http://delicious.com/Association_Rime

La plate-forme Pearltrees, apparue en 2009, offre une approche originale du bookmarking social. Son interface visuelle, développée en flash, se caractérise par une organisation sous forme d'arborescence : les liens sont structurés selon un système de « perles » reliées entre elles. Chaque perle correspond à un contenu sélectionné par un contributeur de la plate-forme. Les arborescences peuvent être constituées de façon collaborative. Pearltrees peut permettre de repérer efficacement des sources pour des sujets transversaux : l'enseignement, l'environnement, les médias, les nouvelles technologies...

3.2 La curation de contenus

La pratique de la curation de contenus (digital curation) remonte à plusieurs années déjà, mais ses contours demeurent encore flous. L'un des pionniers de la curation Rohit Bhargava, définit ainsi le concept comme : « l'action de trouver, regrouper, organiser et partager le contenu en ligne le meilleur et le plus pertinent sur un sujet spécifique. »

Ce spécialiste du marketing social distingue cinq principes dans la curation de contenus :

- Agrégation : face aux milliers de réponses hétérogènes fournies par les moteurs web, l'agrégation consiste à regrouper en un même endroit des sources pertinentes par rapport à un sujet donné.
- Distillation : il s'agit de dégager la quintessence de l'information, de la façon la plus simple et la plus compréhensible pour tous ; la valeur ajoutée réside dans le temps gagné par les utilisateurs, qui peuvent ainsi aller directement à l'essentiel, quitte à perdre en exhaustivité.
- Élévation : se rapporte plutôt à l'identification des tendances et signaux faibles, à partir d'éléments souvent brefs et éparpillés sur la toile. C'est l'une des composantes de la curation la plus difficile à mettre en œuvre, car cela nécessite une expertise et une capacité d'analyse individuelle ou collective.
- Mashup : ou « mixage » de plusieurs éléments pour créer de nouveaux contenus, en s'appuyant notamment sur des points de vue multiples regroupés et partagés en un même lieu.
- Chronologie : cette forme de curation permet de rassembler des informations liées à l'historique d'un sujet, organisée de façon chronologique afin de mettre en évidence l'évolution de ce sujet.

La curation ne se limite pas une simple juxtaposition de contenus, mais repose, à l'instar des classiques annuaires et guides de sources, sur une sélection effectuée par des professionnels de l'information, ou de simples internautes.

Le « journalisme de liens », qui consiste à sélectionner des articles en fonction de leur intérêt, de les tagger et de les mutualiser, peut s'apparenter à une forme de curation.

Christophe Deschamps, auteur du blog « Outils froids », a effectué un comparatif de douze solutions de curation, accessibles en ligne et gratuites. Les solutions ont été évaluées selon un certain nombre de critères, incluant le mode d'alimentation en sources, le type de contenu, les livrables proposés, ainsi que l'aspect social ou l'optimisation pour l'usage personnel. Certains services sont optimisés pour un usage sur smartphone ou tablette : c'est le cas notamment du service de « magazine social » Flipboard.

Le périmètre des outils de curation est aussi difficile à cerner que le concept lui-même. L'éventail des solutions va des plates-formes de bookmarking social (Diigo, Delicious), aux solutions de création de revues de presse et produits livrables de veille (Scoop.it, Paper.li), en passant par des outils de recherche collaborative (Searchteam) ou d'agrégation d'actualités (Storify) ou d'images (Pinterest). Une cartographie élaborée par le blogueur Robin Good va recenser jusqu'à 200 services, pour la plupart disponibles en ligne.

4. MÉTHODES DE SOURCING

4.1 Apports des méthodes « 2.0 »

En matière de sourcing, le web 2.0 offre des approches intéressantes, complémentaires de techniques plus classiques.

Recherche par similarité : elles s'effectuent à partir d'une URL et non pas d'un mot-clé sur des sites comme StumbleUpon (voir ci-après).

Identification d'experts : à partir d'une recherche sur un moteur de blogs, ou à partir de l'extraction automatique proposée par le moteur Google Scholar, ou encore en utilisant les réseaux sociaux ou Twitter. Notons que de nombreux blogs, créés plus ou moins récemment par des professionnels de l'information, permettent d'alimenter une « veille sur la veille » d'une grande richesse et de recueillir de véritables points de vue d'experts.

Recherche par tags : disponible sur de nombreux sites (Technorati, Delicious, Keotag, etc.).

Utilisation des blogrolls : il s'agit, à partir d'un blog connu, de suivre la liste des liens proposée (blogroll) pour découvrir d'autres blogs portant sur le même sujet ou sur des sujets connexes. C'est là une manière simple d'identifier des blogs intéressants. Cela peut permettre, par exemple, de repérer des sources ou des experts concernant des sujets émergents.

Utilisation des citations dans les articles de blogs : les billets font très souvent référence à d'autres blogs de la même sphère. Ainsi, à partir de quelques sites, on peut très vite se constituer un ensemble de sources pertinent.

Constitution de bouquets de sources personnalisées : Google Custom Search, Yahoo! Boss (voir Question/Réponse 8).

Crowdsourcing : typique du web 2.0, le *crowdsourcing* consiste à utiliser les connaissances et le savoir-faire d'un grand nombre d'internautes pour créer des contenus, enrichir un site ou résoudre des problèmes. Cette participation des utilisateurs à la création des contenus représente une forme d'externalisation et permet de réduire les coûts en se basant sur un système de bénévolat ou de micropaiement. Attention, comme toujours, à la qualité...

4.2 La similarité en guise de guide

La recherche par similarité, selon le vocabulaire de la documentation de l'ADBS, est un « Mode de recherche informatisée dans lequel l'équation de recherche est constituée d'un texte (document ou partie de document) choisi comme élément de recherche, permettant de fournir des textes proches de ce texte source ». On peut considérer cette approche comme une alternative à la recherche classique par mots-clés. Ce mode de recherche exploratoire s'adapte tout particulièrement aux corpus non structurés, et permet de s'appuyer sur des sources connues pour découvrir de nouvelles ressources, en mettant en œuvre la fameuse faculté de « sérendipité ».

La fonction « pages similaires » ou « related » proposée par le moteur Google, à partir d'une URL donnée, met en évidence des pages similaires, en fonction de la présence des mots-clés et des liens entre pages. On peut ainsi, à partir d'une source connue, faire émerger plus facilement des sources peu ou mal référencées. Cette méthode est particulièrement utile pour identifier des acteurs ou influenceurs dans un secteur émergent et peu structuré. Plusieurs moteurs « de découverte » comme StumbleUpon mettent en œuvre également la similarité, la ressemblance étant calculée statistiquement à partir des usages ou bookmarks des usagers.

4.3 Trouver des sites de références et des guides de sources

Plusieurs approches, toutes basées sur le partage et la mutualisation, peuvent aider à identifier des sites de référence.

– **La recherche d'information collective** (collective social search)

Cette approche s'apparente au concept de « sagesse des foules », dans la mesure où les résultats de recherche sont agrémentés par les tendances partagées via des réseaux comme Facebook ou Twitter. Les données partagées et agrégées par une communauté peuvent élargir le processus de découverte et orienter vers de nouvelles pistes. Font partie également de cette approche les plates-formes de bookmarking social comme Delicious ou Diigo : on peut y effectuer des recherches par mots-clés pour identifier des pages web (bookmarks) sélectionnées et taggées par les internautes. Cette stratégie inclut également le principe des « Digg Like » (Digg, Reddit...), sites d'agrégations d'actualités dont le système de hiérarchisation des contenus (articles, blogs, vidéos, etc.) est assuré par le vote des utilisateurs.

– **La recherche filtrée par le réseau d'amitié** (Friend-Filtered Social Search)

Ce principe est plutôt proche du « filtrage collaboratif », qui consiste à profiter de ce que nos amis, amis d'amis ou plus largement notre « cercle social » ont partagé. Ces données pourraient apparaître à côté des résultats de recherche traditionnels (comme Google) ou être des résultats exclusifs au sein de votre réseau de pairs. Le « moteur de découverte » StumbleUpon met en œuvre ce principe pour des recherches par « similarité », la ressemblance étant calculée statistiquement à partir des usages ou bookmarks des usagers. Tous ces outils sont des vecteurs de sérendipité, en favorisant la découverte au hasard de ce que véhicule notre réseau d'amitié.

– **La recherche collaborative** (collaborative search)

Dans ce processus, plusieurs utilisateurs choisissent de s'associer pour trouver la solution à un problème. Les questions généralement sont formulées en langage naturel. Les systèmes de questions-réponses de type Yahoo Answers en constituent une version passive et asynchrone. Plusieurs bibliothèques universitaires (Rue des Facs) ou de lecture publique (Guichets du Savoir, à Lyon) ont mis en place un service de référence en ligne, avec capitalisation des réponses, la réponse ne consistant pas nécessairement en un document ou une référence bibliographique. Des expériences ont été menées autour de l'utilisation de Twitter pour des services de référence en ligne créés entre autres par des bibliothèques. Mais il existe d'autres plates-formes basées uniquement sur des services de questions-réponses entre internautes, sans autorité régulatrice. C'est le cas par exemple du service américain Quora, ou de son équivalent français Gozil, systèmes de questions-réponses contrôlés par la communauté.

5. SECRETS POUR UN SOURCING EFFICACE

- **Identifier les sources « incontournables »** : il suffit souvent de réfléchir un peu pour identifier les sources incontournables, et de se poser simplement quelques questions : qui détient l'information que je cherche ? Quelle pourrait être la source la plus pertinente pour ma recherche ?

- **Soigner la diversité et la variété des sources** : les sources doivent refléter des points de vue variés et complémentaires, et être de différentes natures. Il s'agit d'utiliser la fonction « pages similaires » ou « related » de Google pour identifier des sources d'informations considérées comme similaires à une source connue. On peut également explorer les liens à partir d'une source pertinente.

- **Ne pas réinventer la roue, s'inspirer des sélections effectuées par les internautes ainsi que les professionnels de l'information** : les sites de bookmarking social et de curation de contenus permettent d'effectuer des recherches dans des sélections de sites réalisées par des internautes bénévoles. De façon plus classique, on peut s'appuyer sur des guides de sources réalisés par des professionnels de la documentation ou des bibliothèques.

– **Cartographier les sources** : afin d'obtenir une vue d'ensemble des sources utiles à une recherche ou une veille, on peut les représenter sous forme de carte mentale (ou carte heuristique). On peut utiliser des outils de mind mapping comme Mind Manager, Freemind, etc. La carte permet de mettre en évidence la typologie des sites et de les regrouper par « affinités ». L'exemple ci-dessous présente une sélection de sites présentée sous forme de carte mentale destinée à des collégiens :

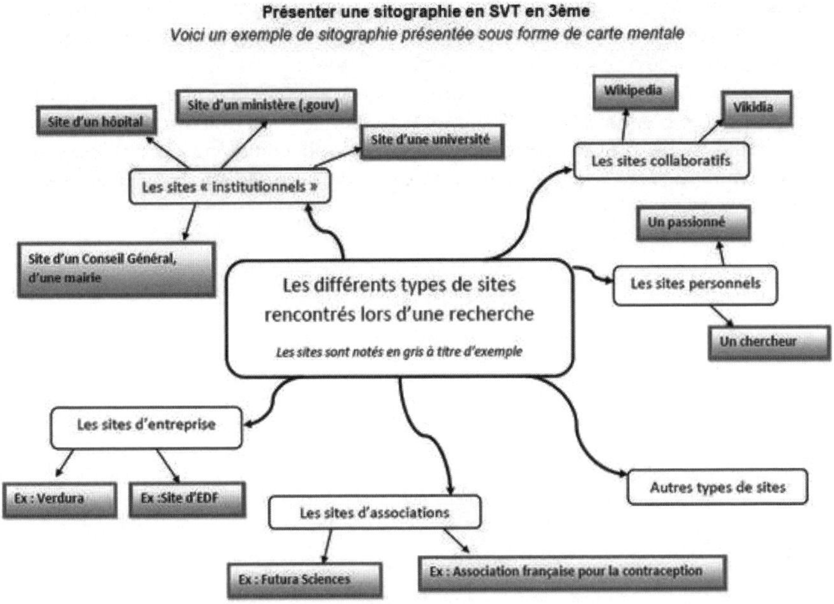

Cette cartographie a été publiée sur le blog « Mes docs de docs » créé par une professeure documentaliste

Résumé

Comme l'énonçait Clay Shirky à la conférence Web 2.0 en 2009, le problème de l'accès à l'information n'est pas l'infobésité, mais « l'échec du filtre (Filter failure) ». La relève des annuaires et guides de sources classiques semble être assurée par de nouveaux filtres humains qui vont pallier les limites des moteurs automatisées, et tenter d'apporter un filtrage de qualité en ordonnant et contextualisant des ressources web sur un thème donné.
On constate ainsi qu'après des années de domination des algorithmes, les critères de tri et d'évaluation de l'information reviennent, par un mouvement de balancier, du côté de l'humain. La pratique du bookmarking social ou de la curation de contenus consistant à sélectionner pour leur qualité et partager des sources d'information, apparaissent ainsi comme un remède à la surabondance de l'information, et permettent d'identifier des sources pertinentes et fiables sur un sujet donné.
La recherche « à la source » vient ainsi compléter avantageusement la recherche par mots-clés via les moteurs. Les guides de sources ainsi que l'utilisation de plates-formes de bookmarking social ou de curation de contenus peuvent aider l'internaute dans l'identification et la découverte de sources.

CHAPITRE 5

NET VEILLE, LA RECHERCHE AUTOMATISÉE

Sommaire

1. LES OUTILS DE SURVEILLANCE DU WEB

Le chapitre qui suit ne se destine pas qu'aux veilleurs professionnels : tout internaute est confronté au besoin d'automatiser ses recherches, que ce soit pour actualiser régulièrement ses connaissances dans un secteur, pour suivre les parutions dans un domaine donné, pour surveiller son identité numérique, ou son « e-réputation » (nous verrons que ces deux concepts ne sont pas synonymes), ou tout simplement suivre l'actualité.

Qui dit recherche automatisée dit outils de surveillance, outils qui vont prendre en charge cette tâche répétitive et sans grande valeur ajoutée d'aller voir pour nous « ce qui a changé » sur le web.

Du *plug-in* (module spécialisé gratuit à intégrer au navigateur) à la plate-forme de veille de plusieurs dizaines, voire une centaine de milliers d'euros, la gamme des outils permettant de mettre le web « sous surveillance » est très vaste, et les critères de choix non moins variés. Tout dépend bien sûr des attentes de l'internaute en la matière (et donc des besoins), du contexte, du budget, du caractère personnel ou professionnel de la veille à mettre en œuvre, du nombre de personnes impliquées, etc. : on ne mettra pas les mêmes moyens ni les mêmes outils pour surveiller les offres d'emploi dans l'objectif d'un changement de travail, pour veiller sur sa « e-réputation » ou pour assurer une mission de veille concurrentielle au service d'un grand groupe industriel !

Ce chapitre a pour objectif de dresser un état des lieux de la recherche automatisée sur le web, en se limitant aux outils peu coûteux.

Nous avons choisi, dans le cadre de cet ouvrage, de nous intéresser plus particulièrement aux outils les moins onéreux : moins de 100 euros pour les logiciels, et moins de 60 euros d'abonnement annuel pour les services en ligne.

1.1 Une démocratisation des outils

L'avènement d'Internet a permis la démocratisation de la veille au profit des non-professionnels, et de nombreux outils simples, souvent gratuits, sont apparus avec pour objectif d'automatiser la surveillance du web. Le métamoteur Copernic destiné à la collecte d'informations à partir de moteurs prédéfinis (logiciel malheureusement non mis à jour depuis 2001) ou le défunt utilitaire C4U pour la surveillance de pages web ont été deux acteurs emblématiques des débuts des recherches automatisées sur Internet. Google Alertes, service qui génère gratuitement une surveillance en un clic, est sans doute l'un des outils de veille web les plus utilisés au monde !

Trois tendances lourdes se dégagent pour les outils « de premier niveau », c'est-à-dire financièrement accessibles à tous :

- les agrégateurs de flux RSS, gratuits dans leur grande majorité, se sont depuis le milieu des années 2000 largement développés et imposés auprès des professionnels à défaut du grand public ; pour autant, l'arrêt de Google Reader en 2013 marque un tournant dans l'usage des flux RSS pour la veille ;
- la surveillance des médias sociaux est devenue un véritable marché, et de nombreuses solutions gratuites en ligne sont à la disposition des internautes : la veille sur les flux Twitter y tient une place importante ;
- le marché des petits outils de surveillance de pages reste stagnant, avec toutefois le logiciel WebSite Watcher qui y occupe un créneau très spécifique ;
- les métamoteurs « off-line » de type Copernic sont en déclin, les éditeurs délaissant ce créneau peu rémunérateur du logiciel monoposte pour développer des plates-formes.

La pratique de la veille a préexisté bien entendu à l'apparition du web, et de nombreux outils et sources se sont succédé au fil des années. Le tableau ci-dessous présente l'évolution comparée, depuis quarante ans, de la pratique de la veille, des supports ainsi que des outils. Bien entendu, les différentes familles d'outils continuent de coexister, une nouvelle vague ne venant pas systématiquement remplacer la précédente...

L'évolution des usages de la veille, des supports et des outils

Années 1970		
Veille technologique	Bases de données scientifiques	Paramétrage d'alertes sur bases de données
Années 1980		
Veille concurrentielle et stratégique - business intelligence	Bases de données information électronique professionnelle	Systèmes d'aide à la décision
Années 1990		
Intelligence économique	Développement du web	Plates-formes de veille intégrée « Agents intelligents » Logiciels de surveillance automatisée Outils de *text mining*
Années 2000		
Veille collaborative - Veille d'opinion - veille personnelle	« Web 2.0 »	Flux RSS - Monitoring mots-clés - réseaux sociaux Extensions navigateurs Firefox
Années 2010		
Surveillance e-réputation	« Web temps réel »	Flux Twitter - Outils d'analyse automatisée du sentiment

1.2 Un cadre méthodologique clair

Pour être efficace, la recherche automatisée doit, comme tout projet, s'inscrire dans un cadre méthodologique clair. Les « règles d'or » de la recherche d'information vues au chapitre 1 s'appliquent avec bonheur à ce nouvel usage exploré par le net chercheur.

La différence est ici dans un traitement des sources encore plus exigeant : en effet, si la recherche d'information passe par une « rencontre » avec des sources ou par une recherche spécifique, le sourcing (voir chapitre précédent) est une étape primordiale et incontournable dans le cadre d'une veille Internet.

Les étapes de mise en place d'un processus de veille sont ainsi les suivantes :

1. Objectif des surveillances, sujets concernés
2. Mise au clair des besoins, terminologie, types d'information souhaités, etc.
3. Sélection des sources et des outils de recherche spécialisés (bases de données par exemple)
4. Automatisation des surveillances
    a. Paramétrages divers de flux et alertes

   b. Si nécessaire, application d'un filtre mots-clés : de manière générale, on peut dire que plus la source est spécialisée, moins l'usage de ces filtres est utile ; en revanche, plus la source est généraliste, et plus il devient nécessaire.
   c. Équations de recherche pour les moteurs et bases de données
5. Collecte des contenus pertinents
6. Traitement : « nettoyage » des éléments non pertinents, analyse du contenu, extraction de « signaux faibles »...
7. Exploitation et diffusion sous forme de produit livrable : bulletin de veille, newsletter, tableau de bord...

1.3 Quelle panoplie d'outils adopter ?

Il n'existe pas de panoplie idéale pour la surveillance du web : tout dépend des fonctions souhaitées, des objectifs et contraintes techniques, voire des préférences en termes d'ergonomie. Il est donc important de différencier les types de surveillances possibles, les options de réception et de lecture d'information, ainsi que les choix techniques de base.

L'automatisation de la collecte passe par trois options clés, souvent complémentaires : l'« abonnement » à des flux d'information proposés directement par différents éditeurs, la surveillance des modifications sur des pages/sites web, et le « monitoring mots-clés » (réception régulière des nouveaux résultats obtenus à une requête sur un moteur ou une base de données).

Il ne faut pas confondre ces différentes options avec le mode de diffusion/réception de l'information. Par exemple, les nouvelles informations provenant d'un site pourront être diffusées sous forme de flux RSS et/ou de newsletters, ce qui implique un « équipement » différent (dans le premier cas, un lecteur de flux RSS, dans l'autre, une boîte de messagerie).

Veille internet : fonctions, type d'outils, choix techniques

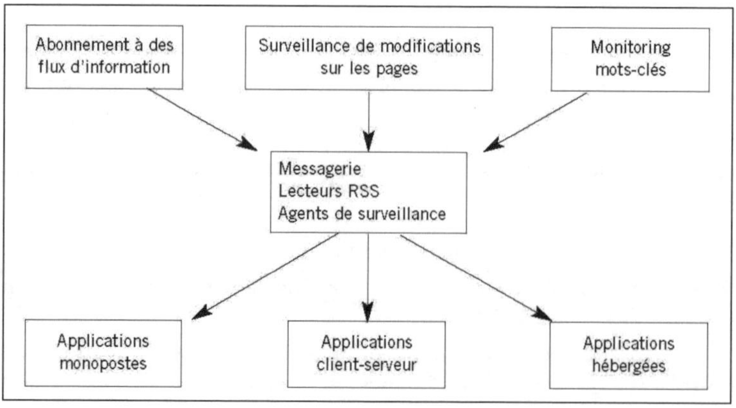

1.4 Logiciels ou services en ligne

D'autre part, on pourra choisir son outil de surveillance, voire de lecture/réception d'information, parmi diverses solutions.

– Des applications monopostes, c'est-à-dire installées sur l'ordinateur : données et paramétrages sont alors disponibles en local, sur le disque dur. Notons que plusieurs logiciels proposent aujourd'hui une version « portable », c'est-à-dire qui ne requiert pas d'installation préalable et n'engendre pas de modification durable du système utilisé par son fonctionnement. On peut en faire usage à partir d'un stockage amovible, comme une clé USB, sans laisser de traces sur l'ordinateur hôte (exemple WebSite Watcher ou RSSBandit).

– Des applications client-serveur, qui permettent de travailler en réseau et de bénéficier d'applicatifs et de résultats partagés, avec aujourd'hui tous les avantages du web (client « riche »). Ces solutions peuvent être très coûteuses puisque l'entreprise doit acquérir des licences d'utilisation.

– Des applications hébergées à l'extérieur de l'entreprise : il peut s'agir de services simples mono-utilisateur en ligne (type Google Alertes) ou de plates-formes en mode serveur accessibles à distance, sous forme d'abonnement. Ce mode d'accès, désigné par l'appellation « SaaS » (Software as a service), s'est considérablement développé ces dernières années et s'inscrit désormais pleinement dans le modèle du Cloud Computing.

Logiciel ou serveur : avantages et inconvénients

Logiciels à installer	Services en ligne
Avantages : ♦ Davantage de fonctionnalités (en général) ♦ Données stockées sur le disque dur pour réutilisation et traitements automatiques éventuels ♦ Rapidité des manipulations indépendante de la qualité de la connexion ♦ Agents de surveillance : meilleure visibilité d'ensemble	**Avantages :** ♦ Accès à partir de n'importe quel ordinateur connecté à Internet ♦ Machine connectée non reconnue par les sites cibles ♦ Pas de problème d'espace disque ♦ La surveillance ne dépend plus de l'extinction de l'ordinateur utilisé ou du débit de l'installation ♦ Partage et veille collaborative plus faciles
Inconvénients : ♦ Peuvent générer beaucoup de volume ♦ Peuvent nécessiter une connexion permanente pour le lancement des surveillances ♦ Partage et veille collaborative plus complexe à mettre en œuvre	**Inconvénients :** ♦ Moins de fonctionnalités avancées ♦ Certaines données sensibles transitent ♦ Agents de surveillance : souvent moins bonne vision d'ensemble

Pour les outils de surveillance du web gratuits ou peu coûteux qui nous intéressent dans le cadre de ce guide, le choix va s'opérer entre logiciels à installer et services en ligne.

2. LE DEVENIR DES FLUX RSS

Rappelons le principe des flux (ou fils) RSS : basés sur le langage XML, un flux est un fichier texte qui extrait régulièrement d'un site les nouvelles informations et présente une description comprenant titre, date, résumé et éventuellement d'autres balises.

Nous avons vu au chapitre 1 l'importance de ce système de syndication, pour éditer sous forme de flux d'information normalisés des résumés plus ou moins détaillés qui permettent d'accéder aux documents eux-mêmes. Les flux RSS ont connu un grand essor auprès des professionnels de la veille depuis le milieu des années 2000, et si leur usage est désormais indissociable de la veille Internet, il convient de bien en maîtriser tous les aspects, tant en termes techniques qu'en termes d'usages, afin de mieux les exploiter.

2.1 Formats, identification, éditeurs

Si l'on parle communément de flux RSS, il faut néanmoins rappeler que, d'une part, le développement de l'abréviation RSS fait débat (Really Simple Syndication, RDF Site Summary, Rich Site Summary) avec différents formats cohabitant (RSS 0.91, RSS 1.0, RSS 2.0)[65] et que, d'autre part, des formats « non RSS » existent : le plus célèbre est Atom, à l'origine le format propriétaire de Blogger, solution de blog rachetée en 2003 par Google. Atom, resté minoritaire, est devenu un standard officiel en décembre 2005. Sans entrer dans des explications et débats techniques complexes, on notera simplement que la guerre des formats n'a pas eu lieu (tout au moins en termes d'usage), et que tous les outils d'agrégation sont capables de lire indifférement l'un ou l'autre. Les formats RSS et Atom sont basés tous deux sur le langage XML, mais avec des structures de balises différentes, mais cela est généralement transparent pour l'utilisateur.

Quoi qu'il en soit, on identifie généralement au premier coup d'œil la présence de flux sur les pages web grâce aux petites icônes orange marquées XML, ATOM ou RSS.

Après un clic sur l'une de ces icônes, trois cas de figure se présentent :

- affichage d'une page listant les flux disponibles, avec des raccourcis pour ajouter le flux à son espace personnalisé sur les agrégateurs en ligne les plus fréquents, ou pour accéder à la page XML du flux : il suffit alors de faire son choix ;

65 Pour un rapide historique du format RSS, consulter http://opikanoba.org/xml/040315

- affichage du fichier XML contenant le fil : évidemment non exploitable en tant que tel, puisque ce fichier est fait pour être « lu » par un « parseur XML » et, plus précisément, par un lecteur ou agrégateur RSS. Un simple « copier-coller » de l'adresse du flux dans la fenêtre du logiciel ou du service en ligne réservée à cet effet permet de s'abonner à ce flux d'information ;
- prévisualisation du flux par le navigateur ou par un agrégateur déjà installé : on utilise le cas échéant, de la même manière, l'url de la page pour la « copier-coller » dans un autre outil de son choix.

Les navigateurs (Firefox a été le premier à proposer cette fonction) sont devenus d'ailleurs de bons outils d'identification de flux grâce à leur capacité d'auto-découverte : en cours de navigation, s'ils détectent la présence d'un flux RSS sur une page, l'icône orange s'inscrit à droite de la fenêtre d'adresse, et un clic permet même de choisir son format...

Aujourd'hui, de multiples acteurs diffusent sous forme de flux : ce format de diffusion est déjà intégré « nativement » à la majorité des services et applicatifs 2.0, dont bien sûr les blogs. Mais de nombreux autres types d'éditeurs, institutions et ministères, médias, centres de recherche, associations et autres organisations se sont approprié cette technologie, et proposent un ou plusieurs « fils d'infos », d'autant plus facilement d'ailleurs qu'ils utilisent un logiciel courant de CMS (content management system ou système de gestion de contenu), comme SPIP, qui génère automatiquement des fils RSS. Notons que les formats RSS/Atom ne mettent pas en danger la propriété intellectuelle des éditeurs, puisqu'ils ne diffusent que les titres, adresses et premières lignes des articles.

Les flux RSS s'invitent donc dans toute surveillance organisée du web, qu'il s'agisse par exemple de disposer des actualités sur un secteur ou des appels d'offres sur les marchés publics.

Les flux RSS de l'Adit

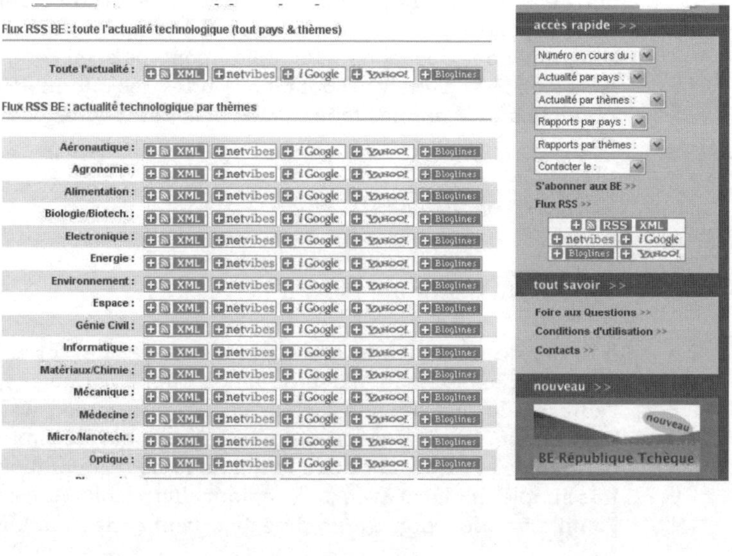

Marchés publics : un suivi plus facile grâce aux flux RSS

Cette surveillance s'effectue de plus en plus en « temps réel » grâce à l'utilisation de protocoles nouveaux pour les flux RSS. Ces spécifications ajoutées dans le flux permettent aux lecteurs qui en disposent d'afficher les nouveautés d'un site dès qu'elles sont publiées, sans délai.

Nous avons évoqué au chapitre 2 (tendance Permettre une recherche « temps réel ») les protocoles RSS Cloud ou PubsubHubbub, ce dernier étant implanté à la fois dans feu Google Reader et Google Alertes. Si l'on combine l'utilisation de ces protocoles par les outils avec la pratique du microblogging par les internautes pour diffuser des liens vers les nouveaux contenus, on se rend compte que certaines données parcourent le web en des temps vraiment record. On s'informe donc beaucoup plus rapidement mais, en contrepartie, les tâches de tri et d'analyse sont plus lourdes, les informations les plus « promues » n'étant pas toujours les plus pertinentes pour la veille.

2.2 Les différents moyens d'accès

Quel outil pour quel besoin ?

Il existe de multiples façons d'accéder à des flux RSS. Il suffit en effet, pour exploiter le fil d'information publié par un site, d'intégrer l'adresse du flux dans le lecteur choisi, que ce soit un logiciel de messagerie, un navigateur web, un agrégateur de flux RSS ou un autre logiciel disposant de la fonction *ad hoc*. L'opération s'effectue très simplement soit avec un « copier-coller », soit d'un simple clic si l'outil a une fonction d'auto-détection (voir ci-dessous). Notons que de nombreux sites diffusent des flux thématiques plutôt qu'un flux unique, comme sur le site de l'ADIT, déjà vu, ou celui des *Échos*[66].

Face à cette multitude d'outils et d'options, n'espérons pas, là encore, de solution idéale. Le choix d'un mode d'accès dépend des besoins, et tout particulièrement du nombre de flux à collecter : par exemple, les agrégateurs dédiés sont plus adaptés aux gros volumes de données ; mais le choix dépend aussi du mode d'exploitation : privilégie-t-on une lecture rapide des news ou veut-on aussi traitement et filtrage ? Un logiciel comme Feedreader permet de filtrer et stocker les informations reçues pour les analyser *a posteriori ;* un agrégateur en ligne de type Netvibes est plus adapté à un suivi au fil de l'eau des dernières actualités issues de flux classés par onglets. Les extensions de navigateurs comme Sage pour Firefox ou encore Feedly peuvent constituer des solutions simples et faciles à mettre en oeuvre, mais manquent parfois de possibilités de recherche dans les flux ou d'archivage des contenus.

Il est souvent difficile de se retrouver dans une offre aussi foisonnante, et ce d'autant plus que de nouveaux outils apparaissent (ou disparaissent) quotidiennement, ou que certains passent du payant au gratuit ou du online au offline... L'annonce de l'arrêt de Google Reader, en mars 2013, a constitué un coup de tonnerre dans le monde des utilisateurs de flux. En guise d'aide au choix, le lecteur peut se référer, outre les pistes données ici, à divers comparatifs de lecteurs RSS. On pourra consulter avec beaucoup d'intérêt l'étude menée en juin 2013 par Serge Courrier, avec le soutien de l'ADBS, concernant les alternatives à Google Reader[67]

On peut distinguer plusieurs types de solutions d'accès aux flux :

Logiciels de messagerie

Plusieurs logiciels de messagerie, par exemple Mozilla Thunderbird ou Outlook, intègrent la possibilité de collecter des flux RSS. Il suffit généralement de paramétrer dans le logiciel un compte RSS : il est possible de préciser la fréquence de vérification des nouveautés, d'afficher le résumé (recommandé !) plutôt que le texte intégral des pages web et, bien entendu, d'indiquer les adresses des flux à collecter.

Les services de messagerie en ligne comme Yahoo! Mail ou Gmail permettent également à l'utilisateur de recevoir des alertes de flux RSS sur son compte de messagerie ; cette solution présente l'avantage de pouvoir consulter ses alertes à distance, depuis tout poste connecté à Internet.

Navigateurs web

Tous les navigateurs « de référence » sont aujourd'hui capables de lire les flux RSS : c'est le cas de Firefox (fonctionnalités améliorées

66 www.lesechos.fr/rss
67 http://fr.slideshare.net/serge.courrier/fin-de-google-reader-quelle-alternative-pour-les-professionnels

avec l'extension Sage par exemple), d'Opera, de Safari, d'Internet Explorer à partir de la version 7... Grâce aux capacités d'auto-détection de ces outils, on peut aisément ajouter de nouveaux flux RSS au cours de la navigation, à l'instar des favoris ou signets. En revanche, la consultation est limitée au poste de l'utilisateur et peut difficilement se faire à distance, et les fonctionnalités de filtre restent limitées. Des extensions pour Firefox ou Chrome, comme Sage ou Feedly, cités plus haut, peuvent enrichir ces fonctionnalités.

Agrégateurs (ou lecteurs) de flux RSS

Il existe un nombre encore important d'agrégateurs de flux RSS. Certains ne sont déjà plus maintenus, tous ne perdureront pas... Ils possèdent généralement les mêmes fonctionnalités de base, en particulier catégorisation et regroupement des flux dans des dossiers, paramétrage du nombre d'articles, renommage des intitulés et recherche d'une occurrence dans les flux. Les plus sérieux permettent l'importation d'une collection de flux au format OPML ; rappelons que les fichiers OPML rassemblent en une liste structurée différents flux en un seul fichier récapitulatif. Ils constituent ainsi un parfait support pour l'import et l'export des fils RSS, et donc leurs sauvegarde et échange.

Au-delà du choix technique de base entre service en ligne et logiciel présenté ci-dessus, il faut considérer le type de mode d'accès et d'ergonomie : d'un côté, une gestion « classique » des flux avec plusieurs fenêtres, dont l'une présente l'arborescence des dossiers ; de l'autre, la présentation type « tableau de bord » (*dashboard* en anglais) mise à la mode par Netvibes, mais où le flux RSS n'est qu'un des matériaux parmi beaucoup d'autres.

Feedreader et Symbaloo, deux approches très différentes

Les agrégateurs en ligne

Ils sont simples à utiliser et dotés d'interfaces souvent très intuitives ; en revanche, certaines fonctionnalités sont parfois un peu rudimentaires. Citons parmi les plus célèbres : Netvibes, Flipboard, Newsblur, The Old Reader etc.

Certains services sont dotés de fonctionnalités originales. La suite XFruits est composée de briques permettant de créer une alerte par courriel à partir d'un flux, ou encore de lire des sources d'actualités sur un mobile, ou de construire ses propres services à base de flux et de les partager.

Netvibes est l'un des agrégateurs en ligne les plus utilisés actuellement en France. L'interface souple et intuitive, fondée sur la technologie Ajax, permet de se familiariser très vite avec la technologie RSS. Le principe de base est celui de la page personnalisable, sur laquelle on peut rassembler une multitude de contenus divers : flux RSS, derniers courriels reçus, podcasts, images, favoris et « widgets » les plus divers. Le mot widget est la contraction des termes « window » (fenêtre) et « gadget » : il s'agit de petits composants web qui s'intègrent à une interface graphique – qu'il s'agisse d'une page web, du bureau de l'ordinateur ou d'un terminal mobile – et offrent en s'exécutant les usages les plus divers : gérer son temps, ses rendez-vous et ses contacts (horloge, agenda, emploi du temps, liste de tâches, etc.), obtenir des informations (météo, dictionnaire, carte, traducteur, moteur, flux RSS), fournir des raccourcis vers d'autres applications, et même fusionner des services.

Précisons que ces modules graphiques peuvent être produits par les internautes eux-mêmes, pour peu qu'ils aient quelques notions d'informatique, notamment avec la technologie ouverte Universal Widget API (UWA) de Netvibes[68]. Ecosystem[69], l'annuaire de widgets de Netvibes, présente les modules disponibles.

L'univers Netvibes de la Dila

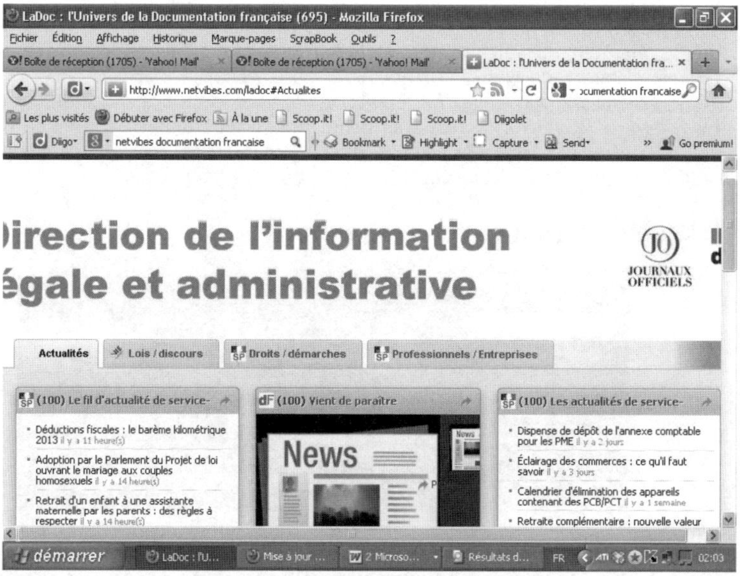

68 KALLENBORN, G., « Netvibes libère ses widgets », 01net, 09/06/2008, www.01net.com/editorial/382306/netvibes-libere-ses-widgets/?rss
69 http://fr.eco.netvibes.com/tools/extras

Netvibes : les cinq éléments incontournables pour bien débuter

Plus qu'un simple agrégateur RSS, Netvibes se présente comme un véritable « tableau de bord » personnel ou collaboratif, qui sert à collecter des flux, mais également à diffuser des messages, échanger des données, accéder à des applications, etc. Voici quelques indications pour bien prendre en main cette page personnalisable.

Pour intégrer un flux : cliquer en haut à gauche sur « Ajouter du contenu », puis « Ajouter un flux ». Il suffit ensuite de saisir l'url du site dont on souhaite collecter le flux ; l'autodétection s'effectue automatiquement. Mais attention, ce module d'autodétection ne fonctionne pas toujours correctement… On peut aussi partir du site dont on souhaite collecter le flux, copier l'adresse du flux et la coller dans le formulaire proposé par Netvibes.

Pour identifier des flux : Netvibes propose un annuaire de flux classés par thèmes dans l'onglet « Ajouter du contenu », puis « Explorer les catégories ». Les widgets proposés correspondent plutôt à des thématiques grand public (sport, voyages, actualité, etc.). Un moteur de recherche est également disponible sous le bandeau « Ajouter du contenu », la recherche s'effectuant dans l'intitulé du flux.

Les widgets essentiels : toujours à la rubrique « Ajouter du contenu », les widgets essentiels offrent des accès à des applications utiles à la vie quotidienne : connexion à un compte de messagerie Gmail, Yahoo! ou Hotmail, accès au profil personnalisé de l'utilisateur sur différentes plates-formes « stars » du web 2.0 (Facebook, Ebay, Delicious, Flickr, Digg, Twitter, etc.). Le widget « Code html » est très utile pour récupérer des lignes de code et intégrer dans une page Netvibes diverses applications, comme, par exemple, un moteur créé avec Google Custom Search. Quant aux widgets « Lien » ou « Page web », ils correspondent au principe des favoris sur un navigateur classique.

Pour classer les flux : il est utile, si l'on a intégré un nombre important de widgets divers et variés, de les répartir pour ne pas surcharger sa page. On peut créer plusieurs onglets thématiques et y classer les flux par un simple copier-coller : pour créer un nouvel onglet, il suffit de cliquer sur le signe + à droite de l'onglet « général ». Chaque onglet peut ensuite être partagé ou envoyé par mail, la disposition des colonnes peut être modifiée, etc.

Pour sauvegarder les paramètres de personnalisation : l'enregistrement est gratuit sur la plate-forme en cliquant à droite sur « Connexion ». On indique ensuite une adresse électronique, un identifiant et un mot de passe qui serviront pour les connexions ultérieures. Il est possible également de rendre accessible à tout internaute une page privée, en cliquant sur le lien « Créer une page publique ».
Netvibes propose en effet aux internautes de rendre publiques leurs pages personnalisées : chaque « univers Netvibes » dispose donc d'un url spécifique qui le rend facilement accessible ; ce système connaît un grand succès, tant auprès des particuliers que des institutions.

LES WIDGETS ESSENTIELS DANS NETVIBES

On constate plusieurs disparitions dans ce créneau pourtant prometteur des pages personnalisables : IGoogle disparaîtra fin 2013, PageFlakes n'existe plus depuis 2012… Reste l'intéressant challenger Symbaloo (lancé par le jeune Néerlandais Tim Has et disponible depuis 2007 avec une version localisée française) où les blocs de contenus ressemblent à des cartes à jouer… (voir copie d'écran plus haut). Un outil que certains destinent même aux « non-geeks », mais où les fonctionnalités RSS restent limitées.

Les logiciels monopostes

Ils sont souvent dotés de fonctionnalités plus avancées. Pour un usage intensif des flux RSS, et surtout pour suivre un grand nombre de flux et pouvoir rechercher dans les « archives » (temps de conservation des articles à paramétrer), les experts privilégient généralement des logiciels puissants comme FeedReader, RSS Bandit ou RSS Owl. Ces outils permettent notamment un filtrage des flux entrants par mots-clés.

Le logiciel Alertinfo, basé sur FeedReader, peut être téléchargé depuis le site du Geste. Il fonctionne sous Windows et propose une sélection des principaux flux RSS provenant de médias francophones. On peut ajouter d'autres flux, ou en retrancher. Les flux sont classés par dossiers prédéfinis, ce qui n'en facilite pas toujours la gestion...

Citons enfin Newzie, un agrégateur intéressant qui dispose notamment de fonctions de surveillance de pages web, mais qui n'a malheureusement pas évolué ces deux dernières années.

Le marché des lecteurs RSS a changé de physionomie depuis quelques années. On ne compte plus guère d'outils payants, mais on a pu noter au début des années 2010 une concentration sur le marché des outils dédiés, avec un développement des modules, par exemple les extensions Firefox. Certains experts pointent une moindre utilisation désormais de ces outils suite à l'explosion des réseaux sociaux, Facebook et Twitter en tête. L'usage massif des smartphones et tablettes, ainsi que le déploiement important des applications mobiles, a eu très certainement un impact négatif sur le marché des lecteurs RSS.

La fin de Google Reader

En mars 2013, Google créait la surprise en annonçant l'arrêt pour juillet de la même année de son lecteur de flux Reader. La communauté des nombreux utilisateurs de cette plate-forme s'est retrouvée brutalement démunie, et il semble difficile de retrouver dans d'autres lecteurs les fonctionnalités originales dont disposait Google Reader : tagging, recherche dans les contenus, traduction automatique, tri intelligent personnalisé, statistiques, etc. À l'heure où nous écrivons ces lignes (été 2013), il est difficile tant de prédire clairement l'évolution de cette plate-forme que de lui choisir un remplaçant. Google aurait l'intention de lancer un kiosque de journaux numériques sous le nom de Google Play news, dans un premier temps en version anglaise. Parmi les remplaçants possibles de Google Reader, on évoque souvent Feedly ou Digg qui prépareraient des solutions alternatives. Les agrégateurs Old Reader ou TinytinyRSS constituent également des pistes intéressantes. De nombreuses solutions alternatives sont présentées dans l'étude de Serge Courrier citée plus haut.

2.3 Trouver des flux RSS

Il existe plusieurs méthodes d'identification des flux RSS, mais là encore l'empirisme est souvent de mise en raison du caractère évolutif de technologies et formats. Notons que les moteurs de flux RSS sont en perte de vitesse et beaucoup d'entre eux ont disparu.

Identification en cours de navigation

Nous avons vu plus haut les capacités d'autodétection de flux à partir des versions récentes de nos navigateurs. Il est donc possible, en cours de navigation, d'identifier un fil et de s'y abonner. De même, la recherche systématique de la petite icône orange peut faciliter la découverte.

Utilisation des moteurs généralistes

Les grands moteurs généralistes offrent certes de filtrer les recherches par format mais, du fait des différentes terminaisons possibles de fichiers (RSS, XML, RDF, backend.php3, etc.), cette option reste un peu complexe à mettre en œuvre.

Certains moteurs comme Bing ou Exalead permettaient d'identifier, au terme d'une recherche, les pages contenant des flux mais, et c'est fort dommage, cet axe ne semble pas suivi pour le moment.

Listes thématiques/Fichiers OPML

Ces répertoires thématiques, qui peuvent d'ailleurs être regroupés dans un flux unique, sont fort intéressants mais malheureusement mal identifiés sur la Toile.

Exemples de listes thématiques de flux RSS :

- Actualité institutionnelle (Auracom) : http://actualite-institutionnelle.com
- Médecine : www.medworm.com ou www.medical-feeds.com
- Presse française (Alertinfo) : http://www.alertinfo.fr/configurateur//
- Automobile : http://automotive-links.mustangv8.com/RSS-directory

Dans le même ordre d'idée, les « univers Netvibes » (voir plus haut) peuvent également constituer des guides efficaces vers de nouveaux flux. Rappelons que Netvibes propose un outil de recherche pour ses widgets[70]; on choisit « Univers » dans la liste déroulante du critère de choix « type », et on peut tester alors quelques mots-clés (le moteur de recherche reste toutefois peu pratique).

Les fichiers OPML constituent également des points de départ potentiels. On peut importer des « OPML verticaux » regroupant

70 http://fr.eco.netvibes.com/widgets

différents flux comme on en trouve dans le domaine du droit[71] ou de l'éducation[72].

Utilisation d'outils RSS

Différents outils, surtout des annuaires, se sont développés, mais cette génération semble un peu dépassée. Conséquence logique du fait que, désormais, de nombreux les sites d'informations disposent de flux : il n'est plus nécessaire de les répertorier dans des annuaires avec classement par catégories. Faut-il y voir un signe d'un désintérêt pour les formats RSS qui n'ont pas réussi à rencontrer un large public ?

2.4 Création de flux RSS pour la veille

L'objet n'est pas ici d'aider les éditeurs de sites à réaliser des flux RSS[73], mais de mentionner trois possibilités intéressantes pour en générer, soit à partir de pages qui n'en disposent pas, soit à partir de plusieurs flux, soit à partir d'articles sélectionnés dans différents flux.

Création de flux à partir de pages qui n'en disposent pas

Pour une veille Internet professionnelle, il est préférable d'utiliser un agent de surveillance pour les pages qui ne disposent pas de flux RSS, afin de profiter de tous les filtres utiles. Néanmoins, les outils présentés ci-dessous peuvent simplifier la vie à de nombreux internautes : ils convertissent des pages web en flux RSS valides en extrayant des données particulières du document source (« html scrapping »).

- Le premier acteur de ce marché, Syndic8, a été l'annuaire leader de fils RSS : il propose toujours, à côté des flux classiques, plusieurs milliers de « scraped feeds », créés à partir de pages web sur proposition des internautes. On pourra donc, avant toute chose, aller consulter cet annuaire « parallèle ».
- Feed43 est une référence : il permet de créer un nombre illimité de flux gratuits (export possible au format OPML), mais au prix d'une connaissance minimale du langage html et de manipulations malgré tout complexes.
- Dans la gamme payante, le français RSS Mecano se situe dans le haut de gamme : ce service identifie automatiquement des actualités dans une page web et offre une méthode manuelle pour les pages récalcitrantes
- D'autres outils, comme Page2rss, Feedity ou encore Feedyes, jouent sur leur simplicité d'usage, mais ils sont souvent trop élémentaires pour une utilisation efficace. On peut déplorer la disparition de Ponyfish, qui offrait des possibilités plus étendues.

71 http://nouvelles.droit.org/categs/show/14.opml
72 http://ddata.over-blog.com/xxxyyy/0/00/81/54/flux-education.opml
73 Voir COURRIER, S., *Produire des fils RSS et Atom*, ADBS Éditions, 2009.

Autre référence : Yahoo Pipes, service proposé gratuitement par Yahoo! et détaillé ci-dessous, doté de nombreuses fonctionnalités au sein d'un véritable environnement graphique de développement de scripts. Cette application très puissante nécessite parfois des connaissances techniques poussées en développement, mais est sans doute la plus aboutie pour la création, le filtrage et le mixage de flux. Pour y accéder, il suffit de disposer d'un compte sur la plate-forme Yahoo!.

Générer un flux à partir de plusieurs flux

Différents outils permettent ce type de compilation. RSS Mix, comme son nom l'indique, mixe plusieurs fils en un seul. Il suffit de copier/coller la liste des fils que l'on souhaite regrouper. Feedkiller rend le même service, en laissant en plus l'usager spécifier combien de notes il souhaite pour chaque flux rentré, quand Crossfeeds permet, par exemple, d'ajouter au mix un filtre mots-clés. Feedrinse permet également de créer des filtres personnalisés.

Mais la solution en ligne actuellement la plus puissante pour personnaliser son utilisation des flux RSS est la plate-forme Yahoo Pipes citée plus haut. Il s'agit d'un véritable environnement de développement qui à travers une interface très originale en javascript permet de créer des « mashups » ou mixages de flux très sophistiqués. On peut ainsi, au prix d'un peu de technique, réunir, filtrer, trier, combiner plusieurs flux pour créer un « pipe » ou « tube » pour des applications de veille personnalisée dans des environnements complexes.

La figure ci-dessous est extraite de l'ouvrage de Serge Courrier, *Produire des fils RSS et Atom*, ADBS Éditions, 2009 et résume les fonctionnalités de base de Yahoo Pipes.

Exemple d'utilisation de Yahoo! Pipes pour mixer différents flux et appliquer un filtre mot-clé*

Ce service joue le rôle de lecteur RSS et permet de mixer différents flux en un seul, d'appliquer des filtres très variés aux flux (notamment mots-clés), de traduire automatiquement des contenus, mais aussi de créer des « mashups » beaucoup plus complexes (géocoder des informations sur des cartes interactives, surveiller des offres dans une certaine gamme de prix, etc.).

Sur « le terrain de jeu » vierge où l'on va construire ses « pipes », on peut intégrer, en sélectionnant « Fetch Feed » sous le menu « Sources », un flux dans le module qui apparaît (en cliquant sur le « + » à gauche d'« url », on peut intégrer autant de flux que l'on souhaite) : le contenu s'affiche en bas de la page dans le « debugger ».

Pour exporter les flux ainsi intégrés en un seul et pour visualiser le nouveau contenu, il suffit de relier le module « Fetch Feed », où l'on a intégré ses flux, au module « Pipe Output ». Pour cela, on clique sur le rond bleu en bas du module « Fetch Feed » et, en restant cliqué, on rejoint avec la souris le point bleu du module « Pipe Output ». Pour éditer ce nouveau flux, on clique sur « Save » en haut à droite et on donne alors un nom à son « pipe ». Une fois sauvegardé, pour le visualiser, on clique sur « Run pipe », en haut de la page. On peut ensuite l'exporter, s'y abonner par mail, etc.

VISUALISER SON NOUVEAU FLUX CRÉÉ SUR YAHOO PIPES

Pour appliquer un filtre mot-clé, il faut intercaler un module filtre entre « Pipe Output » et « Fetch Feed » (dans le menu de gauche, sous la catégorie OPERATORS, on choisit « filter » et on sélectionne les bonnes options).

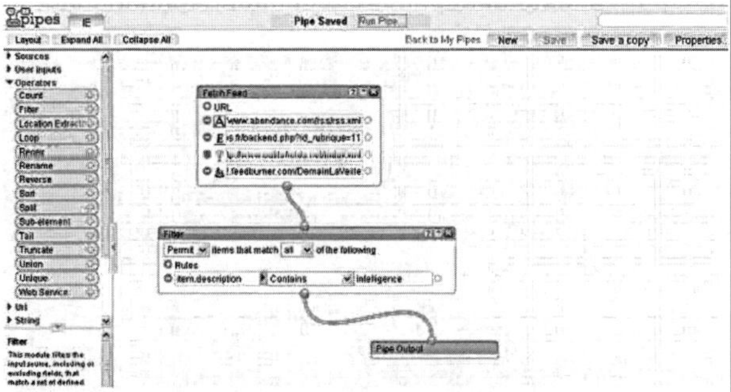

* Pour aller plus loin sur Yahoo! Pipes, on peut consulter notamment le tutoriel en français du CRVS (Centre régional de veille stratégique - CCI Colmar) : www.crvs.fr/tikiwiki/tiki-index.php?page=YahooPipes#Lecteur_de_flux_RSS

2.5 Une sélection réfléchie des « meilleurs » flux

Pour éviter le risque de se laisser inonder par ces flux continus d'informations, qui ont tendance à accroître l'« infobésité », il faut procéder à des sélections réfléchies. À l'instar des favoris, les flux RSS doivent être classés par thèmes, triés, filtrés, etc. Voici quelques pistes pour éviter la confusion quantité/qualité.

- Ne pas s'abonner à trop de flux aux contenus similaires : tout nouvel ajout doit être longuement pesé, avec des critères d'évaluation similaires à ceux utilisés pour les sites web. Un corollaire à cette règle de survie consiste à faire périodiquement le ménage, c'est-à-dire à supprimer des flux aux contenus redondants.
- Détecter rapidement ses sources préférées : au fil du temps, les flux les plus intéressants se repèrent.
- Partir des sources « connues » et les classer dans des dossiers thématiques. Découvrir d'autres sources avec les méthodes de sourcing indiquées au chapitre précédent (recherche par similarité, bookmarking social...)
- Le moteur RSS Micro développe l'algorithme FeedRank basé sur le trafic, mais aussi sur la richesse et la qualité du contenu des flux (dont une mesure de l'unicité de l'information émise !). L'éditeur affirme avoir détecté de nombreux flux publicitaires grâce à son algorithme.
- Créer un dossier spécifique pour la « mise à l'essai » de nouveaux flux.
- Filtrer les flux par mots-clés : certains agrégateurs permettent de poser ce type de filtre, tels RSS Bandit. Le service Yahoo Pipes, présenté plus haut, offre également cette possibilité.

Notons également la simplicité d'utilisation du service en ligne Feedrinse, qui crée des filtres mots-clés sur tout type de flux.

Il est également possible d'obtenir une représentation cartographie du contenu de flux RSS, par exemple avec le service Just Map It ! de cartographie dynamique d'informations. Les items (billets de blog, publications d'un site...) d'un ou plusieurs flux sont positionnés selon les catégories qu'ils partagent. Ce principe de cartographie permet de faire émerger des éléments, et de favoriser la découverte et la « sérendipité ».

2.6 Les limites du format RSS

Malgré ses possibilités impressionnantes, le format RSS reste toutefois insuffisant pour automatiser sa collecte ciblée de nouvelles informations issues du web : d'une part, il ne permet de surveiller que ce qui a été prévu en amont par l'auteur du flux d'information diffusé, c'est-à-dire ce qui est « autorisé » par celui-ci ; et, d'autre part, tous les sites ne disposent pas – loin s'en faut – de flux.

Certes, sur un site comme celui du quotidien économique *Les Échos* qui propose quelque 70 flux classés par secteur d'activité ou par grandes rubriques, chacun trouvera le(s) fil(s) d'information adapté(s) à ses attentes. Nous avons vu également qu'il existait des outils capables de générer des fils RSS à partir d'une page web. Mais ils sont souvent soit complexes à mettre en œuvre, soit très limités, soit coûteux.

Dans de nombreux autres cas, par exemple une veille concurrentielle portant sur des sites de PME, il faudra recourir à un mode complémentaire de surveillance, et donc utiliser des agents dédiés.

Attention également au fait qu'un grand nombre d'agrégateurs de flux (et surtout les services en ligne) ne permettent pas l'archivage des flux : un outil comme Netvibes est capable d'effectuer une veille « au fil de l'eau », mais pas de conserver les contenus des flux remontant à plusieurs jours ou semaines. Si l'on souhaite archiver les flux, il vaut mieux choisir un logiciel puissant comme TinytinyRSS qu'un service en ligne comme Netvibes.

2.7 L'avenir du RSS

L'arrêt brutal de Google Reader est interprété par certains experts et commentateurs comme un signe fort du déclin des RSS. Mais peut-on parler de déclin pour un format qui n'a jamais vraiment rencontré un large succès public ? Les flux RSS ou Atom sont essentiellement utilisés par un public de professionnels de la recherche, de la veille ou de l'information. La petite icône orange qui indique la présence de flux est désormais de plus en plus accompagnée, voir supplantée par les logos de Twitter et Facebook qui offre de façon moins « technique » la possibilité de suivre l'actualité d'un site. Le boom énorme du web temps réel et mobile aura-t-il raison des formats RSS ? Et pourtant, comment imaginer mettre en place une veille sans RSS ? Espérons que soient maintenus encore longtemps ces formats si utiles pour les veilleurs !

3. LES AGENTS DE SURVEILLANCE

Avant la « génération RSS », les agents de surveillance, appelés également agents d'alerte, étaient presque les seuls à pouvoir répondre efficacement au souhait des internautes d'être tenus « automatiquement » (ou tout au moins d'un simple clic) au courant des nouveautés sur leurs sites web préférés. Certes, les listes de diffusion ou newsletters existaient également et d'ailleurs perdurent, mais elles restaient rares et insuffisantes. Ces outils de surveillance sont apparus sur le marché dès la fin des années 1980, dans la foulée des « aspirateurs de sites » : eCatch, l'ancêtre de Wysigot, existait déjà il y a plus de dix ans, avec un niveau de performance finalement peu éloigné des possibilités actuelles. Leur mode opératoire est simple (voir ci-dessous), et seule la complexification du web (pages de plus en plus dynamiques, nouveaux formats, multiplicité des formulaires, etc.) rend leur évolution nécessaire et difficile.

L'effort de R&D est donc indispensable sur ces outils largement matures, et on se méfiera avec raison des produits et services n'ayant pas ou fort peu évolué depuis des années.

En automatisant les surveillances, ces outils rendent un service incomparable aux internautes qui, auparavant, devaient visiter fréquemment les mêmes sites pour y repérer les nouveautés, tâche très chronophage et à faible valeur ajoutée, surtout lorsque rien n'a changé !

Notons que les logiciels ou services web dédiés à la surveillance de pages et de sites web permettent également :

- souvent d'interpréter des fichiers au format RSS ; ce sont parfois de très bons lecteurs ;
- d'automatiser les procédures pour la surveillance de requêtes sur des moteurs ou bases de données, et donc de surveiller – plus ou moins bien – le web invisible (voir plus loin le monitoring mots-clés).

3.1 Principes et utilisation

Les agents de surveillance permettent de surveiller des pages, des sites ou parties de sites web et d'être alerté, soit par courriel, soit sur un terminal mobile, soit par un signal visuel sur le bureau ou dans le logiciel lorsqu'un changement est intervenu. Bien entendu, tout un ensemble d'options, de filtres et autres fonctionnalités va être proposé selon les outils.

Ces agents, logiciels ou services web, fonctionnent de manière somme toute assez artisanale : ils capturent une page web (et éventuellement ses sous-pages) à un moment t, puis vont se reconnecter à cette même page à un moment t+1 (selon une périodicité définie à l'avance, ou selon l'action de l'utilisateur) en indiquant les modifications. Les deux « photographies » des pages sont donc comparées pour mettre en évidence (surlignage) les changements. Les ajouts et modifications sont généralement surlignés en couleur, et les éléments supprimés apparaissent soit barrés, soit à part. Certains outils peuvent conserver différentes versions d'une même page, créant ainsi une base d'archives des modifications ; d'autres se limitent à deux versions (l'ancienne et l'actuelle).

Check and Get : gestionnaire de bookmarks et agent de surveillance

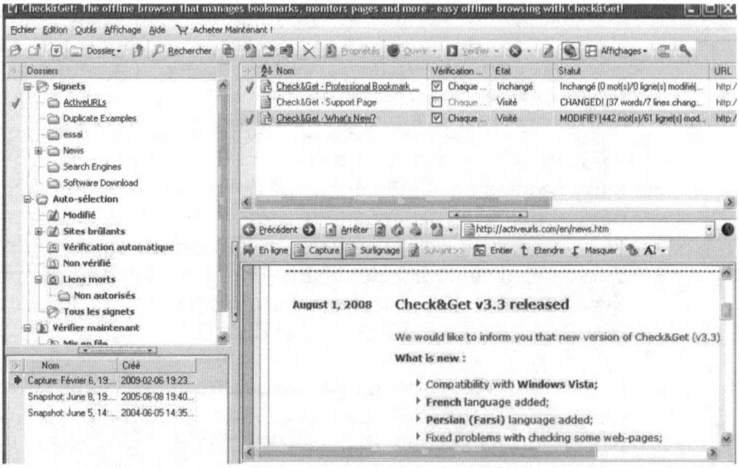

On trouvera selon les outils les principales fonctions suivantes.

- Création de dossiers/Notes sur le dossier
- Surveillance pages/Surveillance pages et pages liées/ Surveillance sites
- Notes sur les pages
- Indexation de différents formats en plus du html
- Surveillance de sites protégés (mot de passe)
- Traitement de formulaires de recherche : Get, Post
- Mode de filtrage : mots-clés, images, liens, autres filtrages
- Alertes mail/Autres alertes/Alertes sur le web
- Indication des changements/surlignage des changements
- Conservation des anciennes versions
- Délais de notification (fixes, paramétrables, optimisés automatiquement)
- Statistiques, ratios divers
- Création automatique de rapports

Mais, quel que soit le degré de sophistication de l'outil, il est nécessaire de faire preuve de méthode pour obtenir de bons résultats. Pour accompagner une automatisation de la veille sur Internet, il est donc conseillé d'adopter en premier lieu la démarche générale vue au début de ce chapitre, et surtout d'effectuer une sélection rigoureuse des sources pertinentes à surveiller.

Une fois ce cadre général posé, l'utilisateur d'un agent d'alerte parcourt différentes étapes.

1. Organiser sa surveillance en concevant une arborescence des dossiers de veille : par thème, par type de sites, par types d'émetteurs, par filtre, etc.
2. Se connecter individuellement à chaque source sélectionnée : site par site, page par page
3. Se rendre sur les pages intéressantes et susceptibles de modifications (page d'actualités, de communiqué de presse, etc.)
4. Effectuer tous les paramétrages nécessaires
5. Prendre connaissance et analyser « régulièrement » (délais à préciser) les informations obtenues
6. Diffuser le cas échéant ou intégrer à un processus de veille plus complet

3.2 Les logiciels à installer

Pour une veille professionnelle, ils offrent un niveau de sécurité supérieur à leurs confrères en ligne étudiés ci-après. Ils permettent une réactualisation manuelle et donc une vision d'ensemble à un moment t d'un dossier particulier, ce qui n'est pas toujours possible avec les services web, qui travaillent beaucoup par alerte mail. D'autre part, plusieurs disposent d'un navigateur intégré, ce qui est très pratique. Enfin, les meilleurs (comme WebSite Watcher, Check and Get ou même Wysigot) peuvent surveiller des pages dynamiques et/ou des pages protégées par mot de passe, ce qui les distingue nettement des autres.

Les différences vont se faire sur la fréquence des mises à jour, la finesse des fonctionnalités proposées, l'ergonomie du logiciel, et sur la « communauté de pratique » rassemblée autour de l'outil pour résoudre les problèmes d'utilisation.

Bien entendu, il existe des logiciels très performants pour la surveillance du web dans des gammes de prix supérieures à celles mentionnées ci-dessous, par exemple le français KB Crawl qui reste incomparable, notamment pour surveiller des sites dans leur ensemble et gérer des paramétrages complexes.

Les agents de surveillance les plus connus à moins de 100 euros (en version monoposte)

Webmon http://www.cmcode.co.uk/webmon/	Gratuit	Petit utilitaire sympathique mais limité
Update scanner updatescanner.mozdev.org	Gratuit	Extension Firefox Bonne ergonomie mais fonctionnalités limitées
Vigilus http://www.pragtec.com/vigilus_smart.html	Vigilus Smart : gratuit Vigilus 3.0 : payant	Service gratuit, sommaire mais efficace. Filtre mots-clés uniquement dans version payante. Pas de mise à jour récente
Wysigot www.wysigot.com/	Version light : gratuite Version Plus : environ 30 €	Un logiciel qui a fait ses preuves et évolue. Filtre mots-clés uniquement dans version payante
Copernic Tracker www.copernic.com/fr/products/tracker/	Payant : environ 30 €	Bonne ergonomie. Service « honnête », mais pas de mise à jour depuis 2004
Check and Get http://activeurls.com/	Payant de 40 à 70 $ selon les versions	Bonnes prestations générales. À noter une version française récente
WebSite Watcher http://aignes.com	Payant : de 29 à 99 € HT selon les versions. Mises à jour payantes	Excellent rapport qualité-prix. Ergonomie parfois moyenne

WebSite Watcher : un logiciel à part

Cet outil occupe une place très particulière sur le marché des logiciels de surveillance du web. Développé depuis de nombreuses années par l'Autrichien Martin Aignesberger, il rassemble autour de lui une large communauté d'utilisateurs dans de nombreux pays. En effet, il présente plusieurs caractéristiques originales.

– Proposé longtemps non par une société, mais par un individu passionné : en début d'année 2008 toutefois, la société Aignesberger Software GmbH a vu le jour, ce qui annonçait une évolution plus commerciale.

– Des mises à jour constantes du produit, plusieurs fois par an : chaque nouvelle version est ainsi l'aboutissement d'un long travail de développement. Notons d'ailleurs que les mises à jour seront désormais payantes (50 % du prix de la licence complète pour un an).

– Un prix plus qu'intéressant compte tenu des fonctionnalités proposées : Basic Edition à 29,95 €, Personal Edition à 49,95 €, Business Edition à 99 € (version à conseiller pour un usage professionnel).

– Un côté « boîte à outils » qui permet, au prix de quelques manipulations, d'optimiser ou personnaliser certaines fonctions (mais parallèlement une ergonomie parfois moyenne).

Parmi les fonctionnalités les plus intéressantes, on peut citer :

- *la surveillance de contenus variés : pages web statiques ou dynamiques, pages de résultats de requêtes, flux, forums, documents au format PDF ou Word…*
- *la création de filtres selon des mots-clés définis par l'utilisateur. Cette fonctionnalité permet de personnaliser davantage les veilles ;*
- *le paramétrage de périodicité de surveillance pour chaque page*
- *la surveillance d'une partie seulement d'une page web, grâce à des filtres spécialisés*
- *la surveillance de l'ensemble d'un site, ou d'un répertoire à l'intérieur d'un site*
- *la possibilité d'archiver les pages surveillées avec le logiciel Local Website Archive, qui peut être téléchargé ou acquis en complément*
- *la création de macros pour surveiller des pages protégées par mot de passe (dans la mesure où l'internaute y a accès)*

Website Watcher : un bon rapport qualité-prix

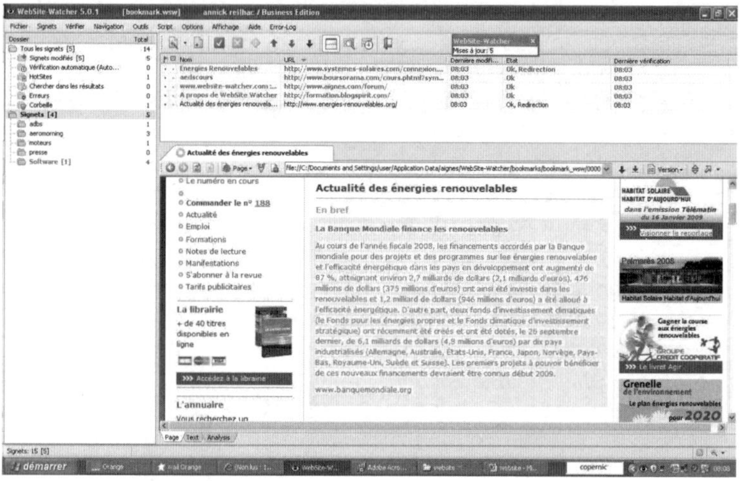

3.3 Les services en ligne

Il existe de nombreux services en ligne, parfois présents depuis plusieurs années sur le web, qui permettent l'automatisation de la surveillance sur des pages web. Ces types d'agents proposent, en général, soit de télécharger une barre d'outils, soit d'utiliser un système de bookmarklet (un lien qui déclenche une action). Cependant, ce dernier système implique de ne pas avoir de blocage de « pop-ups », ce qui peut être ennuyeux. Notons que les outils ci-après sont en anglais.

Certains sont gratuits, au moins dans leur version de base, et disposent alors de fonctionnalités très limitées : on vérifiera notamment la possibilité de créer des dossiers, d'avoir des filtres (au moins par mots-clés), de gérer des sites accessibles par mots de passe, etc. Le problème de ces utilitaires reste souvent leur absence de mise à jour depuis plusieurs années. Certains sont disponibles sur abonnement et présentent alors des niveaux corrects de prestation.

Bien entendu, il existe des services en ligne plus onéreux, ainsi que des modules intégrés aux plates-formes de veille classiques.

Quelques exemples de services de surveillance de pages web

Changedetection www.changedetection.com	Gratuit	Basique
Watchthatpage www.watchthatpage.com	Gratuit pour une utilisation simple	Simple, efficace mais reste limité
Changedetect www.changedetect.com	Gratuit	Fonctionnalités intéressantes pour un outil gratuit

Trackengine www.trackengine.com	20 à 60 $ par an	Très nombreuses fonctionnalités
Tracerlock www.tracerlock.com	4 $ par mois	Sur une base d'url de Tracerlock + 20 url personnalisés
Infominder www.infominder.com	Payant : différents abonnements	Un service professionnel avec des fonctionnalités avancées
Femtoo	Gratuit + version premium à partir de 1,20 $ par mois	Service gratuit limité mais simple à utiliser

3.4 Agrégateurs RSS et agents de surveillance : concurrents ou complémentaires ?

Les flux RSS constituent un moyen plus « élégant » de surveiller le web par rapport à la technique de comparaison utilisée par les agents de surveillance. En effet, les métadonnées que ces flux intègrent leur assurent la meilleure diffusion possible : ce qui évite le surlignage artisanal de mots nouveaux. Le problème de datation automatique d'une page surveillée est également résolu puisque la date de publication fait partie de ces métadonnées intégrées au flux par défaut. Pourtant nous avons vu qu'ils ne suffisaient pas à répondre à tous les besoins de veille sur le web. Quant aux agents d'alerte, même s'ils incluent pour la plupart des fonctions de lecteur RSS, ils n'ont pas la même puissance de filtrage et de mixage que les « monotâches ».

Comme l'indique Christophe Deschamps[74], « il faut donc se résoudre à utiliser en parallèle les deux solutions : les agrégateurs de flux RSS que l'on réservera au traitement et au filtrage de gros volumes de données de type news et billets de blogs ; et les agents de surveillance qui permettront de se focaliser sur tel ou tel site web de concurrents, fournisseurs, etc. ».

On peut aussi choisir d'utiliser l'un ou l'autre type d'outil, non en fonction de la tâche spécifique à effectuer, mais selon la veille à assurer. Pour une veille thématique assez lourde, on préférera disposer de l'ensemble des résultats dans une seule base de données, plutôt que de consulter plusieurs outils. En revanche, pour des veilles métier ou personnelles, il apparaîtra plus simple d'utiliser un lecteur RSS.

74 DESCHAMPS, Chr., « Comment bien utiliser agrégateurs de flux RSS et agents de surveillance », dossier Pleins feux sur la veille, *Documentaliste-Sciences de l'information*, 2008, vol. 45, n° 4, nov. 2008.

4. LES SERVICES DE MONITORING MOTS-CLÉS

Les services de monitoring mots-clés permettent d'automatiser une requête sur le web, c'est-à-dire de recevoir automatiquement et à intervalles réguliers, soit par courriel, soit sur une page web dédiée, soit sur son lecteur RSS, les nouveaux résultats d'une recherche sur un moteur, un métamoteur ou une base de données.

Quel que soit le mode de monitoring, le secret de la réussite dans ce domaine passe à nouveau par une utilisation judicieuse des mots-clés : il convient d'utiliser soit un terme précis, soit une expression, ou encore une combinaison de termes autour d'opérateurs booléens. Surtout, il faut éviter d'effectuer le monitoring sur des termes trop vagues, qui ont pour effet d'inonder l'utilisateur d'alertes trop fréquentes et souvent redondantes.

Les outils *ad hoc* permettent de réaliser une veille sur de nouveaux documents et/ou de nouvelles sources et apparaissent donc fort intéressants. Le sens du terme « nouveau » doit néanmoins être pris avec précaution lorsqu'on utilise les moteurs du web : dans la majorité des cas, il ne renvoie pas à la date de création de la page, mais à celle du repérage de celle-ci par le robot crawler du moteur (il peut y avoir un décalage plus ou moins important entre ces deux dates).

Pour cette mission de surveillance particulière, différents types d'outils sont utilisables : on peut recourir soit à des métamoteurs, soit à des services d'alertes, soit à des agents de surveillance.

4.1 Les métamoteurs « clients » : très peu d'acteurs

Nous avons parlé de l'évolution des métamoteurs du web au chapitre 2. En ce qui concerne leurs confrères du « off-line », on constate depuis plusieurs années un désengagement des éditeurs sur le créneau. Au début des années 2000, ils étaient nombreux à nous proposer leurs services performants à des coûts très abordables. Copernic, qui reste quant à lui disponible sur le web. On notera toutefois qu'aucune mise à jour n'a été effectuée sur ce produit depuis 2001 ! La version Basic reste téléchargeable gratuitement et donne déjà une bonne idée du produit. Une version Desktop, destinée à des recherches locales sur disque dur est également téléchargeable gratuitement.

Le logiciel WebSeeker, un acteur également historique, propose aujourd'hui sa version 6 à 30 $. Cette version permet notamment de sauvegarder les recherches et des pages de résultats, d'indexer le contenu des pages et d'opérer des recherches avancées sur le corpus choisi. Parmi les nouveaux venus, relativement simples, citons First Stop.

4.2 Recherche automatisée sur Google

Google Alertes : ce service gratuit est disponible selon deux modes : soit en créant des alertes à l'aide d'un simple formulaire (pas d'inscription préalable, réception par mail), soit en se connectant pour gérer l'ensemble de ses alertes *via* une page dédiée. Cette solution, en offrant un vrai tableau de bord, est plus confortable et permet de recevoir les nouveautés soit par mail, soit par un flux aux formats RSS ou Atom. La fréquence des alertes peut être quotidienne, hebdomadaire ou selon l'actualité. La syntaxe de recherche avancée de Google (opérateurs booléens, limitations de recherche vues au chapitre 3) peut être utilisée pour paramétrer l'alerte le plus finement possible.

L'alerte peut être limitée à certains contenus : blogs, actualités, forums, livres... ou sur l'ensemble de tout cela, incluant bien entendu les modifications survenues sur des pages web. Là encore, le secret de la réussite passe par un choix de mots-clés précis et éventuellement de limitations de recherche.

Un exemple d'alerte Google :

« gaz de schiste » site : .gouv.fr permettra de mener une veille systématique sur l'apparition de l'expression « gaz de schiste » dans les pages du domaine gouvernemental français.

GigaAlert : connu auparavant sous le nom de Google Alert (au singulier), ce service, indépendant de Google, offre, pour des besoins plus complets, une alternative aux alertes de Google ; le module gratuit est moins intéressant. L'abonnement mensuel varie de 5 $ à 40 $ en fonction du nombre de recherches, du nombre de résultats par recherche, et du nombre total maximum de résultats. À noter que ce service utilise désormais les résultats du moteur... Yahoo !

Favebot : sous le slogan « ne cherchez plus, découvrez », Favebot propose un service de surveillance de mots-clés assez similaire à Google Alertes.

De nombreux services d'alertes mots-clés se sont développés autour du marché de surveillance de l'e-réputation et scrutent essentiellement les réseaux sociaux. On peut citer Topsy, TalkWalker, Alerti, ainsi que de nombreux services créés à partir de Twitter. Le blog Outils Froids présentait en avril 2013 un tableau comparatif de 20 services gratuits d'alertes e-mail par mots-clés[75].

4.3 Alerte mots-clés via Google Actualités

Outre Google Alertes, on peut mettre en place une veille sur l'actualité française ou étrangère à partir de Google Actualités. Il suffit pour cela d'effectuer une recherche mots-clés (la recherche booléenne est autorisée) à partir de la version française ou d'une version locale. Ensuite, il suffit de cliquer sur le lien « RSS » en bas à gauche de la page de résultats pour générer un flux personnalisé selon les mots-clés saisis. On peut ensuite intégrer ce nouveau flux dans un agrégateur comme Netvibes en copiant-collant l'adresse du flux.

75 http://www.outilsfroids.net/news/tableau-comparatif-de-20-services-gratuits-d-alertes-email-par-mots-cles

4.4 Recherche automatisée sur Bing et Yahoo!

Bing permet de créer un fil RSS à partir de n'importe quelle requête effectuée sur son moteur : il suffit de procéder normalement à la recherche, d'ajouter &format=rss à l'url de la page de résultats, et enfin de copier cette nouvelle URL dans un lecteur RSS. Encore plus simple : utiliser la fonction d'auto-détection de flux de son navigateur.

Yahoo!, comme Bing, permet de transformer n'importe quelle requête en flux RSS. On utilisera la fonction d'auto-détection de son navigateur. Par ailleurs, Yahoo! offre la possibilité de créer des fils RSS à partir d'une requête sur ses propres news.

4.5 Les agents de surveillance : de bons auxiliaires

Les agents de surveillance vus plus haut permettent eux aussi d'automatiser les procédures pour la surveillance de requêtes sur des moteurs ou bases de données. Pour autant, il vaut mieux privilégier – lorsqu'elles existent – les solutions de création d'un flux associé à une recherche mots-clés proposées par les moteurs.

Pour les bases de données, en revanche, les meilleurs agents d'alerte, capables de gérer tous types de formulaire html, sont d'une aide considérable et permettront seuls la mise en œuvre d'une surveillance du web invisible.

KB Crawl version 4, surveillance d'une requête sur la base de données brevets esp@cenet

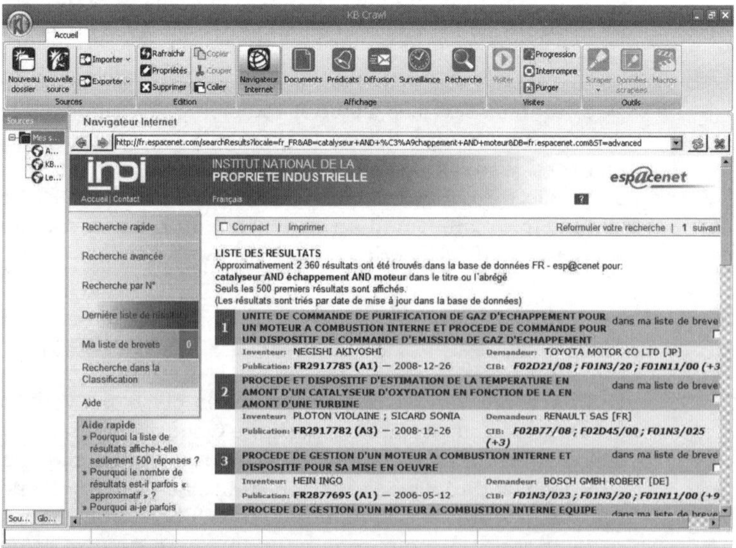

4.6 Recherche automatisée sur les « médias sociaux » : moteurs de blogs, de fils RSS ou de tags, agrégateurs de news

Depuis quelques années, une flopée de nouveaux outils sont apparus pour « couvrir » à la fois des recherches sur les blogs, Facebook ou Twitter, voire d'autres services d'actualités, d'images ou de vidéos. Certains de ces moteurs offrent des possibilités de représentation cartographique des résultats ou de création d'un flux RSS associé à une requête. On parle de manière globale de « social media search tools » (outils de recherche sur les médias sociaux).

Citons par exemple la fonction « Meltwater Buzz » du moteur IceRocket, qui permet de chercher non seulement sur les blogs (son cœur de métier), mais aussi sur Twitter et Facebook.

- Social Mention offre des options d'analyse automatisée du sentiment exprimé (l'analyse sémantique se révèle souvent très rudimentaire...).
- Wasalive permet une recherche multilingue, et présente les principaux mots-clés sous forme de nuage de tags, ainsi que des graphiques de données statistiques sur les résultats.
- Infomous génère des cartographies de mots-clés sous une forme très originale : choisir pour cela l'onglet « social » et saisir un mot-clé ou un hashtag.
- Topsy regroupe des résultats venant de plusieurs réseaux (Twitter, Google Plus…) ainsi que des médias classiques.
- Whostalkin agrège également des résultats provenant de sources variées : blogs, news, réseaux sociaux, vidéos, forums...
- Alerti propose sur une solution modulable, allant du gratuit (limitée à deux alertes) à la solution « Premium » et « Entreprise ». Cette dernière formule offre des statistiques avancées de pages de Fans Facebook d'une entreprise et de ses concurrents.
- Samepoint propose également l'analyse automatisée du sentiment ainsi que l'extraction des fichiers multimédias compris dans les tweets.
- Addic-o-matic effectue des recherches via plusieurs sites d'actualités. La présentation sous forme de widget est agréable, mais on ne peut pas créer de flux.

Sans oublier l'application « Mention » (à ne pas confondre avec Social Mention), service de veille média puissant qui inclue à la fois le web « classique », les blogs et les médias sociaux, ainsi que les forums et images. Il en existe une version gratuite, limitée à un certain nombre de « mentions » par mois.

La nouvelle API de Twitter, apparue en mai 2013, ne permet plus de générer des flux RSS à partir d'un mot-clé. On peut néanmoins être alerté par mail de l'annonce de nouveaux « tweets » : l'outil Tweetbeep alerte de cette manière dès qu'un des mots-clés sous surveillance apparaît sur Twitter (paramétrage possible toutes les heures).

D'autres moteurs facilitent le suivi des requêtes, comme celui de Delicious qui permet de créer un flux à partir d'une requête par tags : on peut alors suivre l'apparition de nouveaux sites correspondant à un tag donné, ou à un nom d'utilisateur.

Veille sur Facebook...

Il existe une astuce pour créer un flux RSS à partir d'un compte Facebook. Il s'agit dans un premier temps de récupérer l'identifiant (ID) de la page Facebook : ce numéro, qui contient une suite de 16 chiffres, apparaît dans la balise ID présente sur la page https://graph.facebook.com/NOMDELAPAGE. Il suffit ensuite de coller ce numéro après le signe = dans le lien suivant :

http://www.facebook.com/feeds/page.php?format=rss20&id=

Par ailleurs, Facebook propose depuis juillet 2013 à certains administrateurs de suivre l'évolution des mentions « J'aime » sur 5 Pages Facebook concurrentes grâce à la nouvelle option « Pages to watch »

4.7 Des plates-formes « nouvelle génération »

Une nouvelle génération de plates-formes de veille vient compléter les « grands classiques » que sont Digimind ou AMI Software. Des services en ligne comme Sindup ou Asknread proposent de créer de façon simple et conviviale des dossiers de veille thématique sur l'actualité. L'utilisateur peut dans certains cas intégrer ses propres sources ou de supprimer des sources non pertinentes. Ces services en ligne sont généralement facturés en fonction du nombre de dossiers suivis, et du nombre d'utilisateurs. Les produits livrables se présentent au choix sous forme de newsletters, tableaux de bord, ou rapports personnalisés.

Nouveau venu en cette année 2013, Tadaweb[76] est une plate-forme open source de veille automatisée.

Christophe Deschamps la définit comme « *une sorte de Yahoo Pipes aux fonctionnalités simplifiées et focalisé sur la surveillance du web* ». On peut mettre en place une surveillance des médias sociaux (Facebook, Twitter) comme un monitoring plus poussé sur différents espaces du web. La plate-forme est à télécharger et fonctionne en environnement Windows ou Mac. Un service web permet de publier et partager les « Tadas », c'est-à-dire des modules privés ou publics qui contiennent divers éléments : flux RSS, requêtes automatisées sur les moteurs ou les médias sociaux....On peut comme avec Yahoo Pipes (mais plus simplement), agréger, filtrer et organiser les contenus des « Tadas » pour obtenir une veille réellement personnalisée.

76 http://www.outilsfroids.net/news/tadaweb-un-outil-de-veille-innovant-et-aux-fonctionnalites-impressionnantes

5. VEILLE ET CURATION DE CONTENUS

Nous avons vu au chapitre précédent le principe de la curation de contenus et son intérêt dans le domaine du « sourcing ».

Veille et curation de contenus sont des pratiques voisines ; selon Camille Alloing, spécialiste de l'e-réputation, « veille et curation semblent s'accorder quant à leurs finalités et mode de fonctionnement : collecter, sélectionner, trier, archiver et diffuser l'information ». Cependant, veille et curation présentent également des différences notables en termes de motivation, d'objectifs dans l'activité, d'usages. Toujours selon Camille Alloing « en somme, ce qui différencie la veille et la curation sont les usages qui en découlent : structurés et motivés par des stratégies organisationnelles pour la veille, au gré des besoins et induits par les technologies utilisées pour la curation ». La curation devient ainsi un outil et un usage pour les veilleurs, au même titre que la pratique du bookmarking social, de la surveillance ou de l'analyse automatisée.

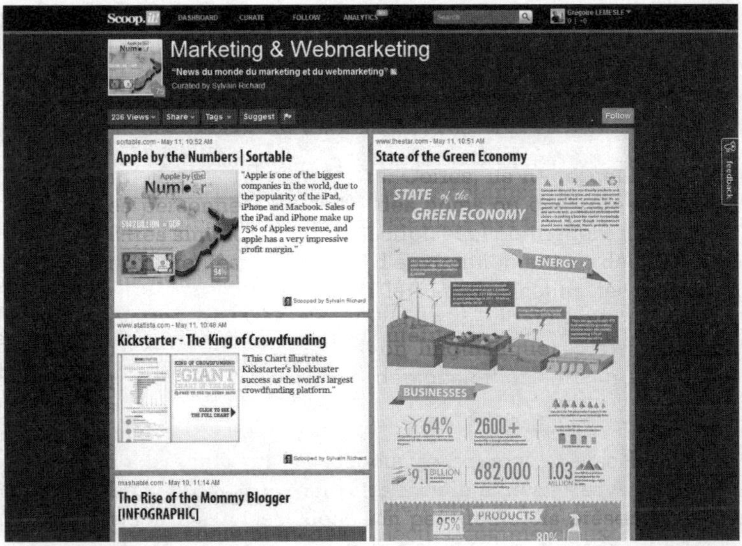

Nous avons vu au chapitre 4 la diversité des plates-formes de curation. Parmi celles-ci, Scoop.it est particulièrement utile pour la veille sur une thématique transversale : il suffit d'indiquer un ou plusieurs mots-clés pour créer un « topic » qui sera alimenté automatiquement par des contenus provenant de plusieurs sources identifiées par la plate-forme. On peut rajouter des contenus provenant d'autres sources, éliminer des contenus non pertinents, tagger les articles, partager les résultats de la veille au sein d'un réseau social…

6. SCHÉMA RÉCAPITULATIF

Il existe ainsi de nombreux moyens gratuits – ou peu onéreux – d'automatiser une recherche récurrente. Le tableau ci-dessous présente un schéma récapitulatif des deux approches complémentaires : surveillance des sites pertinents et création d'alerte mots-clés.

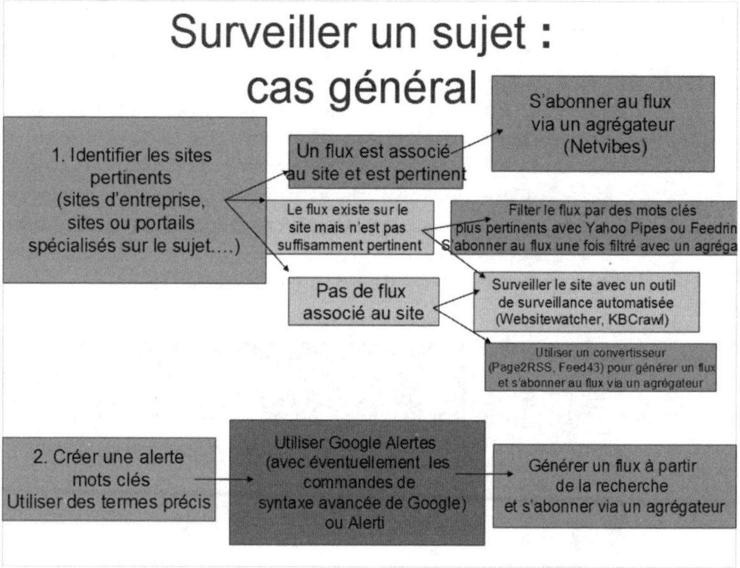

Résumé

À l'instar de la recherche, la veille est un processus complexe dont le succès repose non seulement sur les outils, mais aussi sur la maîtrise des mots-clés et des sources. Le choix n'est pas aisé entre les différentes familles d'outils. Depuis le milieu des années 2000, les formats RSS et Atom s'étaient imposés comme d'excellents moyens de collecte automatisée d'informations destinés à différents types de veille. Les usages temps réel et sociaux du web ont modifié la donne et de nombreuses plates-formes de veille gratuites ou semi-gratuites se spécialisent désormais dans le suivi de l'e-réputation. L'arrêt de l'agrégateur de flux Google Reader, en juillet 2013, pose la question de son remplacement pour de nombreux veilleurs. Le portail personnalisé Netvibes reste une solution simple et conviviale d'agrégation de flux, malgré ses limites. Des solutions alternatives à Google Reader aux fonctionnalités plus avancées se précisent peu à peu. Une nouvelle génération de plates-formes de veille automatisée comme Sindup ou Tadaweb peuvent répondre aux besoins de veilleurs professionnels ou non. Sans oublier des services désormais classiques comme Google Alertes pour surveiller des mots-clés précis sur le web, ou l'incontournable Websitewatcher qui reste un outil particulièrement adapté pour les sites qui ne disposent pas de flux.

CHAPITRE 6

COMMENTAIRES DE LA MÉTHODE : DES EXEMPLES DE RECHERCHES

Sommaire

1. LES DEUX PRINCIPALES APPROCHES MÉTHODOLOGIQUES

Face à la complexité grandissante du web et au manque de précision des outils classiques, une première conclusion s'impose : une recherche efficace d'informations ne peut généralement pas se résumer à une requête par mots-clés dans l'index d'un moteur de recherche, si puissant soit-il.

Nous avons présenté au chapitre 1, puis détaillé dans les chapitres suivants, les différents modes de recherche disponibles, qui se combinent souvent entre eux pour l'exploration d'un sujet : recherche par mots-clés, recherche par navigation arborescente, recherche exploratoire, recherche dans les métadonnées, navigation sociale. Par ailleurs, s'il est toujours aussi important de maîtriser les types de sources, il devient de plus en plus nécessaire de pouvoir accéder directement (sans passer par les moteurs généralistes) à des gisements particuliers d'informations. Pour une recherche sur les OGM, par exemple, comment ne pas passer entre autres par des registres de sources aussi différents que la Commission européenne et les dépôts d'archives ouvertes ?

Pour simplifier les choses, disons que l'on peut distinguer deux grandes approches méthodologiques : l'approche mots-clés, et l'approche sources, qui ne sont bien entendu pas exclusives l'une de l'autre. Dans tous les cas, il s'agit de savoir ce que l'on cherche. La recherche d'information sur le web n'est pas une science exacte et repose toujours sur une certaine part d'aléatoire. L'art de la recherche repose donc en partie sur une combinaison harmonieuse de rigueur et de hasard, ce dernier ne favorisant, selon l'expression de Louis Pasteur, que « les esprits préparés ».

D'autre part, une recherche sera d'autant plus efficace que l'on aura mené au préalable un travail sur les concepts et la définition des mots-clés, grâce à des encyclopédies, dictionnaires généralistes, multilingues ou de synonymes, etc.

1.1 L'approche mots-clés : « du mot à la chose »

Il s'agit de la recherche par mots-clés sur texte intégral des pages web, *via* des moteurs ou métamoteurs. Cette méthode est particulièrement adaptée pour des recherches factuelles. La qualité de la recherche dépend largement du choix des mots-clés : nombre, degré de précision, langue, combinaison avec opérateurs booléens, etc.

Par exemple, dans le cadre d'une recherche sur le marché de la distribution automobile, les requêtes pourront être *« réseaux de distribution automobile »*, *« concessionnaires automobiles » OR « agents automobiles »*, traduits éventuellement dans différentes langues.

Les mots-clés peuvent aussi être suggérés par le contexte des premières réponses apportées par le moteur ou automatiquement par des moteurs à catégorisation automatique (Exalead ou Carrot2, par exemple).

Une variante de cette approche consiste à sélectionner pour la requête les formulations que l'on s'attend à trouver dans la réponse, en cessant de se focaliser sur sa recherche. Il faut essayer de se mettre à la place du producteur d'information, et réfléchir aux termes qu'il aurait employés *a priori*. Par exemple, pour notre recherche sur le marché de la distribution automobile, on peut utiliser comme mots-clés les noms des principales entreprises du marché, les termes correspondant aux différentes pièces automobiles, etc. Pour trouver les personnes dont la date de naissance est un 18 juin, on indiquera tout simplement *« né le 18 juin »* (d'autres exemples figurent dans le tableau ci-après).

L'avantage de cette approche réside dans sa rapidité et sa simplicité. Cette approche est particulièrement adaptée aux recherches sur des sujets « factuels ».

L'inconvénient de cette approche est le manque d'exhaustivité des moteurs et métamoteurs (web invisible), et le risque de se laisser totalement guider, voire influencer, par le classement souvent imparfait des résultats par le moteur de recherche. La qualité des résultats risque d'être inégale selon les types de recherche.

1.2 L'approche « sources et exploration »

La démarche consiste ici à identifier les sources d'information les plus pertinentes par rapport à la requête, à utiliser ensuite les outils de recherche intégrés à ces sources, puis à explorer les liens internes et externes, etc. Les annuaires ou portails spécialisés permettent d'identifier plus aisément ces sources « de référence » en rapport avec un thème ou un secteur.

On peut également, à partir d'une source connue, étoffer cette recherche de sources en utilisant la fonction « related » ou « link » des grands moteurs (voir Chapitre 3).

Exemple : toujours dans le cadre d'une recherche sur le marché de la distribution automobile, on identifiera les sources considérées comme les plus fiables : fédérations professionnelles, presse sectorielle, associations, etc.

L'avantage de cette approche est de garantir une meilleure vision globale du sujet et une meilleure qualité des résultats. À partir d'un repérage rapide de sources de références, on est plus à même d'obtenir des réponses fiables et à jour qu'en se basant sur les premiers résultats des moteurs. Cette méthode permet de faire « émerger » des sources originales mais mal référencées par les moteurs, et qui risquent d'être occultées si on se limite à la première approche.

L'inconvénient de cette méthode est qu'elle nécessite une connaissance des sources et/ou des guides de sources, et donc du temps à investir en amont dans une réflexion préalable sur le périmètre de la recherche.

2. EXEMPLES DE RECHERCHES DÉTAILLÉES PAS À PAS

Les cinq exemples de recherches détaillées ci-dessous exploitent de différentes manières l'approche mots-clés et l'approche sources : ils mettent en œuvre plusieurs stratégies souvent complémentaires permettant d'obtenir des résultats pertinents dans un délai limité.

2.1 Recherche de fabricants de produits cosmétiques aux Émirats Arabes Unis

La difficulté de cette recherche tient à plusieurs facteurs : tout d'abord bien sûr la barrière de la langue, mais aussi le fait que la liste de fournisseurs attendue ne s'obtiendra pas à partir d'une source unique, et encore moins parmi les dix premières réponses de Google ! Attention également à la publicité déguisée, les entreprises les plus visibles sur le web ne sont pas forcément les plus pertinentes...

De façon générale, les répertoires d'entreprises, qu'ils soient disponibles gratuitement ou non sur le web, font partie du « web invisible » et seront identifiables à partir d'une recherche « à la source ».

En l'occurrence, une excellente source pour démarrer sera un annuaire ou un moteur de recherche spécialisé sur le secteur géographique qui nous intéresse : les Émirats Arabes Unis. Pour ce faire, nous allons utiliser le répertoire de moteurs géographiques Searchenginecolossus, en choisissant dans la longue liste de pays proposés les Émirats. Cette première étape nous permet d'identifier plusieurs guides ou portails spécialisés sur le pays, et interrogeables en anglais : UAE Links, UAE Crawler, Arabo, UAEpedia.

Dans une deuxième étape, nous explorerons l'arborescence de ces annuaires, en privilégiant bien entendu la catégorie « business » ou bien, le cas échéant, nous effectuerons une recherche à partir des mots-clés en anglais cosmetics, manufacturer, etc., et obtiendrons ainsi un certain nombre d'adresses d'entreprises répondant à nos critères.

Ces répertoires spécialisés permettront également d'identifier des sites fiables et à jour émanant d'organismes publics ou para-publics : chambres de commerce, associations ou fédérations professionnelles, etc.

Pour élargir ce premier sourcing, nous pouvons lancer une recherche sur Google avec les termes suivants : *« business directory » OR « company directory » « united arab emirates » OR Dubai OR « Abu Dhabi »*.

Cette équation de recherche permettra de repérer d'autres guides d'entreprises locales : Data Dubai, UAE Business Directory, AME info (newsletters spécialisées sur le Moyen-Orient) que l'on interrogera ensuite avec les mots-clés correspondant au secteur désiré.

Autre possibilité pour cette recherche : utiliser les annuaires pages jaunes locaux, en ajoutant l'extension correspondant aux Émirats (ae) au nom de domaine yellowpages.

On pourra parallèlement expérimenter l'option de traduction automatisée de Google qui permettra de traduire les mots-clés en langue arabe, d'effectuer la recherche sur les pages rédigées dans cette langue, et de traduire le contenu des pages trouvées en français ou en anglais.

Une autre piste de recherche consiste à consulter les pages de la mission économique sur le site de l'ambassade de France aux Émirats Arabes Unis. On trouvera alors très facilement des informations sectorielles, ainsi que les coordonnées (téléphone, mail) du responsable des secteurs parfums, cosmétiques, produits de beauté.

2.2 Trouver des spécialistes en géodésie et effectuer une bibliographie d'ouvrages et d'articles sur le sujet

Là encore, nous nous trouvons face à un cas de web « opaque », à défaut de web totalement invisible. Afin d'identifier ces experts en géodésie, nous allons plonger dans les profondeurs des principaux réseaux sociaux ou sites universitaires dans le monde.

Une équation booléenne posée sur Google nous permettra d'identifier un certain nombre de profils de spécialistes inscrits sur les réseaux sociaux Linkedin, Viadeo ou même Facebook : *geodesie OR geodesy site:www.linkedin.com OR site:www.viadeo.com OR site:www.facebook.com*.

Cette recherche complexe fournit plusieurs milliers de résultats parmi lesquels de nombreux profils d'ingénieurs en géodésie, dans le monde entier, la plupart d'entre eux étant inscrits sur les réseaux

Linkedin, Viadeo ou Facebook (n'oublions pas que ce dernier réseau couvre aussi un périmètre professionnel et abrite des groupes spécialisés !).

Nous pourrions également utiliser une autre astuce de recherche avancée sur Google : *geodesie OR geodesy filetype:ppt*. Cette équation permet de limiter la recherche à des documents au format Powerpoint (partant du principe que les experts publient leurs interventions à des conférences sous forme de documents Powerpoint...). Grâce à cette astuce, nous allons identifier en quelques clics non seulement des experts, mais également des organismes de recherche ou d'enseignement supérieur dans ce domaine. Sans oublier bien sûr des sites de mutualisation de documents Powerpoint comme Slideshare.net.

Ensuite, pour élaborer une bibliographie d'articles sur le sujet, nous pourrons interroger des bases bibliographiques d'articles scientifiques (Ingenta, Article@Inist, Science Direct, etc. Voir Question/Réponse 12 « Où trouver des articles de presse ? ») à partir des noms des chercheurs identifiés, ou tout simplement à partir de termes correspondant au champ sémantique recherché.

Où trouver ces termes complémentaires ? À partir de dictionnaires ou thésaurus multilingues (voir Question/Réponse 11 « Où trouver des encyclopédies et dictionnaires ? »), mais aussi par l'option « Refine your search » proposée par le moteur scientifique Scirus. Ce moteur (voir chapitre 3) permettra non seulement d'affiner notre recherche en géodésie en suggérant des termes connexes (geodetics, shape of the earth, photogrammetry, etc.), mais fournira à la fois des références d'articles et des liens vers des pages web d'organismes spécialisés.

Une recherche bibliographique complète ne pourrait s'effectuer sans passer par le Sudoc (catalogue collectif des bibliothèques d'établissement d'enseignement supérieur en France) : on y trouvera des références d'ouvrages et de thèses dans le domaine. À compléter par l'inévitable Google Scholar, qui va mettre en évidence les noms des auteurs les plus prolifiques dans le domaine ! Sans oublier les sites de prépublications d'articles ainsi que les dépôts d'archives ouvertes, par exemple le serveur HAL du CNRS.

Il est aussi possible d'effectuer sur un moteur la requête *« géodésie laboratoire »* afin d'isoler les laboratoires de recherche les plus en pointe sur le sujet. On trouve ainsi, notamment, le LAREG, laboratoire de recherche en géodésie qui dépend de l'IGN : la rubrique « Publications » du site nous fournit alors de nombreuses informations pertinentes.

2.3 Date et lieu de la première exposition de Picasso à Paris

Cette recherche est moins simple qu'il n'y paraît au premier abord. On peut être tenté d'avoir recours à la méthode « recherche orientée résultats » et saisir des mots-clés tels que : *« première exposition » picasso paris*.

Mais attention ! L'expression « première exposition » risque en fait d'orienter les résultats vers des pages concernant des manifestations plus récentes consacrées à Picasso (par exemple, la première exposition Picasso-Matisse ou encore « Picasso et ses maîtres »). La véritable première exposition à Paris du célèbre peintre, qui eut lieu en 1901 à la galerie Vollard, est rarement qualifiée de « première » dans les nombreuses pages web la mentionnant. Les moteurs de recherche en texte intégral risquent ainsi de passer à côté de cette information, qu'un internaute « humain » trouvera aisément à la lecture d'une biographie de l'artiste.

La stratégie la plus « élégante » pour cette recherche consiste à identifier une biographie du peintre, en utilisant la source la plus fiable et la plus complète possible : le site du musée Picasso à Paris, le site « officiel » Picasso.fr, ou encore la fiche Wikipédia correspondant à l'artiste.

À noter : le moteur Exalead, à partir des mots-clés *« première exposition » picasso paris* fournira dans ses premières réponses la date attendue (24 juin 1901), mais les réponses proviennent de sites d'éphémérides ou de calendriers d'événements. Il convient, pour vérifier la fiabilité de l'information et la compléter éventuellement, de relancer la recherche avec des mots-clés tels que *« 24 juin 1901 » picasso*.

2.4 Étude complète sur la réforme du calendrier scolaire

Pour éviter d'être noyé dans un trop-plein d'informations, il faut là encore, dans un premier temps, identifier les sources les plus fiables : sites gouvernementaux, politiques, juridiques, sites de collectivités locales, etc. Une recherche limitée au domaine gouv.fr permet ainsi de repérer, parmi les sites gouvernementaux, ceux qui répondent de la façon la plus pertinente. Attention toutefois à la date des documents : nous avons vu en effet que les moteurs de recherche ne peuvent pas classer par ordre chronologique les pages web classiques.

Exemple sur Google : *réforme « calendrier scolaire » OR « rythmes scolaires » site:gouv.fr*

La limitation au format pdf (filetype:pdf), disponible sur plusieurs moteurs, permettra également de cibler des documents officiels et/ou *a priori* émanant de sources de qualité.

Une fois ces sources « fiables » identifiées, on peut les intégrer dans un moteur de recherche personnalisé, créé à partir de Google Custom Search ou Yahoo! Boss (voir Question/Réponse 8 « Comment créer des moteurs personnalisés ? ») et mener des requêtes avec des mots-clés plus précis.

On pourra également automatiser une veille sur ce sujet très lié à l'actualité en ce printemps 2013, en mettant en place des flux personnalisés à partir des services suivants (voir chapitre 5) :

- Google actualités : effectuer une requête sur les mots-clés *réforme « calendrier scolaire »* et cliquer en bas de la page sur RSS pour générer le flux que l'on intégrera dans un agrégateur.
- Google alertes : recherchera les mêmes mots-clés *via* des pages web, forums ou blogs et permettra également de générer un flux personnalisé.
- Twitter : Twitter ne permettant pas la création directe d'alertes, mettre en place une alerte sur ces mots-clés selon les astuces exposées au chapitre 5

2.5 Recherche d'un résumé du film Poliorka

La difficulté de cette recherche réside d'une part dans la mauvaise notoriété d'un film assez ancien, d'autre part dans le fait que le titre indiqué n'est pas le plus connu, en France tout au moins.

Une première recherche sur Google montre rapidement ces problèmes, mais aussi les deux versions de titre : *Les moutons de Praxos* et *À l'aube du troisième jour*. Munis de ces informations, nous pouvons aller consulter les différentes bases de données disponibles dans le domaine du cinéma, et nous armer éventuellement de patience pour trouver un résumé correct : par exemple, l'Internet Movie Database, si elle retrouve le film, ne propose pas cet élément d'information. Il faudra par exemple interroger la base de données de la BIFI (Bibliothèque du film) pour trouver notre bonheur.

Notons que différentes solutions sont envisageables pour identifier ces bases de données (voir Question/Réponse 6). Dans le cadre de cette recherche, on peut par exemple se tourner vers les signets de la BnF qui, dans leur arborescence Arts/Cinéma, disposent d'une rubrique « Bases de données et répertoires ».

3. EXEMPLES DE RECHERCHES « RAPIDES »

3.1 Comment formuler sa requête ?

Nous avons vu en début de chapitre 2 les effets pervers de la conjonction d'une explosion des ressources web et de la facilité apparente de la recherche par mots-clés sur les moteurs : de nombreuses personnes en viennent à poser leur question « en langage naturel » à des outils n'exploitant pas de technologies linguistiques et sémantiques, comme ils la poseraient à un système « intelligent » proche des machines imaginées par les auteurs de science-fiction des années 1950.

Voici un échantillon de questions fréquemment mal formulées, avec des suggestions pour obtenir de meilleurs résultats. On pourra, à partir des exemples donnés, extrapoler facilement en fonction de son besoin.

Vous cherchez	**Ne mettez pas**	**Mais plutôt**
Une liste de laboratoires pharmaceutiques travaillant sur la polyarthrite rhumatoïde	*Liste de laboratoires polyarthrite rhumatoïde*	– *Laboratoires « polyarthrite rhumatoïde »* – Trois noms de laboratoires que vous connaissez déjà – *traitements OR médicaments « polyarthrite rhumatoïde »* (pour voir ensuite qui développe ces traitements) – un site clé sur le secteur qui donnera une liste des plus grands laboratoires concernés
Un expert français sur l'efficacité énergétique	*Expert « efficacité énergétique » France*	– Cherchez des articles généralistes ou spécialisés (en fonction du contexte) et regardez les auteurs des textes les plus pertinents pour vous – Cherchez des congrès, conférences et repérez les intervenants les plus fréquents/pertinents – Cherchez des blogs ou sites clés sur le sujet et voyez leurs auteurs ou les références données dans les posts
Un témoignage sur les soucoupes volantes	*Témoignage sur les soucoupes volantes*	– *ovni « j'ai vu »* - Cherchez un site fédérateur sur le sujet, ils auront sans doute une partie articles ou témoignages - Cherchez des articles clés, ils intègrent souvent des témoignages
Un modèle de lettre de motivation	*Modèle « lettre de motivation »*	*Monsieur « intéressé par le poste » « je vous prie d'agréer »* *Modèle lettre de motivation gratuit*
Le budget de la ville de Reims	*Budget de la ville de Reims* *Budget « ville de reims »* *Budget Reims*	*Reims* (pour trouver le site de la mairie) ; puis le lien concernant le budget
Le nombre de personnes atteintes en France par le cancer du côlon	*Nombre de personnes atteintes en France par le cancer du côlon* *Nombre de personnes « cancer du côlon »*	*« Le cancer du côlon touche »* (essayer éventuellement avec un autre verbe comme concerne) *« Cancer du côlon »* et sélectionnez un site sérieux de présentation Allez sur un site portail médical
Le centre européen des énergies renouvelables en Autriche	*« Centre européen des énergies renouvelables » Autriche*	Traduisez d'abord en allemand (ou au moins en anglais) Centre européen des énergies renouvelables et posez ensuite votre question

Qui a lancé Wikipédia	*Qui a lancé Wikipédia ?*	*Wikipédia fondateur OR créateur*
Une présentation sur l'intelligence économique	*Diaporama « intelligence économique »*	*filetype:ppt « intelligence économique »* Allez sur un site comme slideshare.net

3.2 Quelle méthode pour quelle recherche : tableau récapitulatif

Le processus de recherche repose ainsi tout autant sur la maîtrise des outils que celle des mots-clés et des sources. L'outil de recherche idéal n'existe pas : tout dépend du type de recherche, du degré de connaissance de l'internaute, du temps dont il dispose pour la recherche, du besoin d'information... Le tableau ci-dessous récapitule les différentes approches méthodologiques adaptées aux principaux types de recherches pratiquées par les internautes, qu'ils soient professionnels de la recherche ou non :

Quel est mon besoin ?	Démarche	Exemples d'outils	Pour plus de détails...
Recherche ponctuelle sur un sujet	. Courte réflexion sur les mots clés à utiliser . Requête via un moteur à partir de ces mots clés . Sélection parmi les résultats des sources les plus pertinentes . Au besoin, exploration de ces sources (à travers le plan du site, le moteur de recherche interne, l'exploration des liens internes et externes) . Au besoin , repérage de mots clés complémentaires pour relancer la requête	. Moteurs de recherche (Google, Bing...)	Chapitre 3.4 : les 5 règles de syntaxe indispensables
Recherche exhaustive sur un sujet	. Réflexion sur les mots clés à utiliser . Cartographie des mots clés (avec logiciel de Mind mapping) . Recherche de sources à partir d'un guide de sources, d'un site de bookmarking social ou de curations de contenus . Recherche de sources à partir des mots clés via un moteur (utilisation au besoin des options de recherche avancées des moteurs) . Utilisation de la recherche par similarité à partir des sources les plus pertinentes . Exploration de ces sources (à travers le plan du site, le moteur de recherche interne, l'exploration des liens internes et extenes) . Utilisation au besoin de bases de données en lignes spécialisées sur le sujet . Utilisation au besoin de moteurs de recherche spécialisés sur le sujet	. Moteurs de recherche (Google, Bing...) . Sites de bookmarking social (Diigo, Delicious, Pearltrees...)	Chapitre 3.4 : les 5 règles de syntaxe indispensables Chapitre 2 : la recherche par mots clés Chapitre 4 : méthodes de sourcing Question/ Réponse : Comment trouver des bases de données spécialisées

Quel est mon besoin ?	Démarche	Exemples d'outils	Pour plus de détails...
Trouver des sources d'informations sur un sujet	. Courte réflexion sur les mots clés à utiliser. Recherche de sources à partir d'un guide de sources, d'un site de bookmarking social ou de curations de contenus . Recherche de sources à partir des mots clés via un moteur (utilisation au besoin des options de recherche avancées des moteurs) . Utilisation de la recherche par similarité à partir des sources les plus pertinentes . Utilisation d'un outil de cartographie pour vue d'ensemble des sources d'information	. Moteurs de recherche (Google, Bing...) . Sites de bookmarking social (Diigo, Delicious, Pearltrees...) . Logiciel Mind Mapping (Freemind, Mind Manager...)	Chapitre 3.4 : les 5 règles de syntaxe indispensables Chapitre 2 : la recherche par mots clés Chapitre 4 : sourcing
Recherche d'articles de presse	. Utilisation d'un agrégateur d'actualités regroupant des titres de presse quotidienne nationale ou régionale . Utilisation d'une base de données d'articles de presse . Identification des sites de presse professionnelle à partir d'un guide	. Agrégateur d'actualités (Google News, Pickanews, Newsnow...) . Base de données presse (Factiva, Lexis Nexis) . Guide de presse en ligne (Gigapresse)	Question/Réponse 12 : Comment trouver des articles de presse
Recherche d'articles de chercheurs	. Réflexion sur les mots clés et éventuellement cartographie des mots clés . Recherche par nom de chercheur ou mots clés via : – moteur spécialisé dans le monde académique – bases de données d'articles de recherche – bouquet de revues académiques – dépots d'archives ouvertes	. Moteurs spécialisé dans le monde académique (Google Scholar, Isidore, Scirus...) . Bases de données d'articles de recherche (Jstor, Business Source Complete, PubMed...) . Bouquets de revues académiques (Cairn, Revues.org...) . Dépots d'archives ouvertes ou répertoires de journaux en open access (HAL-CNRS, DOAJ, PLOS, OAISTER...)	Question/Réponse 12 : Comment trouver des articles de presse

Quel est mon besoin ?	Démarche	Exemples d'outils	Pour plus de détails...
Surveiller l'actualité d'un sujet	. Réflexion sur les mots clés et éventuellement représentation cartographique des mots clés décrivant le sujet . Repérage de sites pertinents dotés de flux RSS . Pour les sites qui ne sont pas dotés de flux : utilisation d'un outil de surveillance automatisée . Génération de flux d'actualités sur les mots clés pertinents . Création d'une alerte Google à partir des mots clés (utiliser au besoin les limitations de recherche avancée) . Éventuellement, ajout de filtres supplémentaires aux flux . Abonnement à un agrégateur de flux	. Agrégateur d'actualité permettant la création de flux (Google Actualités, Factiva, Pickanews...) . Outil de création de flux et mash-up de flux (Yahoo Pipes) . Agrégateurs de flux (Netvibes, RSS Owl, TinytinyRSS...) . Outil de surveillance automatisée : Websitewatcher, Update Scanner, Check &Get...	Chapitre 5 : Net Veille, la veille automatisée
Recherche d'information sur un secteur d'activité	. Identification du vocabulaire lié au secteur (y compris le cas échéant les nomenclatures d'activités existantes) . Recherche des études potentiellement existantes sur ce secteur (attention, les études sont généralement payantes sur le web et acessibles via des bases de données spécialisées). . Identification des sources pertinentes : associations professionnelles, fédérations, revues professionnelles spécialisées, sites statistiques nationaux ou locaux... . Utilisation des bases de renseignement financier pour bilans et données financières sur les entreprises du secteur	. Bases de données études sectorielles (Xerfi, Datamonitor, ReportLinker, Marketresearch.com...) . Recherches avancées sur les moteurs ou guides de sources pour identifier des sources pertinentes (associations, revues professionnelles) . Sites d'informations statistiques (INSEE et ses équivalents internationaux, Eurostat...) . Bases d'informations sur les entreprises (Kompass, Diane, Amadeus, Cofacerating, OneSource, Skyminder...)	Chapitre 4 : méthodes de sourcing Question/Réponse 17 : Comment trouver l'information économique et financière

Quel est mon besoin ?	Démarche	Exemples d'outils	Pour plus de détails...
Recherche sur des personnes	. Recherche par mot clé sur un moteur sous la forme : "prénom nom" ou "nom prénom" . Utilisation d'un moteur de recherche de personnes : . Recherche sur un ou plusieurs réseaux sociaux . Pour une personnalité connue : utilisation de Wikipedia, des encyclopédies en ligne ou un site de biographie	. Moteur de recherche classique . Moteur de recherche de personnes : 123people, Youseemii, Yatedo,Webmii... . Réseaux sociaux : Facebook, Search Twitter, Linkedin, Viadeo... . Encyclopedies : Wikipedia, Site de biographies : biography.com	Question/Réponse 16 : Comment trouver l'information sur les personnes ?
Recherche de photos et d'images	. Utilisation des options spécialisées des moteurs de recherche classiques . Utilisation des moteurs de recherche spécialisés images . Utilisation des plates-formes de partages d'images . Recherches dans des banques d'images (attention, parfois payant) .Utilisation éventuellement de la recherche inversée d'image pour une recherche à partir d'une image plutôt que d'un mot clé.	. Moteurs de recherche classiques ((Google, Bing, Exalead...), options de recherche images . Moteurs spécialisés images (Picsearch, Pixolution...) . Plates formes collaborative de partages d'images (Flickr, Picasa, Photobucket, Fotolia, Wikimedia. Commons..) . Bases de données images/photos (Corbis, Getty Images, Fotosearch...) . Moteur de recherche « inversée » d'images à partir d'une image et non d'un mot clé (Tineye, Cydral...)	Question/Réponse 14 : Comment trouver des images et vidéos ?
Recherche de vidéos	. Utilisation des plates-formes de partages de vidéos en ligne . Utilisation des moteurs de recherche spécialisés vidéos . Utilisation des options spécialisées vidéos des moteurs de recherche classiques	. Plates formes de partages de vidéos en ligne (YouTube, Dailymotion, Vimeo, Metacafe...) . Moteurs de recherche vidéos (Truveo, Fooooo, Strimoo...) . Moteurs de recherche classiques, options vidéo (Google, Bing, Exalead)	Question/Réponse 14 : Comment trouver des images et vidéos ?

Quel est mon besoin ?	Démarche	Exemples d'outils	Pour plus de détails...
Traduire des pages web	. Utilisation des logiciels gratuits de traduction . Traduction de mots clés : utiliser des répertoires de dictionnaires en ligne ou utiliser les articles de Wikipedia traduits en plusieurs langues . Utilisation de services de traduction en ligne	. Logiciels gratuits de traductions : Systran, Reverso . Répertoires de dictionnaires multilingues : Foreignword, Babylon Translation, Logos . Services de traduction en ligne : Google traduction, Nice Translator...	Question/ Réponse 3 : Peut-on effectuer des traductions de textes sur le web ?
Retrouver des pages disparues	. Utilisation du cache de Google . Utilisation de la Wayback Machine . Accès à des archives du web (via des services d'archivage type bibliothèques nationales)	Archive.org (Wayback Machine)	Question/ Réponse 4 : Comment retrouver des pages disparues ?
Surveiller mon e-reputation	. Recherche régulières dans les médias sociaux amicaux ou professionnels . Recherches régulières dans les moteurs de recherche de personnes . Recherche dans les moteurs de blogs . Création de flux sur un moteur temps réel . Utilisation d'une plate forme de surveillance de l'e-reputation . Mise en place d'une alerte google sur "prénom nom" ou "nom prénom" . Utilisation des outils de mesure d'influence	. Réseaux sociaux : Facebook, Twitter, Linkedin, Viadeo... . . Moteur de recherche de personnes : 123people, Youseemii, Yatedo,Webmii... . Moteur de recherche de blogs : Google blogs, IceRocket... . Moteurs temps réels : Topsy, Wasalive, Infomous, Whostalkin, Social Mention, Addictomatic... . Agrégateurs de flux : Netvibes . Google Alerts . Plate forme de surveillance de l'e-reputation : Mention, Meltwater, Tadaweb... . Outils de mesure d'influence : Klout, Youseemii...	Chapitre 5 : Net Veille, la veille automatisée Question/ Réponse 16 : Comment trouver l'information sur les personnes ?

Quel est mon besoin ?	Démarche	Exemples d'outils	Pour plus de détails...
Surveiller mes concurrents	. Réflexion sur les indicateurs à surveiller et les mots clés (noms des concurrents, vocabulaire du secteur...) . Sourcing : identification des sites des concurrents et des sources connexes (associations professionnelles, salons , experts etc) . Repérage des flux associés à ces sites, s'ils existent . Mise sous surveillance automatisée des sites qui n'ont pas de flux . Eventuellement, création de flux pour les sites qui n'en disposent pas . Abonnement à un agrégateur de flux	. Moteurs de recherche (Google, Bing...) . Sites de bookmarking social (Diigo, Delicious, Pearltrees...) . Logiciel Mind Mapping (Freemind, Mind Manager...) . Outil de création de flux et mash-up de flux (Yahoo Pipes) . Agrégateurs de flux (Netvibes, RSS Owl, TinytinyRSS...) . Outil de surveillance automatisée : Websitewatcher, Update Scanner, Check &Get...	Chapitre 3.4 : les 5 règles de syntaxe indispensables Chapitre 2 : la recherche par mots clés Chapitre 4 : sourcing Chapitre 5 : Net Veille, la veille automatisée
Identfier un expert d'un sujet	. Recherche dans les réseaux sociaux professionnels ou spécialisés . Recherche de documents PPT via Google . Recherche dans des bases d'articles ou des bouquets de revues universitaires . Recherche dans les catalogues de bibliothèques universitaires . Recherche dans les moteurs spécialisés dans le monde académique	.Réseaux sociaux professionnels : Linkedin, Viadeo... . Réseaux sociaux spécialisés . Moteur de recherche (limitation au format PPT) . Bouquets de revues académiques (Cairn, Revues.org...) . Catalogues ou métacatalogues de bibliothèques universitaires (Sudoc...) . Moteurs spécialisés dans le monde académique (Google Scholar, Scirus...)	Chapitre 3.4 : les 5 règles de syntaxe indispensables Chapitre 2 : la recherche par mots clés Question/ Réponse 16 : Comment trouver l'information sur les personnes ?

CHAPITRE 7

QUESTIONS/RÉPONSES

Sommaire

QR 1 COMMENT ÉVALUER LA QUALITÉ DE L'INFORMATION ?

Quantité n'est pas toujours synonyme de qualité, et en matière de qualité on peut trouver sur Internet le meilleur comme le pire... On peut ainsi se poser la question de l'objet de l'évaluation : faut-il mesurer la qualité de la source émettrice de l'information, de la source qui la diffuse, ou de l'information elle-même ?

Dès les premières années du web, des grilles d'évaluation du contenu de sites web ont été élaborées : elles émanent souvent de groupes de bibliothécaires ou documentalistes. On y trouvera l'énumération de différents critères destinés à évaluer la qualité de l'information, regroupés généralement autour de quatre thèmes principaux représentés dans le tableau ci-dessous.

Crédibilité organisation émettrice, auteur(s) des contenus, cibles et objectifs du site, type d'accès, sources de financement…	**Fraîcheur** date de création et fréquence de mise à jour des contenus
Véracité information de première main ou non, type de document, citations des sources, bibliographie, contextualisation de l'information, qualité de la langue...	**Ergonomie et design** arborescence et navigation interne, présentation visuelle, conception graphique…

La qualité de l'information se mesure grâce à des critères tant objectifs que subjectifs.

Il convient également de ne pas confondre la notion de qualité avec les concepts voisins de pertinence ou de crédibilité de l'information. Une information intrinsèquement de qualité n'est pas forcément pertinente dans l'absolu, tout dépend de l'objectif de la recherche et du moment où elle est effectuée. Le tableau ci-dessous récapitule les principaux critères d'évaluation de la qualité de l'information, selon la méthode « QQOQCP ».

QUI ?

Il peut s'agir d'une personne physique ou d'une personne morale (institution, organisation). L'auteur peut être producteur des données et documents en ligne mais aussi éditeur, commentateur, diffuseur via les réseaux sociaux…

L'auteur

L'auteur est-il bien identifié ? Les données présentées dans la page sont-elles de la main de l'auteur du site ? L'auteur est-il éditeur du site, commentateur ?

L'auteur est-il reconnu dans la discipline ? Quelles sont ses compétences ? Sont-elles clairement énoncées et vérifiables ?

Peut-on contacter facilement l'auteur ? La page fournit-elle des renseignements qui permettent d'entrer en contact avec lui (adresse mail, adresse postale, numéro de téléphone…)

Est-il cité par quelqu'un de reconnu ?

Est-il cité par un autre document digne de confiance ?

Y a-t-il, dans le document consulté, des éléments bibliographiques qui identifient clairement la situation professionnelle de l'auteur et l'organisme pour lequel il travaille ?

La page consultée fait-elle partie du site personnel de l'auteur ? Fait-elle partie du site d'une organisation ?

Qui est l'initiateur de l'information ? Peut-on remonter facilement au premier émetteur de l'information ?

S'il s'agit d'un commentaire dans un forum ou un blog : reflète-t-il l'opinion de l'éditeur du site ?

Le commentaire a-t-il été « modéré », c'est-à-dire reconnu par un administrateur comme digne d'être conservé, même s'il ne l'approuve pas nécessairement ?

L'organisation

Est-elle clairement nommée ? Peut-on la contacter (téléphone, voie postale, e-mail) ?

De quel type d'organisation s'agit-il (institutionnelle, caritative, scientifique, politique, etc.) ?

Est-elle connue pour être compétente dans le domaine concerné ?

Y a-t-il moyen de vérifier le sérieux de l'organisation si elle n'est pas connue ?

L'information est-elle clairement protégée par un copyright ? Qui détient les droits ?

Dans l'URL du document, l'hôte permet-il d'accéder à la page d'accueil de l'organisation ?

Il est de plus en plus difficile de répondre de façon précise à plusieurs de ces questions avec l'avènement du web 2.0 : en effet, l'auteur d'un blog ou d'un compte Twitter n'est pas toujours explicitement nommé ; de nombreux cas d'usurpation d'identité ont été constatés sur les grands médias sociaux. Les sites collaboratifs comme Wikipédia peuvent poser des problèmes de traçabilité des contributions, dans la mesure où elles sont parfois rédigées de façon anonyme ou sous pseudonyme.

Quelques astuces permettent de mieux identifier l'auteur d'un site :

Chercher sur le site des informations sur l'éditeur (en explorant les rubriques « qui sommes-nous », about us, mentions légales, etc.). En cas de difficulté, chercher le copyright en bas de page.

On peut aussi repérer sur le plan du site la page « Contact » qui va fournir une adresse électronique. Voir alors la seconde partie de l'adresse mail (après le @) qui peut renvoyer à un domaine particulier que l'on cherchera sur le web.

Les annuaires de noms de domaines (annuaires whois) peuvent permettre d'identifier le nom et les coordonnées d'un créateur de site à partir de l'adresse URL du site

Pour autant, ces critères ne suffisent pas toujours : un auteur reconnu par ses pairs pourra, parfois à son insu, véhiculer des informations erronées ou fantaisistes, ce phénomène n'étant pas l'apanage d'Internet. Rappelons le cas du philosophe Bernard Henri Levy citant dans l'un de ses ouvrages les recherches d'un certain Jean-Baptiste Botul, qui s'est avéré être un auteur totalement fictif.

Il convient de ne pas toujours se fier aux apparences : un site « officiel » ou reconnu peut diffuser des informations erronées ou obsolètes. *A contrario*, une source peu connue, ou un site *a priori* peu attractif peuvent se révéler pertinents et riches en contenus.

QUAND ?

Le contenu d'un blog ou d'un site laissé en jachère n'est pas nécessairement obsolète. Il convient néanmoins d'être particulièrement vigilant quant à la fraîcheur de l'information.

Quand le site a-t-il été créé ?

Est-ce qu'on l'entretient régulièrement ? Les liens fonctionnent-ils toujours ?

Y a-t-il une indication claire de la date à laquelle les documents ont été rédigés ?

L'information mise à disposition est-elle à jour ? La date de dernière mise à jour est-elle indiquée ?

Les anciens documents sont-ils archivés ?

Notons que la date de dernière mise à jour d'une page web n'est pas toujours facile à déterminer, notamment s'il s'agit d'une page dynamique. Les blogs et médias sociaux offrent de plus grandes possibilités dans ce domaine, dans la mesure où les dates des contributions apparaissent de façon explicite. L'affichage « Timeline » mis en place par Facebook en début 2012 permet entre autres de reconstituer l'historique d'un compte donné.

COMMENT ?

Il s'agit d'examiner le contenu proposé afin d'en juger la forme, ainsi que la précision et le degré d'originalité du contenu. On trouvera pêle-mêle, dans les résultats des moteurs de recherche, des contenus extrêmement spécialisés, provenant d'ouvrages ou d'articles numérisés, et des éléments très « grand public » offrant souvent peu de valeur ajoutée. Il faut aussi veiller à éviter la redondance, de plus en plus élevée, notamment dans les médias sociaux. L'organisation interne est également particulièrement importante car elle influe fortement sur la facilité d'accès à l'information.

Le fond

Le site propose-t-il un corpus cohérent et complet ?

L'information est-elle de première main ?

Qu'apporte ce site par rapport à d'autres sources d'informations disponibles sur Internet et ailleurs ? Quelle est son originalité, sa valeur ajoutée ?

Quel est le niveau de précision, d'exhaustivité et d'exactitude des informations proposées ?

Les idées sont-elles clairement exprimées, argumentées ?

Les sources utilisées pour rédiger les documents sont-elles identifiées et citées suivant les normes internationales de citation ?

Les documents sont-ils rédigés en langue correcte (orthographe et grammaire) ?

Les graphiques et schémas sont-ils clairement présentés, avec indication de la signification des axes, des séries, etc. ? Idem pour les cartes, et l'ensemble de l'iconographie (légendes, échelles, origines, etc.)

Les statistiques (et tous les chiffres indiqués) sont-elles fiables (mention de la source et de la date indispensables) ?

Le contenu du site peut-il susciter une polémique ?

La forme

Y a-t-il une segmentation logique de l'information et des titres clairs ?

Y a-t-il une table des matières, un rubriquage ou un sommaire ?

Peut-on se déplacer facilement dans le document ?

Le site propose-t-il un outil de recherche de l'information propre au site ? Comment fonctionne-t-il (opérateurs booléens, mots-clés, etc.) ? Est-il facile à utiliser (instructions claires) ?

Le site propose-t-il des liens vers d'autres sites ? Comment sont-ils choisis ? Sont-ils évalués pour leur qualité ? Sont-ils en cohérence avec le contenu du site ? Sont-ils toujours valides ?

POURQUOI ?

Internet a toujours constitué un formidable outil d'influence. Il convient de s'interroger également sur les motivations de l'auteur, du diffuseur ou du commentateur de l'information afin de distinguer des biais possibles.

Quels sont les objectifs, l'éthique du site ?

L'objectif est-il promotionnel, commercial, informationnel, « altruiste », politique, etc. ?

L'information est-elle fournie gratuitement, comme un service à la communauté ? Certains éléments sont-ils payants ?

L'information est-elle accompagnée de publicité sur le sujet ? Ces publicités sont-elles clairement séparées du contenu des documents ?

Le thème du site est-il clairement défini ?

Quelles sont les intentions de l'auteur ? Est-il engagé dans un camp ou dans l'autre ?

Les informations fournies relèvent-elles des faits, de l'opinion, de la propagande ?

Quelles sont les sources de financement du site ? Est-il sponsorisé ?

POUR QUI ?

Enfin, il convient de s'interroger sur le public à qui s'adresse le site, ou l'information elle-même. La qualité passe également par une adéquation au niveau de l'audience concernée.

Quelle est l'audience du site ?

S'adresse-t-elle à tout le monde, à des professionnels, à des universitaires, etc. ?

La page consultée dispense-t-elle une information trop générale, trop technique, trop spécialisée pour répondre adéquatement à vos besoins ?

QR 2 PEUT-ON CHERCHER EN TEXTE INTÉGRAL SUR DES ENSEMBLES HOMOGÈNES DE SOURCES ?

Il est parfois important de pouvoir explorer rapidement le web par grandes typologies d'éditeurs, au niveau national ou international : on peut d'une part effectuer une exploration géographique, en cherchant sur un pays, voire une zone géographique particulière, et d'autre part faire des choix thématiques, en cherchant les organismes publics, les associations, les universités, etc. Il s'agit, pour chaque grand type identifié, à la fois de repérer les principaux acteurs impliqués sur le sujet concerné et de mettre en évidence les axes et/ou points de vue privilégiés, *via* une lecture rapide des extraits pertinents donnés sur les premières pages de résultats des moteurs.

Utiliser les TLD (Top level domains = domaines de premier niveau)[77]

Rappelons que le TLD est la partie finale (ou extension) du nom de domaine ; il existe deux catégories de TLD.

- Les domaines dits « génériques »[78]

À noter le .eu introduit en 2005 et ouvert à toute entreprise, toute organisation ou tout individu de l'Union européenne.

- Les domaines appelés ccTLD (country code TLD). Les ccTLD désignent l'ensemble des noms de domaine attribués aux différents pays. Ces noms correspondent aux abréviations des noms de pays définies par la norme ISO 3166 : .fr pour la France, .at pour l'Autriche, ou .zw pour le Zimbabwe par exemple. Il en existe 240 à l'heure actuelle[79]. Attention toutefois, on peut héberger dans un autre pays un serveur doté de certains ccTLD.

77 Voir les pages consacrées aux noms de domaine sur le site Comment ça marche, www.commentcamarche.net/contents/internet/dns.php3

78 Liste exhaustive sur le site de l'AFNIC, www.afnic.fr/doc/autres-nic/gtld

79 Voir la page de l'AFNIC sur les noms de domaines géographiques, www.afnic.fr/doc/autres-nic/cctld

En fonction de son besoin, on fait précéder son ou ses mots-clés de l'opérateur site : avec l'extension utile. Par exemple, *site:eu transport* ou *site:edu music*.

Les associations (hormis les syndicats professionnels) et ONG disposent d'un domaine spécifique sur le web : c'est le .org. Certes, ce TLD ne permet pas d'effectuer un tri vraiment cohérent, et on y retrouve des organismes aussi dissemblables que l'ONU et la petite association de quartier. Par ailleurs, des associations peuvent avoir choisi une autre extension, par exemple en France la terminaison asso.fr (voir ci-après). Ainsi, pour avoir une idée des associations françaises traitant le sujet de l'effet de serre, on choisira par exemple l'équation *« effet de serre » site:org OR site:asso.fr*

Utiliser les sous-domaines harmonisés

En fonction des pays, des sous-domaines descriptifs ou sectoriels sont disponibles en tant qu'extension du ccTLD.

Pour la France, on dispose des sous-domaines descriptifs suivants : .asso.fr pour les associations, nom.fr pour des personnes physiques, prd.fr pour des projets ou programmes de recherche et de développement, presse.fr pour les organismes de presse, tm.fr pour les entités titulaires d'une marque.

Les sous-domaines sectoriels concernent les aéroports, les avocats, les avoués, les CCI, les chambres d'agriculture, les dentistes, les experts-comptables, les géomètres experts, etc.[80] Par exemple, pour connaître les pages consacrées à l'effet de serre sur les sites publics français, on écrira l'équation

« effet de serre » site:gouv.fr.

Notons que, dans différents pays, les gouvernements ont le plus souvent pris le parti d'harmoniser leurs noms de domaines, en adoptant une terminaison toujours identique. Il suffit donc de connaître celle-ci pour effectuer des requêtes ciblées. Les terminaisons seront alors adaptées en fonction des pays : aux États-Unis *site:gov ;* au Canada *site:gc.ca*, en Angleterre *site:gov.uk*, en Argentine *site:gov.ar*, etc.

De manière générale, si on a l'habitude de travailler sur un groupe d'acteurs bien typé, il peut être utile de « scruter » leurs URL pour reconnaître des spécificités exploitables dans le cadre des recherches : je peux par exemple chercher des informations sur la veille documentaire sur les sites des chambres de commerce françaises avec la requête *site:cci.fr « veille documentaire »*.

Utiliser les moteurs spécialisés

L'utilisation des moteurs verticaux et spécialisés peut constituer une autre voie d'approche : en effet, ces moteurs scrutent souvent des

80 Liste exhaustive sur le site de l'AFNIC.

ensembles homogènes de sources, qu'il s'agisse d'une homogénéité sectorielle ou par type d'acteurs.

Par exemple, le moteur Spinoo, conçu par le Centre national de documentation pédagogique (CNDP), est spécialisé sur les sites éducatifs institutionnels français. Aux États-Unis, le portail des ressources scientifiques et technologiques publiques américaines, FirstGov for science, propose un répertoire des sites web classés par grands sujets et offre également l'utilisation d'un moteur répertoriant plus de 50 millions de pages web.

Avec le développement des outils permettant à tout un chacun de créer simplement et rapidement un moteur spécialisé (voir Question/ Réponse 8), cette méthode devrait se généraliser.

QR 3 PEUT-ON EFFECTUER DES TRADUCTIONS DE TEXTES SUR LE WEB ?

Traduire des mots, des pages web

Plusieurs outils gratuits sont disponibles en ligne pour traduire des textes ou des pages web. Les résultats sont certes souvent discutables mais, pour une première approche, ces technologies peuvent être d'une aide réelle à la compréhension d'un texte. On peut aussi utiliser ces outils en tant que lexiques multilingues, pour traduire un terme : leur limite réside dans le fait qu'ils prennent peu ou mal en compte les homonymies ou polysémies. Pour obtenir la traduction d'un terme, on peut utiliser également des dictionnaires multilingues comme Interglot ou le Grand dictionnaire terminologique, très efficaces pour des traductions français-anglais, ainsi que plusieurs thésaurus multilingues.

Les deux principaux logiciels de traduction sont Systran (connu également sous le nom de Babelfish) et Reverso. On les retrouve souvent comme services associés aux principaux moteurs de recherche et portails. Google, de son côté, a développé son propre module basé sur des méthodes statistiques et non linguistiques.

Selon le site Observatoire de la traduction, cette analyse statistique repose sur l'exploitation de corpus de traduction, qui permettent de déterminer quelle est la traduction la plus fréquemment utilisée pour une expression donnée. Google utilise ce module pour nombre de ses applications, YouTube s'aide même de Google Translate pour proposer la traduction automatique des sous-titres des vidéos. Google Traduction a encore innové depuis 2010 et est disponible sous forme d'application Android. De nouvelles langues ont été ajoutées (51 paires de langues disponibles), ainsi qu'un mode « speech to text » qui permet d'énoncer ou d'écouter une phrase à haute voix. En 2012, Google ajoutait une nouvelle fonctionnalité qui affiche dans son traducteur des phrases et expressions remises dans leurs contextes, avec des exemples d'utilisation, afin d'éviter les ambiguïtés.

On peut également utiliser les logiciels Systran et Reverso, à partir de leurs sites respectifs. On trouvera une liste récapitulative très complète de services de traduction automatique, en toutes langues, sur le site de la bibliothèque de l'Université du Texas[81]. Systran est associé au moteur Yahoo ! et permet de traduire 52 paires de langues.

Les « grands » logiciels de traduction, à l'origine cantonnés aux langues européennes (français, anglais, allemand, italien, espagnol, portugais, russe, etc.), ont élargi leur portée vers des langues asiatiques (chinois, japonais, coréen) ainsi que la langue arabe et désormais les langues indiennes. D'autres logiciels de traduction bilingues ou multilingues peuvent être téléchargés, par exemple le logiciel Ultralingua.

Pour d'autres langues européennes, notamment des langues scandinaves, on peut utiliser l'excellent portail Foreignword ou encore Babylon Translation qui propose des définitions très complètes extraites de dictionnaires.

Le service de traduction automatique proposé par la société Worldlingo permet en outre de traduire des courriels, et d'affiner la traduction en précisant la thématique du texte.

Citons également le très complet Mediadico, disponible également sur mobile.

De nombreux dictionnaires et thésaurus multilingues sont également disponibles sur le web, l'un des meilleurs étant l'italien Logos.

Les utilisateurs de Firefox peuvent enrichir leur navigateur d'extensions, qui permettront de traduire à la volée pages web ou textes, dans un grand nombre de langues (y compris le turc ou l'indonésien !). Parmi les plug-ins de traduction les plus efficaces, on peut citer Foxlingo ou Quick Translation. Foxlingo propose par ailleurs une liste de liens vers des outils linguistiques : traducteurs, dictionnaires, vérificateurs d'orthographe, etc.

Requêtes multilingues : la maturité n'est pas au rendez-vous

S'il existe un grand nombre de traducteurs automatiques, il est encore difficile de formuler des requêtes multilingues sur des moteurs de recherche. Plusieurs services ont disparu : c'est le cas du site Babelplex qui permettait de comparer une recherche sur Google à partir d'un mot-clé dans une langue, avec la recherche effectuée sur ce même mot traduit dans une autre langue. Le service de recherche multilingue de Google « Traduction des résultats » semble également avoir disparu. Le moteur Yahoo! a abandonné sa fonctionnalité de traduction « à la volée » des mots-clés et sa recherche multilingue, qui se présentait sous forme d'une case à cocher dans le formulaire de recherche.

81 www.lib.utexas.edu/refsites/dictionaries.html

Google, toujours lui, a développé un module de traduction qui permet aux éditeurs de sites web de rendre leurs contenus disponibles en plus de trente autres langues, en récupérant simplement le code de ce module. Une fonctionnalité de traduction des flux est disponible *via* le service Yahoo Pipes (voir chapitre 5), mais relativement complexe à mettre en œuvre.

Mais la palme de l'originalité revient sans doute au service de traduction automatique Nice Translator, extension pour Firefox ou Chrome, qui traduit un texte au fur et à mesure qu'on le tape sur le clavier, et ce pour plus de 50 langues.

Enfin, citons l'excellent site canadien Liendex, qui propose de « s'abreuver dans le web invisible ». Chaque recherche propose des hyperliens automatisés vers des encyclopédies ou dictionnaires multilingues, afin d'accéder directement aux résultats.

QR 4 PEUT-ON GARDER UN HISTORIQUE DES RECHERCHES ? RETROUVER DES PAGES DISPARUES ?

Il peut être intéressant de mémoriser une équation de recherche complexe, afin de la réactualiser régulièrement dans une optique de veille ou tout simplement pour ne pas avoir à en ressaisir les termes. Nous avons vu au chapitre 5 plusieurs formules de surveillance des mots-clés, et notamment le service Google Alert. Nous allons, en guise de complément, étudier ici le moyen de sauvegarder des stratégies de recherche.

Les recherches effectuées *via* les moteurs comme Google ou Bing, du moins les plus récentes, peuvent toujours être retrouvées dans l'historique du navigateur… . Les moteurs offrent également la possibilité d'obtenir des statistiques et un historique des requêtes, sous réserve d'être identifié via son compte personnalisé. Avec l'option « History.google.com », on peut ainsi, grâce à un calendrier, retrouver les requêtes effectuées tel ou tel jour, ou générer des statistiques concernant le nombre de recherches. Toujours pour les internautes identifiés sous Google, une nouvelle option permet de distinguer les résultats « déjà consultés » de ceux « pas encore consultés ». Il suffit pour cela de cliquer sur « Outils de recherche ». Cette fonctionnalité peut être utile pour découvrir de nouveaux résultats, mais rappelle une fois de plus le caractère intrusif de Google dans nos sujets et usages de recherche...

Un outil comme Copernic permet de conserver les stratégies de recherche et les résultats, en les classant éventuellement dans des dossiers thématiques, avec une fonction de veille automatisée disponible dans la version payante de l'outil.

Enfin, les éléments de recherche peuvent être mémorisés dans les formulaires des différents moteurs. Pour activer cette fonction, il suffit de paramétrer le navigateur. Sur Internet Explorer, dans le menu Outils, cliquer sur Options Internet, puis Contenu, Saisie semi-automatique, cliquer sur Paramètres et cocher Formulaires. On peut ensuite effacer les éléments indésirables directement dans le formulaire. Dans Firefox, choisir Options, Vie privée, et choisir « Conserver l'historique »

Où trouver des pages disparues ou modifiées ?

Il n'existe pas d'archivage systématique sur le web, certaines pages disparaissent purement et simplement ou bien changent d'adresse URL... Si la page a été modifiée très récemment, elle sera peut-être encore disponible dans le « cache » proposé par de nombreux moteurs (dont Google, Yahoo! et Bing) : il s'agit d'une copie de la page telle qu'elle se présentait lors du dernier passage du robot (voir chapitre 3). Aucune page web ne peut prétendre à l'éternité. Pour autant, le service Way Back Machine, proposé par l'association The Internet Archive (association à but non lucratif sous l'égide du Californien Brewster Kahle, qui reçoit des donations et soutiens de différents acteurs), est très impressionnant : on peut visualiser un site tel qu'il était à différentes dates depuis 1996, et même suivre des liens sur ces archives. The Way Back Machine se trouve sur le site archive.org. Il suffit de taper l'adresse URL d'une page (cela peut être une page d'accueil, ou bien une page donnée à l'intérieur d'un site). On obtient une liste de dates, correspondant à des versions antérieures de la page « capturée » à des moments divers, de façon aléatoire. Remarque : un embargo de six mois, voire un an, est pratiqué sur les versions les plus récentes.

À noter : la Bibliothèque nationale de France a depuis 2006 pour mission de collecter, conserver et communiquer les sites Internet du domaine français au titre du dépôt légal. Elle a donc mis en place un système de collecte automatique des pages, images, animations, fichiers audio et vidéo, et a également acquis des collections historiques auprès de la fondation américaine Internet Archive présentée ci-dessus. Toutefois, la masse d'informations disponibles sur l'Internet est telle que la BnF a choisi de constituer des échantillons représentatifs de l'Internet français. Les archives réunissent à la fois un matériau brut et des corpus spécialisés (littérature française, presse en ligne, sites gouvernementaux, développement durable, Web militant, vidéos personnelles en ligne). La BnF procède à la fois à des collectes larges sur des échantillons représentatifs du web (2,3 millions de sites en 2012) et des collectes ciblées sur une sélection d'environ 30 000 sites repérés par des bibliothécaires de la BnF ou des partenaires externes. Ces collectes ciblées peuvent se dérouler en relation avec un événement précis (élections, jeux olympiques, etc.). L'accès s'effectue dans les locaux de la BnF, sur justificatif.

De son côté, l'Initiative pour les archives ouvertes (OAI), lancée en 2000, s'intéresse à l'ensemble des activités liées à l'archivage des publications scientifiques. On trouvera sur le site openarchives.org des outils et méthodes permettant l'interopérabilité de ces archives, en s'appuyant sur les métadonnées au format Dublin Core.

QR 5 PEUT-ON FAIRE UNE RECHERCHE PAR DATE ?

La question du temps est complexe sur le web, qui prouve encore une fois ici sa nature « non documentaire ». Le développement des flux d'information et les nouveaux systèmes d'édition ont toutefois modifié la donne ces dernières années, rendant plus accessibles les recherches par date.

Les filtres des moteurs généralistes

De nombreux moteurs permettent d'affiner la recherche avec un filtre par date, généralement dans leur recherche avancée (par période, ou par intervalle de dates).

Mais attention : l'utilisation de ce critère ne garantit pas forcément la fraîcheur des pages retrouvées ! La référence est en effet ici la date de dernière mise à jour des pages dans l'index du moteur, c'est-à-dire la date de dernière « visite » par le crawler, et non pas la date de création ou de modification des pages, ou même de première entrée dans la base de données du moteur. Une page non modifiée depuis trois ans, mais qui a été vérifiée ou repérée lors du dernier rafraîchissement de l'index, fera partie des résultats « mis à jour » par le moteur.

Même si le filtre par date ramène du bruit, il reste intéressant de l'exploiter pour les recherches où la fraîcheur est impérative. Notons que la recherche par date de Google a beaucoup progressé en qualité depuis plusieurs années. Les critères de date sont désormais accessibles plus facilement grâce aux options, et on peut désormais saisir une fourchette de dates selon une période personnalisée.

Une astuce consiste à utiliser en guise de mots-clés des dates (par exemple : « 2013 ») combinées à des mots-clés textuels. On peut ainsi filtrer une recherche selon un critère lié vraisemblablement à la date de l'information elle-même.

La datation des contenus web

Il est très difficile, souvent impossible, de connaître la date de création ou de mise à jour d'une page web « classique ». À moins que leurs auteurs ou éditeurs n'aient indiqué clairement cette information clé, ce qui reste peu courant (sont parfois notés le jour et le mois, mais pas l'année !), on ignore tout simplement la date de création du document consulté. En effet, le langage html ne prévoit pas de balises pour identifier la date de publication des pages web. Certes, certains schémas de métadonnées (type Dublin Core) intègrent aujourd'hui cette information, mais rares sont les éditeurs qui les utilisent, et les moteurs ne prennent pas en compte cette donnée.

Quant à l'en-tête « last modified » du protocole http, sa fiabilité laisse à désirer, l'indication donnée par le serveur étant même souvent la date courante. On peut malgré tout tenter, une fois sur la page souhaitée, de taper dans la barre d'adresse du navigateur, à la place de l'URL, la commande *javascript:alert(document.lastModified)*, qui permet parfois d'obtenir la date de dernière modification de la page[82], mais cette astuce ne fonctionne pas avec la plupart des pages dynamiques.

L'explosion des flux d'information sur Internet rend toutefois possible la recherche par date dans des espaces web bien spécifiques : les sites d'information, médias en premier lieu, présentent généralement des articles datés ; ils utilisent d'ailleurs fréquemment des systèmes d'édition basés sur la gestion de contenu (content management systems), dans lesquels la date fait partie des métadonnées « embarquées ».

Les blogs fonctionnent notamment ainsi, et il est donc particulièrement aisé de chercher sur un intervalle de dates dans la blogosphère.

La recherche d'événements par année

Voir notamment en anglais dMarie Time Capsule (chansons, livres, événements de l'année de 1800 à 2003) : http://dmarie.com/timecap

Plus général : www.infoplease.com

Sur le XXe siècle uniquement : www.historycentral.com/20th/index.html

Sur Wikipédia, on peut obtenir les événements par année en utilisant l'URL http://en.wikipedia.org/wiki/1xxx (en remplaçant xxx par les chiffres utiles).

Enfin, Wikiwix, moteur de recherche opérant sur Wikipédia, dispose d'une fonctionnalité très intéressante pour connaître les événements année par année.

QR 6 COMMENT NE PAS LAISSER DE TRACES SUR INTERNET ?

Êtes-vous connu(e) sur le web ? La meilleure manière de le savoir, c'est d'indiquer vos prénom et nom sur Google (par exemple) en utilisant les guillemets pour limiter le bruit aux homonymes éventuels. Vous pouvez aussi utiliser l'un des « moteurs de recherche de personnes » disponibles (voir Question/Réponse 16). Alors, de quatre choses l'une :

- Vous êtes une personnalité connue (politique, chercheur, consultant, écrivain, comédien !...) et, logiquement, de nombreuses pages web traitent de vous (sans doute avez-vous même un article sur Wikipédia).
- Sans être une star ou une personnalité publique éminente, vous avez une « identité numérique » forte, ce qui est normal puisque

82 On peut aussi utiliser un bookmarklet : http://bookmarklets.com/tools/data/index.phtml

vous écrivez des articles, déposez des images et vidéos, et/ou vous tenez un blog, et/ou vous commentez beaucoup, et/ou vous appartenez à un ou plusieurs réseaux sociaux...

- Vous pensiez êtes totalement absent du web, et vous vous rendez compte que votre nom apparaît par exemple suite à cette conférence à laquelle vous avez assisté il y a deux ans (la liste des participants a été mise en ligne).

- Votre nom est (encore !) inconnu de l'index des moteurs.

Mais il ne s'agit là que de la partie émergée des marques que vous avez laissées, dans la mesure où il est fort difficile de surfer de manière totalement anonyme. Soyons clair : sur le web, toutes nos activités laissent des traces plus ou moins persistantes, sur notre ordinateur, chez notre fournisseur d'accès (et/ou réseau d'entreprise), et sur les sites visités. Il convient donc, sans tomber dans la paranoïa, de rester très vigilant : il importe d'une part de bien comprendre en quoi consistent ces traces pour adapter en toute connaissance de cause sa manière de surfer, de consommer et de se manifester sur le web, et d'autre part de savoir préserver sa vie privée, au besoin à l'aide d'outils spécifiques.

Après plusieurs atteintes très médiatisées à la vie privée d'internautes, la question du « droit à l'oubli » a d'ailleurs été souvent évoquée ces derniers mois. Estimant que les individus doivent être davantage sensibilisés, la Commission nationale informatique et libertés (CNIL)[83] a notamment lancé à l'intention des jeunes un site-outil JePublieJeReflechis.net, qui donne dix conseils avisés pour ne pas avoir à regretter les traces semées de manière inconsidérée sur le Net.

Données sur le poste utilisateur

Outre l'historique du navigateur, qui stocke les liens vers les pages visitées, un espace du disque dur est réservé au stockage temporaire des pages html et autres fichiers (graphismes, images) qui sont « capturés » au fur et à mesure de la navigation et de l'affichage des informations sur le navigateur. Ce fichier cache conserve donc toutes les connexions récentes et permet d'accélérer l'affichage des sites fréquemment visités ou déjà consultés.

La même conservation des données peut bien entendu se faire chez le fournisseur d'accès et/ou au niveau du réseau d'entreprise : on parle alors de « proxy », qui est en fait un serveur de mémoire cache. Si cet espace permet de gagner du temps pour le chargement et répond également à un souci de sécurité général pour l'entreprise, son existence doit néanmoins s'inscrire dans un cadre législatif très clair au niveau de l'utilisation et de la conservation des données ainsi recueillies.

83 www.cnil.fr/index.php ?id=123

Par ailleurs, de nombreux serveurs web génèrent sur l'ordinateur de l'internaute qui consulte les pages des « cookies », enregistrements d'informations dans un fichier texte que ce même serveur (et lui seul, d'ailleurs), peut aller relier et modifier ultérieurement. C'est grâce à ces cookies que les sites web vous « reconnaissent » à la connexion.

Il est possible de limiter ces traces, soit en les supprimant directement sur le disque dur, soit en utilisant les options *ad hoc* des navigateurs. Par exemple,

- sur Internet Explorer par le menu Outils/Options internet/Historique de navigation ;
- sur Firefox, par le menu Outils/Options/Vie privée ou bien grâce à des extensions comme Distrust qui améliorent encore la protection.

Notons qu'il existe plusieurs logiciels qui permettent de supprimer l'ensemble des traces sur le poste quel que soit le navigateur (exemple 12 Ghosts Wash, Privacy Sweeper, etc.).

Données sur l'environnement informatique et le parcours suivi

Il est très facile pour les éditeurs des sites de disposer d'informations assez complètes sur leurs visiteurs. Certes, ils ne recueilleront pas de données personnelles comme des noms ou des adresses, mais des scripts très simples (php, javascript, etc.) permettent néanmoins d'analyser différentes « variables d'environnement » : des informations seront alors disponibles sur la machine connectée : adresse IP, adresse DNS, système d'exploitation, navigateur web (marque, modèle, numéro de version, version linguistique), proxy, dernière page vue par le navigateur, etc. La démonstration est immédiate, par exemple sur le site de la CNIL.

Des logiciels existent toutefois pour masquer l'adresse IP comme Hide My IP 2007 ou SurfAnonymous[84], ou le plus ancien Anonymiser Anonymous Surfing. Leur utilisation peut toutefois présenter le défaut de ralentir vos connexions (passage par des réseaux de proxys).

Des services en ligne[85] sont également disponibles, tels Proxify, Anonymouse, Browseatwork ou encore TOR.

Attention toutefois, ces solutions peuvent très bien archiver les traces laissées par leurs utilisateurs... Il s'agit donc d'être particulièrement vigilant dans le choix du service d'anonymisation.

84 Voir la présentation de ces logiciels ainsi que d'autres sur la rubrique « Vie privée » du site Clubic.com : www.clubic.com/telecharger/windows/vie-privee

85 Ces services sont recommandés par le webzine allemand Netzwelt.de spécialisé en informatique. Voir l'article www.netzwelt.de/news/78257_5-china-kracher-so-laesst-sich-die.html

Données disponibles publiquement sur le web

Ne rien dévoiler de soi-même sur Internet devient compliqué. Comme l'indique Olivier Andrieu, « le web social regorge en effet de services utiles (et c'est là tout le problème) dans lesquels nous nous dévoilons par petites touches : nos centres d'intérêt (bookmarking social de type del.icio.us), notre réseau de connaissances (Facebook, Linkedin), nos préférences musicales ou littéraires (Amazon wishlist, Librarything, Last.fm), nos photos et vidéos (Flickr, YouTube), nos déplacements (Dopplr)…[86] ».

Mais il convient de distinguer deux éléments que l'on a tendance à confondre :

- l'identité numérique, composée des « traces informationnelles » qu'un internaute laisse sur lui même en publiant les divers éléments énumérés plus haut ;
- l'e-réputation, c'est-à-dire des informations diffusées sur lui par d'autres internautes.

Un internaute possède ainsi la maîtrise de son identité numérique et doit la construire et l'entretenir au quotidien afin d'offrir la meilleure image possible. En revanche, il a peu de prise sur son e-réputation et sur la perception de sa personne, sa marque ou son entreprise.

La CNIL a appelé « déchets infoactifs » les données personnelles publiques qui peuvent surgir à tout moment. Selon l'expression d'Alex Türk, président de la CNIL, « on assiste à une dilatation du présent. Vous pouvez faire des bêtises à 20 ans, avec les réseaux sociaux, le passé est toujours présent ». Il est en effet, dans la plupart des cas, fort difficile de supprimer ce type de trace. De nouveaux services se positionnent alors sur le créneau, comme Reputation Defendeur, avec la promesse de nettoyer les éléments d'information indésirables. Attention toutefois : même si une information a été retirée d'une page par l'éditeur d'un site[87], il se peut qu'elle reste malgré tout visible, soit temporairement dans le cache du moteur, soit beaucoup plus stable dans un lieu d'archives du web (voir Question/Réponse 4).

QR 7 COMMENT SUIVRE L'ACTUALITÉ DES OUTILS DE RECHERCHE WEB ?

Dire que le monde de la recherche d'information sur Internet évolue fort rapidement est un euphémisme ! La question se pose alors de connaître les sources à consulter pour se tenir au courant des nouveaux outils et tendances, voire des nouvelles techniques de recherche.

86 ANDRIEU, O., « Quatre moteurs de recherche de personnes », Recherche et référencement, novembre 2008, http://recherche-referencement.abondance.com/2008/11/quatre-moteurs-de-recherche-de.html
87 Voir par exemple la page informative de Google pour supprimer du contenu de son index www.google.fr/intl/fr/remove.html#exclude_pages

Nous conseillerons d'utiliser de manière privilégiée les blogs, très investis par les experts et observateurs des nouvelles technologies et de l'Internet en général, du domaine de l'information-documentation et de la « Net-recherche » : en effectuant un choix judicieux de quelques fils RSS correspondant à ces blogs (ou actualités comme pour le flux de l'incontournable Abondance.com) et en y consacrant une petite heure par semaine, on peut se tenir au courant des faits majeurs du domaine. Certes, l'approfondissement des informations recueillies peut se révéler chronophage !

Outre les blogs des principaux moteurs, voici donc quelques sources, parmi beaucoup d'autres, mais qui figurent parmi les plus incontournables (par ordre alphabétique).

En français

– le fil d'information du site ***Abondance.com*** d'Olivier Andrieu (disponible aussi par courriel et lisible sur le site où l'on peut s'abonner à une lettre professionnelle payante). Olivier Andrieu tient également son propre blog ;

Fil d'information abondance

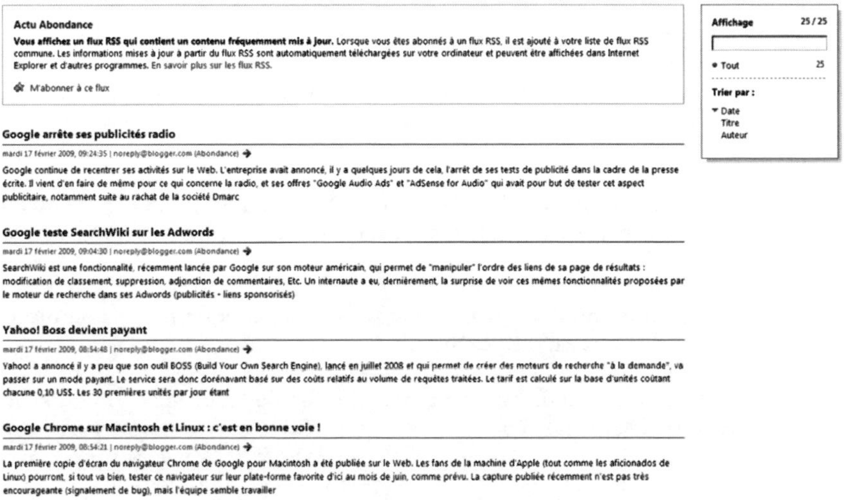

– **Actulligence** : le blog de Frédéric Martinet, spécialisé sur les outils de veille et intelligence économique ;

– **Affordance** : le blog d'Olivier Ertzscheid, maître de conférences à la faculté de Nantes ;

– **European Agency Strategic Intelligence (EASI)** : le blog du consultant belge Christian van den Berghen (ex Brainsfeed) ;

– **CaddE-Réputation** : le blog de Camille Alloing, devenu rapidement incontournable pour les questions liées à l'e-réputation des organisations ;

– **Clubic.com** : actualité d'Internet 24h/24 ;

– **Demain la veille** : le blog d'Aref Jdey, consacré aux outils de veille ;

– **Google XXL** : actualités, dossiers et astuces sur Google ; ne semble plus très à jour ;

– **Goopilation.com** : traduit en français les billets de l'ensemble des blogs officiels de Google ;

– **Le Guide des égarés** : Olivier Le Deuff, le « Neuromancien », suit les thèmes de la culture de l'information et des humanités numériques ;

– **Les Infostratèges** : le site d'actualités où Didier Frochot informe notamment des aspects juridiques liés à la recherche d'information sur Internet ;

– **Interligere** : comptes rendus des conférences du Club Intelligence Économique et Stratégique, présidé par Jérôme Bondu ;

– **Influx** : le blog de Christophe Asselin, également éditeur du site Intelligence Center ;

– **Médias sociaux** : l'un des blogs créés par Fred Cavazza, consacré aux blogs, wikis et réseaux sociaux ;

– **Motre.ch** : le blog de Jérôme Charron, initiateur depuis fort longtemps de la liste de discussion Motrech ; ne semble plus très à jour...

– **N'ayez pas peur** : blog québécois consacré aux nouvelles formes de publication sur Internet, tenu par Philippe Martin ;

– **Outils Froids** : le blog de Christophe Deschamps qui traite aussi de nombreux autres sujets connexes à la recherche d'information et à la veille ;

– **Presse citron** : « le web est la plus belle conquête de l'homme », telle est la devise d'Éric Dupin ;

– **Ramenos** : intéressant pour identifier de nouveaux moteurs de recherche spécialisés ;

– **Readwriteweb** : la version française de l'un des blogs les plus influents dédié aux technologies web ;

– **Référencement, Design et Cie** : le blog du professionnel du référencement Sébastien Billard ;

– **Techcrunch** : la version française du célèbre blog de Michael Arrington ;

– **Technologies du langage** : le blog de Jean Veronis, professeur de linguistique et d'informatique à l'Université de Provence-Aix Marseille 1 ;

– **Zoorglob** : pour tout savoir sur Google par Éric Lebeau, qui ouvre aujourd'hui ses colonnes à d'autres contributeurs. Le compte Twitter associé est plus à jour que le blog...

Sans oublier la compilation de différentes sources opérées par Secret2Moteurs et les newsletters payantes *Bases* et *Netsources* éditées par FLA Consultants.

En anglais : sélection

– **Charlene li's blog** : le blog d'une analyste de Forrester, souvent axé sur la recherche ;

– **Geeking with Greg** : Greg Linden spécialise son blog sur le thème de l'information numérique ;

– **John Battelle's Searchblog** : le blog de John Battelle, l'un des cofondateurs de Wired et du site The Industry Standard ;

– **Matt Cutts : Gadgets, Google and SEO** : le blog de Mats Cutts communique régulièrement auprès de la communauté SEO des informations sur le moteur Google

– **O'Reilly radar** : le blog de l'éditeur Tim O'Reilly, l'un des fondateurs du concept web 2.0 ;

– **Researchbuzz** : actualité des moteurs de recherche et bases de données ;

– **Search Engine Journal** : actualités du référencement et de la recherche d'informations web ;

– **Search Engine Land** : tout sur l'actualité du « search » (rédacteur en chef : Danny Sullivan) ;

– **Searchengine roundtable** : tour d'horizon du contenu des forums de discussion sur la recherche d'informations ;

– **Searchenginewatch blog** : blog associé au célèbre site Searchenginewatch, créé par Danny Sullivan et resté, même après son départ en 2006, un site majeur de la recherche d'information. On y trouve également une lettre d'information, des webcasts, des flux, etc.

– **Silicon Beat** : se fait l'écho des innovations issues de la Silicon Valley.

QR 8 COMMENT CRÉER DES MOTEURS PERSONNALISÉS ?

Le chapitre 2 de ce guide a présenté l'univers des moteurs verticaux et personnalisés. Pour créer son propre moteur à moindre coût en utilisant les techniques disponibles sur le web, voici les principales étapes à respecter.

Étape 1 : cerner son besoin. Quel sera l'usage de ce moteur personnalisé ? S'agit-il seulement de permettre la recherche sur les pages de son propre site, de se simplifier la vie pour des requêtes récurrentes sur des ensembles de sites connus, de partager ses connaissances, ou de proposer un service à valeur ajoutée à ses visiteurs (ou clients) ? Comme d'habitude, les questions « Pour qui ? » et « Pour quoi faire ? » seront les premières à se poser avant de se lancer et de choisir un outil.

Étape 2 : opérer sa sélection de sites web. Il s'agit d'identifier, de sélectionner et de valider les sites adéquats dans l'objectif du moteur spécialisé à construire, ou bien d'utiliser un répertoire déjà constitué, voire des favoris. Cette sélection devra évoluer dans le temps pour répondre aux changements constants du web (fermeture de site ou modification des URL utiles, nouvelles sources, etc.). Selon la technologie choisie, des contraintes existent dès cette étape, et il faut donc statuer en fonction des objectifs et de l'ampleur du projet (le nombre de sites est parfois limité, la souplesse de choix ou d'exclusion de pages ou de répertoires est plus ou moins grande selon les outils, etc.).

Étape 3 : indiquer sa sélection à l'outil choisi. La saisie se fait manuellement la plupart du temps (tests souvent possibles). L'opération est parfois facilitée : pour des importations importantes exploitant éventuellement les patterns (programmes de spécifications pour les choix des pages), Google donne la possibilité d'utiliser des fichiers OPML ou de choisir le format XML. .

Étape 4 : choisir le statut du moteur et les options de recherche. On peut généralement implanter sur son site une fenêtre de recherche, voire les résultats ; on peut aussi parfois aménager le design de son site, disposer de statistiques, accepter les collaborations extérieures, etc. Pour chaque outil, on dispose d'une page dédiée sur le serveur à partir de laquelle on peut « diriger » son moteur plus ou moins finement (le *control panel* de Google est très complet).

Google Custom Search : un bon compromis entre simplicité et professionnalisme

Pour la spécification du « périmètre du web » à interroger, Google arrive nettement en tête sur ses concurrents. Or ce paramétrage est essentiel dès lors que l'on veut créer un moteur spécialisé vraiment pertinent. En effet, les sites web les plus informatifs sont aussi souvent les plus importants en taille, et ne pas pouvoir se limiter à un répertoire, voire à quelques pages, est rédhibitoire. Mais tout dépend encore une fois de l'objectif poursuivi, d'autres avantages pouvant alors faire basculer le choix de l'outil.

Pour créer un moteur personnalisé Google Custom Search :

- s'identifier à partir de son identifiant Google (adresse Gmail par exemple) sur la page Google.fr/cse ;
- cliquer sur « New search engine » ;
- saisir dans la zone « sites to search » la liste des sites sur lesquels portera la recherche personnalisée (il faut bien sur avoir préalablement identifié les URL) ;
- on peut saisir plusieurs types d'adresses :

Pages individuelles : www.monsite.com/page.html

Sites complets : www.monsite.com/*

Partie d'un site : www.monsite.com/docs ou www.monsite.com/docs*

Domaine complet : *.exemple.com

- choisir ensuite la langue de l'interface du moteur ;
- cliquer sur « Create » ;
- on peut ensuite ajouter le moteur ainsi créé à un site web ou un blog, ou tout simplement créer une URL publique donnant accès à ce moteur ;
- le moteur peut ensuite être interrogé par tout internaute, à partir de l'URL publique : les options de syntaxe avancée de Google peuvent être utilisées ;
- le panneau de configuration permet à tout moment de rajouter de nouvelles adresses de sites sur lesquelles effectuer la recherche, de les modifier, les supprimer...

Yahoo! Boss : à réserver aux développeurs

Le moteur Yahoo! avait lancé en 2006 sa technologie « grand public » de création de moteurs personnalisables, sous le nom de Yahoo! Search Builder. Mais en 2008, c'est aux développeurs (ou tout au moins amateurs éclairés) que la société s'adresse avec Yahoo! Boss (Build your own search service) : il s'agit d'une API qui permet aux éditeurs de sites de se doter d'une fonction de recherche personnalisée (tri, présentation, affichage par « facettes », périmètre de recherche, etc.), en se basant désormais sur le moteur Bing. L'application, très intéressante, a été rendue payante depuis 2010. En 2012, deux nouvelles applications de géolocalisation (payantes) s'y sont rajoutées.

QR 9 OUTILS DE CAPTURE : COMMENT RÉCUPÉRER LES DONNÉES SUR LE WEB ?

Trouver la bonne information sur le web, c'est une chose, la stocker intelligemment pour une exploitation ultérieure, c'en est une autre… La panoplie idéale du Net chercheur intègre donc un outil de capture, c'est-à-dire un assistant personnel de collecte et de management de l'information récupérée lors des recherches et des navigations sur le web. Ces utilitaires permettent en effet de sauvegarder et de classer les données choisies selon un système arborescent de catégories et sous-catégories à base de dossiers, et de compléter la collecte web avec des notes personnelles.

On a l'habitude d'utiliser un gestionnaire de bookmarks, éventuellement intégré au navigateur, pour ranger ses signets (ou favoris), et pouvoir ainsi facilement mémoriser l'adresse d'un site ou d'une page web. Mais le simple ajout de l'URL ne suffit pas à garantir la disponibilité future de la page, d'où l'intérêt d'utiliser un outil de capture pour gérer des « éléments d'information » issus du web. Pourront ainsi être conservés un lien, mais aussi et surtout une page entière, un paragraphe, voire une simple phrase ; et également des fichiers aux formats spécifiques, une image ou un fichier son.

Par ailleurs, ces applicatifs renseignent automatiquement des champs d'indexation comme le titre, l'URL et la date de la capture : ils proposent selon les cas d'autres métadonnées, un éditeur intégré (annotation, mise en forme), des fonctionnalités complémentaires (capture d'écran, compilation des informations, partage, export, flux RSS, etc.) et permettent généralement une navigation et une recherche aisées dans les contenus stockés.

Certains outils se positionnent même parfois comme des plates-formes collaboratives, en prévoyant partage de ressources, co-production de documents, génération de flux RSS, etc. Mais le créneau qui s'est développé le plus récemment est celui des applications en ligne orientées web 2.0, qui complètent les solutions de bookmarking social vues au chapitre 4 en intégrant la gestion de tous types de données électroniques en différents formats : web, texte, mails, images, graphiques, tableaux, photos, sons, vidéos, autres fichiers, etc.

Néanmoins, le gros désavantage des services en ligne reste de ne pas permettre le « glisser-déposer » ni le menu contextuel, les plus intuitifs pour récupérer des éléments de texte. Ces outils développent néanmoins de plus en plus des extensions pour le navigateur Firefox et pour le navigateur Chrome de Google.

Scrapbook : une « extension capture » performante pour Firefox

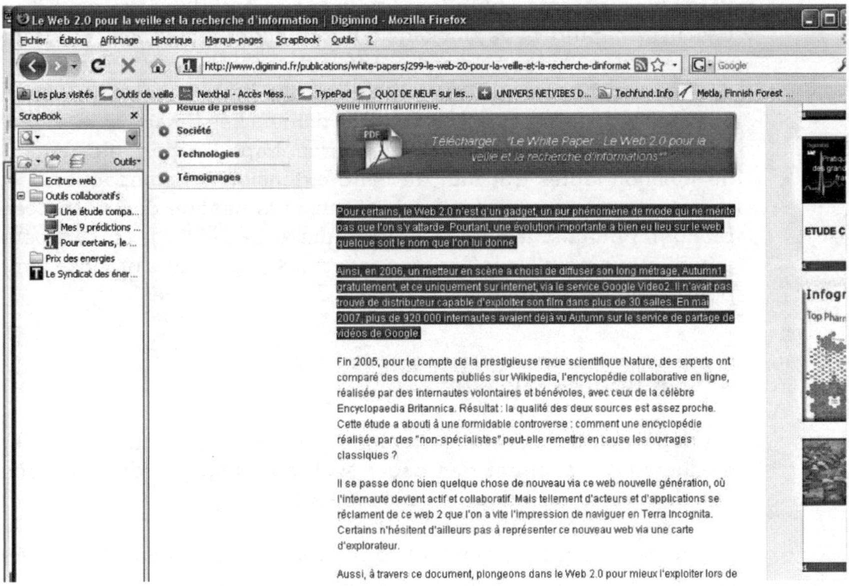

Les logiciels

Le français Egems Collector (société Alogic), lancé en 2001, reste pour un coût modique une solution très complète : avec sa discrète fenêtre flottante (icône « diamant »), cet outil de capture facilite grandement la réutilisabilité de l'information. Egems est également proposé en version serveur, pour un meilleur partage de l'information.

WebResearch développé par la société allemande Macropool, est également un outil intéressant : la version professionnelle à a été encore améliorée avec notamment un moteur de recherche plus performant, des fonctions de synchronisation, de capture et de gestion très professionnelles des documents.

Parmi les gratuits, citons l'un des précurseurs, Cogitum Co-Citer, qui a toutefois peu évolué et présente des fonctionnalités limitées.

Voir aussi les outils enLighter et Cartagio (fourni par Missiontrek).

Les applications de lecture différée pour tablettes

Les nouveaux usages de lecture d'articles sur tablettes ont favorisé l'émergence d'applications permettant le stockage d'articles en vue d'une lecture différée. Citons dans ce domaine Instapaper ou Readibility, disponibles pour plusieurs navigateurs ou tablettes. Readility propose de plus un léger traitement des contenus, afin de « nettoyer » les bannières publicitaires ou éléments inutiles.

Les extensions Firefox

Parmi les différents « plug-ins » gratuits susceptibles de répondre au besoin de capture et de stockage d'informations, Scrapbook et Zotero sont les solutions les plus séduisantes. Scrapbook permet l'affichage des éléments capturés à gauche, dans une barre rétractable : prise en compte du format pdf, capture des fichiers liés (image, son, vidéo, archive, etc.), surlignage, commentaires, import-export, etc., autant de fonctionnalités qui font de cette extension un compagnon fort convenable. Zotero, quant à lui, optimise la gestion des références bibliographiques, avec des métadonnées très riches : il récupère automatiquement les références associées à une page, propose l'import-export de références, la création de bibliographies.

Les solutions en ligne

Au départ outil de partage de signets, la plate-forme Diigo permet également de capturer des pages web ou images. Il devient donc l'un des services en ligne les plus complets.

Phénomène récent, les applications de stockage en ligne de fichiers comme Dropbox se prêtent particulièrement au travail collaboratif et multiplateformes puisqu'elles sont accessibles à partir d'ordinateurs PC ou Mac, mais aussi de smartphones ou tablettes. On peut ainsi stocker et synchroniser des données de façon publique ou privée. Attention toutefois à certains problèmes de synchronisation des données....

Bien utiliser les outils de capture

Contrairement aux gestionnaires de bookmarks, les outils de capture ont plutôt vocation à gérer des données à durée de vie « courte » : ils s'utilisent dans le cadre d'un projet en cours ou prévu à court terme, dans le contexte de la réalisation d'un dossier ou d'une synthèse ou pour rassembler des données pour préparer une rencontre ou une réunion. Il convient donc, là aussi, de visiter régulièrement les informations capturées pour éliminer toutes les informations obsolètes.

Comme nous l'avons déjà mentionné, la recherche sur le web est propice à la sérendipité et il est très fréquent de trouver des informations pertinentes sur un sujet alors que l'on est en train de travailler sur un autre. Les outils de capture jouent un grand rôle pour éviter, dans ce cas, tant la dispersion que la frustration : on pourra recueillir l'information utile, et même la commenter rapidement (en fonction des cas, on aspirera la page entière ou le paragraphe, voire le fichier multimédia, ou bien seulement le lien hypertexte) sans perdre de temps, et sans « copier-coller » fastidieux. Ces utilitaires permettant de classer les contenus et d'y effectuer des recherches sur mots-clés (ou tags) ou sur le texte intégral, ils facilitent la constitution d'une vraie base de connaissances personnelle, voire partagée...

QR 10 LES FORUMS ET LISTES DE DIFFUSION : ENCORE ACTIFS ?

Les forums de discussion et les listes de diffusion constituent depuis longtemps des outils d'échange et de diffusion d'informations ciblées. Ils illustrent l'un des atouts majeurs d'Internet : la discussion, la mise en relation de personnes partageant les mêmes centres d'intérêt. Ils serviront à traquer de l'information « non officielle », à échanger des conseils, trucs et astuces, à identifier des experts d'un domaine, etc.

Mais d'autres modes de communication collective et de partage d'information apparus plus récemment ont capté une grande partie des conversations sur le web, au détriment des listes de discussion et même des forums :

- d'abord les blogs, qui peuvent favoriser davantage la personnalisation et la valorisation de l'individu au sein du réseau... On a pu ainsi définir plaisamment le blog comme une forme de « forum égoïste » ;
- puis le microblogging, Twitter en tête, et les réseaux sociaux comme Facebook ou les nombreux réseaux généralistes ou spécialisés, professionnels ou amicaux.

Toutefois, dans certains domaines spécifiques ou pointus, les forums et listes de diffusion demeurent des sources d'information utiles, le cas échéant, pour la pratique de la veille : on y trouvera pêle-mêle des offres ou demandes d'emploi, des avis d'« experts », des annonces de congrès et manifestations, des discussions et échanges de tous types. Plusieurs outils permettent de les identifier et d'effectuer des recherches à l'intérieur des contenus. Listes et forums de discussion sont des outils relativement voisins, il convient toutefois de ne pas les confondre.

Les forums Usenet : les « ancêtres » de l'Internet

Ils permettent l'échange et la consultation de messages en différé, sur des sujets très divers. Ils sont organisés selon une arborescence précise et fonctionnent grâce à un réseau spécifique de serveurs (Usenet). Le système de forums Usenet a été inventé dès 1979... donc bien avant le web ! Les forums utilisent le protocole NNTP. Il existe des milliers de forums Usenet, consacrés à des sujets grand public ou professionnels. Traditionnellement, un préfixe désigne leur spécialité : par exemple, fr pour les forums en français, « sci » pour les questions scientifiques, etc. Il faut toutefois être attentif à la fiabilité et à la qualité des contributions, les messages postés sur les forums ne faisant l'objet d'aucun contrôle.

L'intérêt des forums est assez limité pour la recherche documentaire, on peut les utiliser en revanche en veille concurrentielle pour traquer les rumeurs... Usenet a connu un regain d'intérêt récemment pour des opérations de téléchargement : les forums étant moins surveillés que les réseaux P2P (peer to peer), le réseau Usenet a pu servir de substitut dans le contexte de la loi Hadopi…

Google propose, depuis le rachat en 2001 de l'outil Dejanews, une option de recherche sur les archives des forums Usenet qui évite de disposer d'un logiciel de lecture spécifique. La recherche avancée permet de cibler les recherches par date (avec la possibilité de remonter dans le temps jusqu'en… 1981 !). Cependant, ces archives ne sont pas complètes.

Aujourd'hui, peu de fournisseurs d'accès à Internet proposent l'accès aux forums Usenet.

Les « web forums » : une administration simplifiée sur le web

Les web forums (ou message boards ou bulletin boards) sont apparus plus récemment : il s'agit d'espaces sur le web, créés à l'intérieur d'un site sous forme de pages html, où l'on peut poster et consulter les messages. Il est donc nécessaire de se connecter d'abord au site hébergeant le forum pour y participer. L'accès se fait directement via le web et non pas en passant par le réseau Usenet.

Signe des temps : plusieurs outils de recherche sur les web forums ont récemment disparu ou s'intéressent à présent à d'autres supports.

On peut néanmoins consulter, pour identifier des forums spécialisés :

– ***Boardreader :*** cet outil, créé en 2000 par des ingénieurs et étudiants de l'Université du Michigan, permet de rechercher parmi des millions de forums. Il est aussi possible de chercher des images et des vidéos sur des messages de forums et d'analyser l'activité d'un forum en particulier ;

Boardreader analyse l'activité des forums

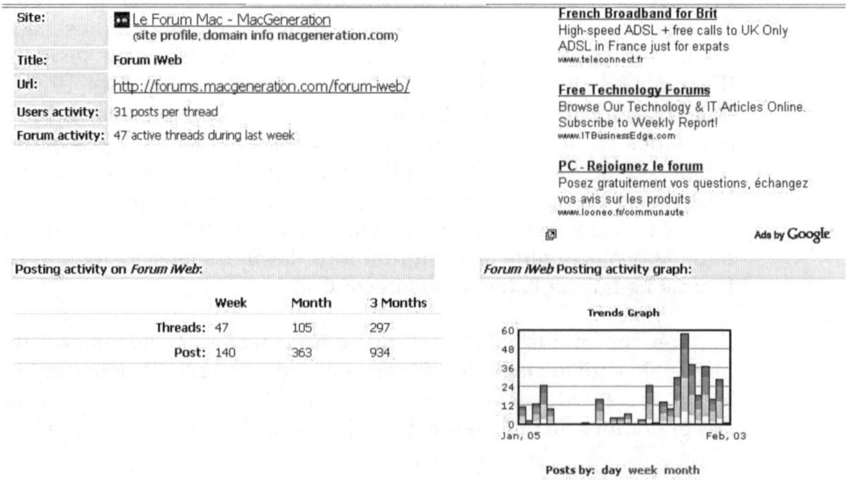

- ***Google*** qui indexe depuis 2004 des articles de web forums ;
- ***Yahoo!*** qui propose Yahoo! Forums, un outil de création de forums privés et de recherche sur les forums ;

Des outils cités dans la précédente édition comme Boardtracker et Omgili sont devenus beaucoup plus des moteurs de recherche sur réseaux sociaux que des « traqueurs de forums ».

Les listes de diffusion : toujours utiles !

Ces listes, qui utilisent le protocole du courrier électronique, semblent un peu dépassées à l'heure des réseaux sociaux, mais restent fort utiles. Le principe est simple : les personnes intéressées doivent s'abonner à la liste choisie et reçoivent alors dans leur boîte de courrier électronique les messages postés. Le serveur de listes (« listserv ») gère les échanges en recevant les contributions à son adresse (« l'adresse de la liste ») et en les renvoyant à tous les abonnés.

Les serveurs de listes travaillent donc de façon individuelle, ce qui explique la difficulté à pénétrer dans les archives de certaines listes à moins d'y être abonné. Il n'existe pas de site permettant l'interrogation immédiate de l'ensemble des messages parus sur l'ensemble des listes mondiales.

Certaines listes sont modérées : cela signifie que les messages sont filtrés avant diffusion par un « modérateur », qui juge de leur intérêt et de leur adéquation aux objectifs de la liste. C'est souvent un gage de qualité.

Les listes de diffusion, en complément des blogs et fils RSS, demeurent intéressantes pour suivre l'actualité d'un secteur professionnel transversal (documentation, veille, enseignement, droit, etc.). Il vaut mieux par contre ne pas multiplier le nombre d'abonnements aux listes pour éviter d'être « inondé » de messages... La liste maintenue par l'ADBS permet de recevoir chaque jour des messages venant de professionnels de l'information-documentation.

Il n'est pas toujours aisé d'identifier les listes correspondant à un domaine. La plupart des répertoires de listes (Francopholistes notamment) ne répondent plus aujourd'hui.

Yahoo! est devenu avec Yahoo! Groups l'un des plus importants hébergeurs de listes depuis la reprise de E-groups, qui avait lui-même racheté son concurrent OneList. Google occupe également ce créneau avec la nouvelle version du service Google Groups, qui permet depuis 2004 de créer des listes de diffusion personnalisées.

La société Topica, après rachat du répertoire de mailing-lists Liszt en 1999, continue de proposer un annuaire de listes de diffusion américaines. Il existe enfin des répertoires spécialisés de listes de diffusion : par exemple, le National Institute of Health recense des listes américaines dans le secteur médical. Certains portails spécialisés

(Cismef dans le domaine médical par exemple) peuvent recenser des listes de diffusion existant dans leur domaine de compétences.

En ce qui concerne les newsletters, peu de répertoires sont maintenus. Citons The Ezine Directory, qui existe depuis 1999 ! Il est vrai que la diffusion par flux RSS a envahi le web, même si de nombreux éditeurs continuent de doubler par une newsletter.

Mais en 2013, la très grande majorité des échanges ne se fait plus sur les listes de diffusion, et le déclin des outils dédiés est lié à celui du produit lui-même. Les « vraies » discussions ont lieu ailleurs, sur les blogs, sur les réseaux sociaux comme Facebook ou Twitter.

QR 11 OÙ TROUVER DES ENCYCLOPÉDIES ET DICTIONNAIRES ?

Encyclopédies « classiques »

Ce secteur est marqué depuis plus de dix ans désormais par la concurrence des encyclopédies collaboratives disponibles gratuitement sur le web, à commencer par la célèbre Wikipédia. Les encyclopédies « classiques », Universalis ou Britannica par exemple, sont traditionnellement accessibles sur le web de façon payante. Sur ces deux sites néanmoins, on peut rechercher gratuitement dans l'index ou bien dans le texte intégral des encyclopédies, mais la visualisation des articles reste payante. Quelques dossiers sur des thèmes littéraires ou scientifiques sont offerts gratuitement. Conséquence inéluctable : les internautes se tournent vers les encyclopédies « libres ».

Conscients du danger, les éditeurs des encyclopédies classiques ont réagi en offrant des services 2.0 sur le web. Ainsi, le site Britannica a lancé en avril 2008 une formule permettant aux blogueurs un accès libre pendant un an à l'intégralité des volumes de l'encyclopédie, avec la possibilité de créer des liens vers les articles. L'objectif, pour la prestigieuse encyclopédie, étant d'être davantage lue et citée, et donc mieux référencée dans les résultats des moteurs…

Un mois plus tard, en mai 2008, l'éditeur Larousse allait encore plus loin en proposant un accès gratuit au contenu de l'Encyclopédie universelle ; les internautes peuvent désormais contribuer et enrichir les 150 000 articles. En revanche, un système de couleurs permet de distinguer les articles provenant de l'éditeur des contributions postées par les lecteurs. Larousse garantit que les droits d'auteur seront respectés, ainsi que l'intégrité des contributions, qui ne pourront être modifiées que par leurs auteurs.

L'encyclopédie Hachette fonctionne encore sur un mode traditionnel. La recherche par mots-clés permet d'afficher des thèmes corrélés à la recherche (définition, lieux, chronologies, œuvres et personnes connexes) ainsi que les premières lignes de l'article.

Signe des temps, l'encyclopédie francophone gratuite Webencyclo, issue des éditions Atlas, a disparu de la Toile. Quant au Quid, victime également de la concurrence des encyclopédies gratuites sur le web, il n'est plus édité sous forme papier depuis 2008. Le site Quid.fr comprend des fiches détaillées sur les villes de France, un atlas ainsi que des dossiers d'actualité.

L'encyclopédie Encarta, créée par Microsoft dès 1993, a également souffert de la « concurrence » des encyclopédies ouvertes. Microsoft a annoncé en mars 2009 l'arrêt des versions en ligne et cédéroms d'Encarta. Les différents sites correspondant aux versions d'Encarta en différentes langues ont effectivement fermé fin 2009. En revanche, le dictionnaire Encarta est toujours disponible à l'adresse dictionary.msn.com.

Encyclopédies « ouvertes »

On ne présente plus Wikipédia, l'encyclopédie collaborative lancée dès 2001 par Jimmy Wales et Larry Sanger. Les chiffres sont éloquents : plus de 26 millions d'articles rédigés dans plus de 280 langues, l'un des sites les plus visités au monde... Si toutes les versions linguistiques de Wikipédia étaient imprimées, elles représenteraient plus de 8400 volumes !

Les articles, rédigés par des internautes bénévoles, ne font pas l'objet d'un contrôle par un comité de lecture. Néanmoins, les différents contributeurs doivent respecter des règles d'écriture communes et observer une « neutralité de point de vue » et une impartialité... parfois difficile à conserver sur des sujets brûlants ! Chaque internaute peut modifier les contenus (à part certains articles dont le contenu est soumis à caution) et suivre l'historique des modifications. Les articles sont généralement synthétiques et riches en information. Un article paru en 2005 dans la célèbre revue *Nature*[88] tendait à prouver que l'encyclopédie libre offre un taux de fiabilité voisin de celui de l'Encyclopedia Britannica (laquelle a bien entendu réfuté ces conclusions).

Wikipédia a subi également plusieurs critiques quant à l'inexactitude ou au caractère approximatif de certains articles, et les débats ont fait rage dans les premières années : le philosophe Michel Serres se déclarait « enthousiaste de Wikipédia » (lors d'une émission diffusée sur France Info le 25 février 2007) alors que Jean-Noël Jeanneney, ex-président de la Bibliothèque nationale de France, y voyait « une belle idée qu'on peut saluer, mais qui souffre de reposer sur trois utopies : la gratuité, l'objectivité et l'autogestion du savoir.[89] » La version française compte au printemps 2013 1,3 million d'articles, contre plus de 4 millions d'articles pour la version en anglais. Pourtant, selon une étude américaine parue en début 2013, le nombre de contributeurs à la version anglophone aurait baissé de plus de 35 % entre 2007 et 2012. Selon les auteurs de cette étude[90], « *Plusieurs changements*

88 www.nature.com/nature/journal/v438/n7070/full/438900a.html
89 www.lepoint.fr/actualites-societe/wikipedia-une-encyclopedie-pas-si-net/920/0/189153
90 http://www-users.cs.umn.edu/~halfak/publications/The_Rise_and_Decline/

apportés par la communauté de Wikipédia pour assurer la qualité et la cohérence du service, en prise avec une croissance très rapide de ses contributeurs, ont, de façon paradoxale, entravé la croissance qu'ils étaient censés accompagner » Wikipédia aurait ainsi perdu des contributeurs en raison de règles de publication trop contraignantes.

On peut rechercher sur le texte intégral des articles, ou bien *via* une arborescence de concepts. À noter que les articles de cette encyclopédie sont très bien indexés par les principaux moteurs de recherche.

Après Wikipédia, il faut visiter Wiktionary, qui a pour ambition de devenir un dictionnaire universel libre basé sur les wikis et pour toutes les langues, vivantes ou mortes, écrites ou orales. Ni défensif ni normatif, il se veut avant tout descriptif. Sur le modèle de Wikipédia, chacun peut améliorer son contenu : on compte par exemple début 2010 sur le Wiktionnaire (version française du Wiktionary) 1,5 million d'articles qui décrivent en français les mots de 700 langues différentes !

À noter l'outil Wikiwax, développé par le métamoteur Surfwax, qui permet de chercher dans Wikipédia grâce à un index « dynamique » (présentation des entrées de l'encyclopédie au fur et à mesure que l'on tape des lettres).

Wikipédia reste une expérience unique, et les projets concurrents ont tous échoué : ce fut le cas de Citizendium, lancé en 2007 par Larry Sanger, ex-associé du fondateur de Wikipédia Jimmy Wales ; Google a de son côté fermé en 2012 sa plate-forme Knol, après 4 ans d'existence. Un « Knol », selon les inventeurs du concept, était une « petite unité de connaissance », c'est-à-dire un article écrit par un auteur, sans notion d'anonymat, avec la possibilité pour d'autres lecteurs d'apposer des commentaires, voire de modifier le texte avec l'accord de l'auteur.

L'Encyclopédie de l'Agora, d'origine québécoise, se définit comme « la première encyclopédie virtuelle, évolutive et participative en langue française ». On y trouve des articles très bien documentés, notamment dans le domaine des sciences humaines, politiques ou sociales.

Des outils contextuels, comme Answers qui peut s'intégrer au navigateur Firefox, constituent une interface d'interrogation simultanée sur le texte intégral de plusieurs encyclopédies gratuites, en anglais.

Dictionnaires de définitions

Les dictionnaires « classiques » (*Le Robert*, *Larousse*, *Hachette*) sont disponibles en version multimédia, sous forme de cédéroms. On peut trouver quelques dictionnaires de définitions, accessibles gratuitement sur le web.

Le Grand dictionnaire terminologique, issu de l'Office québécois de la langue française, rassemble trois millions de termes français et anglais dans 200 domaines d'activité.

Le ***Trésor de la langue française***, élaboré par l'Institut national de la langue française (INALF), donne les définitions de plus de 100 000 termes. La recherche assistée ou la recherche complexe permettent des options d'interrogations fines sur le texte intégral, par exemple, « Quelles sont les expressions contenant le mot singe ? ».

L'INALF permet également la consultation gratuite, en texte intégral, de la neuvième édition du Dictionnaire de l'Académie française.

Dictionnaires multilingues

De nombreux sites permettent une métarecherche à travers plusieurs dictionnaires multilingues.

Onelook, l'un des plus connus, indexe plusieurs centaines de dictionnaires, lexiques et glossaires. On peut rechercher simultanément dans l'ensemble des dictionnaires. Ce site se distingue par ses fonctions d'interrogation inversée, qui permettent de rechercher en langage naturel ou d'affiner une recherche par mot-clé selon différents contextes.

Logos, portail italien, propose la traduction d'un même mot dans 43 langues. Pour certains termes, un extrait d'une œuvre littéraire est proposé afin de replacer le mot dans un contexte.

Eurodicautom est une banque terminologique multilingue, dans les vingt-trois langues de l'Union européenne. Ce thésaurus, accessible gratuitement *via* la base IATE (Inter-Active Terminology for Europe), référence désormais plus de 8 millions de termes.

Un certain nombre de dictionnaires peuvent être téléchargés gratuitement. Une liste très complète est disponible sur le site de la bibliothèque de l'Université Sherbrooke au Canada[91].

Enfin, des outils contextuels, comme **Alexandria**, peuvent être installés sur un site web et permettent d'obtenir, à la volée, des définitions de termes ou d'expressions dans plus de vingt langues, dont les langues asiatiques. Un premier niveau de web sémantique !...

On peut trouver sur le web un certain nombre de dictionnaires ou lexiques spécialisés. L'Office québécois de la langue française en répertorie certains[92]. Le site **Glossarist.com** permet une métarecherche sur le contenu de plus de 6 000 glossaires et lexiques spécialisés (la plupart en anglais).

Portails de dictionnaires

Ces outils permettent d'identifier des dictionnaires ou glossaires accessibles gratuitement sur le web, mais ne proposent

91 www.usherbrooke.ca/biblio/trouver/dictionnaires-et-encyclopedies/dictionnaires-encyclopedies-et-glossaires-disponibles-gratuitement-via-internet
92 www.olf.gouv.qc.ca/, rubrique Liens utiles

généralement pas de recherche simultanée sur le contenu de plusieurs dictionnaires.

Lexicool recense près de 7 000 dictionnaires ou glossaires bilingues ou multilingues disponibles librement sur Internet. On peut interroger par langue, sujet, mot du titre ou descripteur. On trouvera un contenu équivalent sur le site **Terminology Collection** de l'Université finlandaise Vaasa.

Your Dictionary référence environ 2 500 dictionnaires de langue et grammaires (soit quelque 300 langues représentées), ainsi que des dictionnaires spécialisés, glossaires, thésaurus, dictionnaires de synonymes, etc.

Dicorama est l'un des rares portails francophones répertoriant des dictionnaires : on y trouve 1 200 dictionnaires classés par thèmes et plus de 250 traducteurs automatiques.

Lexilogos se présente comme un recueil de « mots et merveilles d'ici et d'ailleurs ». Il s'agit d'un portail extrêmement complet consacré aux langues. On y trouve entre autres des dictionnaires de langues rares. On y trouve également des outils d'aide à l'utilisation de la langue française (orthographe, conjugaison, synonymes).

Enfin, **Gallica** de la Bibliothèque nationale de France, propose une liste de dictionnaires anciens, généralistes ou spécialisés, accessibles gratuitement à partir de son site[93].

QR 12 COMMENT TROUVER DES ARTICLES DE PRESSE ?

C'est désormais une évidence : le développement d'Internet a bouleversé le monde des médias, et plus particulièrement la presse écrite. Selon une étude réalisée en décembre 2008 par le Pew Center, Internet est devenu la deuxième source d'information des Américains, derrière la télévision mais devant, et pour la première fois, la presse écrite[94]. À l'instar de nombreux métiers de médiation, la profession de journaliste fait l'objet d'une mutation profonde, tant en matière de méthodes d'investigation – l'accès aux sources d'information s'étant beaucoup démocratisé – que de diffusion. Selon Pierre Chappaz, fondateur du site Wikio, la distinction entre blogueur et journaliste est devenue floue : « Le mur de Berlin qui sépare journalistes et blogueurs est déjà tombé », écrivait-il sur son blog en juin 2008[95].

Pour les médias traditionnels, le support web permet par ailleurs d'introduire de nouveaux services et plus d'interactivité : forums, newsletters, blogs, commentaires, sondages, diffusion d'information continue, dossiers d'actualité, voire filtrage et diffusion d'information ciblée, etc. De nouvelles formes de regroupement de plusieurs sources d'actualité sont apparues récemment, à travers les

93 http://gallica.bnf.fr/, rubrique Les thèmes puis Langues, dictionnaires de langue française
94 http://pewresearch.org/pubs/1066/internet-overtakes-newspapers-as-news-source
95 www.kelblog.com/2008/06/les-journaliste.html

agrégateurs de presse, ou les fils RSS. Le web mobile, et notamment les tablettes et smartphones, offrent de nouveaux supports et formules d'accès. Enfin, Twitter introduit une culture de l'immédiateté qui a bien sur un impact dans les usages de la presse.

Certains rares journaux restent absents de la Toile et n'existent que sur support papier. *A contrario*, de nombreux magazines ou newsletters se sont créés sur le web et ne sont disponibles que sous forme électronique : l'année 2007 a vu la création de plusieurs sites de « journalisme citoyen » (voir plus loin). Nul ne conteste le succès des « pure players » comme *Mediapart*, *Huffington Post* ou *Rue 89* (racheté par le *NouvelObs*), qui mêle souvent journalistes professionnels, experts et internautes amateurs.

Le mouvement mondial de l'open access et des archives ouvertes, c'est-à-dire le dépôt, par les chercheurs, de leurs publications récentes et leur stockage sur des serveurs en libre accès, a également pris une grande ampleur depuis plusieurs années.

La situation des médias sur le web est ainsi particulièrement complexe et regroupe des cas de figure très différents : depuis les revues universitaires à comité de lecture jusqu'aux nouveaux « médias sociaux » tel Twitter, on trouve sur le web une palette infinie de contenus en toutes langues, de formules d'accès, de tarifications, etc.

Les sites de presse quotidienne générale et régionale

Les quotidiens nationaux ou régionaux disposent depuis longtemps de sites, dont certains sont devenus de véritables portails spécialisés. *Le Monde* offre par exemple l'accès à des dossiers spécialisés et permet d'héberger des blogs ; le site des *Échos* diffuse des chaînes thématiques consacrées à des secteurs d'activité ; de nombreux quotidiens régionaux permettent de consulter des informations locales. Si la recherche par mots-clés dans le texte intégral des archives est généralement gratuite, la consultation des articles, en revanche, fait souvent l'objet d'un paiement qui s'effectue soit à l'acte, par carte bancaire, soit sur abonnement.

Certains éditeurs ont pris le parti de rendre leurs archives gratuites sur la Toile, dans le but d'attirer les internautes *via* les moteurs de recherche, et de développer leurs recettes publicitaires. C'est le cas entre autres, aux États-Unis, du *New York Times* (on peut remonter jusqu'à 1851 !).

Plusieurs annuaires de presse généraliste permettent d'identifier aisément des sites de quotidiens nationaux ou régionaux dans le monde entier.

- Gigapresse : près de 800 journaux francophones classés par thème, et 10 000 journaux internationaux, classés par pays ;
- Newspapers : presse mondiale, généraliste et spécialisée.

La presse professionnelle

La presse professionnelle émane souvent de petits éditeurs plutôt que de grands groupes de médias, et est de ce fait moins représentée sur le web que la presse généraliste. On trouve en ligne, et parfois gratuitement, le contenu complet de revues et magazines dans certains secteurs, notamment liés aux nouvelles technologies (informatique, multimédia) ; c'est moins le cas pour d'autres secteurs plus traditionnels. De nombreux magazines et revues spécialisés disposent néanmoins d'un site web, l'accès aux archives restant encore parfois payant, ou réservé aux abonnés à la version papier. Afin d'identifier des sites français de presse professionnelle ou spécialisée, on peut consulter des répertoires comme Tarif media ou l'annuaire des adhérents de la Fédération nationale de la presse spécialisée (FNPS).

Les revues universitaires

L'adage « Publish or perish », selon lequel les chercheurs se doivent de publier leurs résultats pour acquérir une visibilité et progresser dans leur carrière, s'illustre tout particulièrement sur le web. Pour autant, les pratiques peuvent différer d'un éditeur à l'autre, et d'une discipline à l'autre. Certaines revues, notamment dans le domaine des sciences sociales, peuvent être disponibles gratuitement en texte intégral sur le web. L'édition de revues scientifiques et techniques est dominée par quelques grands groupes d'édition comme Springer ou Elsevier. Ces éditeurs proposent généralement un abonnement payant à la version électronique de leurs revues. On peut avoir accès aux sommaires et parfois aux résumés des articles *via* le site web des éditeurs. Depuis une dizaine d'années, le mouvement de l'Open Access, impulsé par les déclarations de Budapest en 2002 et Berlin en 2003, encourage les chercheurs à participer au partage gratuit de la production scientifique en sciences exactes et sciences humaines, et à favoriser le libre accès à la connaissance.

Pour retrouver des articles publiés par des chercheurs en sciences pures, économiques ou sociales, on peut utiliser plusieurs modes d'accès.

Bases bibliographiques

On y trouve des références, accompagnées de résumés, d'articles de périodiques. Le contenu est en grande partie en langue anglaise.

Principales bases bibliographiques d'articles de périodiques

Ingenta www.ingenta-connect.com	Gratuit (commande d'articles payante)	Multidisciplinaire	5,8 millions d'articles issus de plus de 12 000 publications
Inist Refdoc	Gratuit (commande d'articles payante)	Scientifique (dont les articles de la base Pascal, mais sans recherche fine par mots-clés)	Plus de 53 millions de références d'articles
Science direct www.sciencedirect.com	Payant	Scientifique et médical dont 7 millions d'articles en texte intégral	Plus de 11 millions d'articles issus de 2500 revues académiques
Medline (Pubmed) www.ncbi.nlm.nih.gov/pubmed	Gratuit	Médical	22 millions de références d'articles, certains en full text
Pascal http://www.inist.fr/spip.php?rubrique9	Payant	Scientifique	20 millions de références articles issus de plus de 3000 revues
Inspec (Institute of Electronic Engineers) www.theiet.org/publishing/	Payant	Électronique	13 millions d'articles
Chemical Abstracts (American Chemical Society) www.cas.org	Payant	Chimie	30 millions d'articles issus de 10 000 revues

Sites des chercheurs

Certains chercheurs publient leurs propres articles, en texte intégral et gratuitement, sur leur site ou leur blog. On peut ainsi parfois y retrouver le texte intégral de certains articles référencés dans les bases bibliographiques.

Portails de revues universitaires

Il existe plusieurs portails répertoriant des revues et donnant, le cas échéant, des accès gratuits aux contenus. Les sciences humaines sont particulièrement bien représentées à travers plusieurs « bouquets » de revues francophones.

Cairn est un projet mixte, public et privé, qui rassemble plusieurs éditeurs et partenaires institutionnels, dont la BnF. Certains articles sont en consultation gratuite, mais la grande majorité est accessible sur abonnement ou en « pay per view ». Début 2013, Cairn regroupait plus de 90 000 articles issus de 370 revues en économie, droit, sciences humaines et sociales. On peut créer un compte afin d'automatiser des alertes sur des parutions ou sauvegarder sa bibliographie. Des flux RSS permettent également de surveiller les nouvelles parutions.

Persée est un portail de revues scientifiques en sciences humaines et sociales, créé par le ministère de l'Éducation nationale, qui a pour vocation la numérisation et la mise en ligne des collections rétrospectives de ce corpus.

Erudit.org, consortium universitaire québécois, rassemble les collections de 150 éditeurs canadiens spécialisés dans diverses disciplines des sciences sociales.

Revues.org est le plus ancien portail français de revues de sciences humaines et sociales. La plate-forme Revues.org est développée par le Centre pour l'édition électronique ouverte. Cairn et revues.org ont conclu récemment un partenariat.

Isidore est une plate-forme de recherche permettant l'accès aux données numériques des sciences humaines et sociales (SHS). Elle s'appuie sur les principes du web de données et donne accès à des données en accès libre (*open access*). Il s'agit d'une réalisation du très grand équipement ADONIS (CNRS) et mise en œuvre par le centre pour la communication scientifique directe (CCSD/CNRS).

La plate-forme de recherche se distingue des moteurs de recherche classiques en de nombreux points : moissonnage ciblé des métadonnées et données scientifiques structurées selon des standards internationaux et disponibles en accès libre sur le Web ; indexation des données non structurées (texte intégral, d'un article scientifique par exemple) et des données structurées (métadonnées documentaires, par exemple) ; normalisation des métadonnées et enrichissement des données en s'appuyant sur des référentiels reconnus dans la communauté.

JSTOR (Journal Storage) enfin, fondé en 1995, donne accès au texte intégral de plus de 700 revues académiques américaines ou anglaises en sciences sociales et économiques, représentant plus de 5 millions d'articles ou comptes rendus d'ouvrages, dont plus de la moitié en texte intégral. Les contenus correspondent plutôt à des collections rétrospectives qu'à des abonnements courants.

Moteurs de recherche spécialisés

Certains outils de recherche se limitent à un corpus spécialisé de sites universitaires et de bases bibliographiques. Parmi les plus importants, on peut citer les deux suivants.

Scirus *:* cet outil de recherche spécialisé, basé sur le moteur Fast, indexe en profondeur des sites à caractère scientifique sélectionnés en amont, ainsi que des bases de données gratuites spécialisées en sciences. Son point fort : la possibilité d'affiner sa recherche à partir de mots-clés suggérés automatiquement par le moteur, ou de rechercher sur des dates précises. Scirus a été mis au point par l'éditeur Elsevier. Il va malheureusement disparaître courant 2014.

Google Scholar *:* lancé début 2005 par Google, ce module est destiné essentiellement à la communauté des chercheurs et des étudiants. Il collecte des contenus à caractère académique : publications universitaires, articles scientifiques, thèses, ouvrages, rapports de recherche, etc. La pertinence est basée sur une recherche dans le texte intégral (même si celui-ci n'est pas en accès gratuit sur le web) et sur le nombre de fois où l'article est cité. L'analyse des citations fait l'objet d'un lien à part (« cited by »). Par contre, l'information concernant les éditeurs est moins clairement indiquée que dans Scirus. Google Scholar « moissonne » également le catalogue commun des bibliothèques universitaires françaises (Sudoc), des catalogues de bibliothèques ainsi que des dépôts d'archives ouvertes. Un module de recherche avancée permet d'affiner sa recherche selon plusieurs critères, et notamment par date.

Exemplar : plus de 1900 revues scientifiques publiées par le grand éditeur Springer sont regroupées au sein du moteur de recherche d'articles scientifiques Exemplar, dont certains sont disponibles gratuitement ou en *open access*.

Microsoft Academic Search : Microsoft a lancé lui aussi, début 2010, son moteur de recherche « académique », qui revendique plus de 6 millions d'articles.

Revues électroniques ou newsletters

De nouvelles formes de publication sont apparues, sous forme uniquement électronique, sans équivalent papier. On les appelle newsletters ou webzines. On peut y trouver, souvent gratuitement, de l'information exclusive et précieuse, à caractère anticipatif, qui pourra se révéler utile pour la pratique de la veille. Attention cependant : certaines newsletters ne sont que de simples supports commerciaux ou publicitaires. À l'heure du web 2.0, l'explosion des blogs et flux RSS a sans doute freiné l'émergence de nouvelles lettres d'information. Toutefois, certains éditeurs continuent parfois à « doubler » leurs flux RSS d'une newsletter.

Les newsletters, échappant par définition au circuit classique de l'édition, sont difficiles à identifier sur la Toile. L'annuaire des lettres d'information, créé par le site Pidinfo, n'existe plus, de même que d'autres répertoires de newsletters mentionnés dans les précédentes éditions de cet ouvrage. Le moyen le plus efficace pour repérer une newsletter spécialisée reste le suivant : par exemple, dans le domaine du comportement animal, il suffira de saisir, *via* un moteur de recherche classique, les mots-clés *newsletter* et *animal behavior*.

Agrégateurs de presse et bases de données d'articles

Ces outils permettent de rechercher simultanément par mots-clés dans les archives en texte intégral de plusieurs quotidiens nationaux ou régionaux ou de revues spécialisées, et ce sur plusieurs années. Ces services sont accessibles généralement sur abonnement. Certains d'entre eux, comme Pressed, permettent d'interroger gratuitement la base, la consultation des articles restant payante. Parmi les principaux agrégateurs de presse, on peut citer :

- **Lexis Nexis** *:* presse internationale ;
- **Factiva** *:* presse internationale ;
- **Europresse** *:* presse internationale accès avec ou sans abonnement ;
- **Pressed** *:* presse francophone, bonne couverture régionale.

Il convient de ne pas oublier le service « Actualités » de Google qui rassemble plusieurs dizaines de milliers de sources d'information mises à jour en continu, à travers plus de 40 éditions locales en diverses langues. Il ne s'agit pas d'une base de données : les articles ne sont pas archivés mais font simplement l'objet d'un lien vers leur site d'origine. Ce service est donc davantage adapté pour une recherche sur l'actualité immédiate ou pour une veille par mots-clés (option « E-mail alerte » ou diffusion par flux RSS ou Atom) que pour une recherche rétrospective sur des articles plus anciens.

Yahoo! et Bing proposent aussi un service d'actualités, le nombre de sources accessibles étant inférieur à celui de Google Actualités.

Des agrégateurs « historiques » perdurent comme le Britannique Newsnow, présent sur le web depuis 1997. Les articles, en provenance de 34 890 sources annoncées, sont triés sur la base de quelque 600 catégories regroupées dans de grandes thématiques. La version gratuite ne permet qu'une recherche avec un seul mot-clé mais les différentes versions payantes ajoutent diverses fonctionnalités (tels des flux RSS).

Notons la facilité de créer un moteur personnalisé à partir d'un choix de sources, et d'automatiser la création de newsletters à partir des articles retenus. Un nouvel agrégateur d'actualités est apparu fin 2009 sous le nom de **Pickanews**. Ce nouveau moteur multilingue de recherche et d'« analyse d'information » regroupe 50 000 sources d'actualités européennes : presse écrite, web, TV, radio, blogs, etc. Pickanews propose, grâce au moteur Antidot, plusieurs filtres pour affiner sa recherche : période, pays, type de support, type de sources ou thème. On peut automatiser une recherche récurrente sous forme d'alerte e-mail. Ce nouveau moteur est particulièrement intéressant pour des recherches sur la presse sectorielle européenne, mais attention car, là encore, tous les articles ne sont pas disponibles gratuitement.

À signaler également l'innovant moteur d'actualité Silobreaker, doté de filtres et de fonctionnalités d'extraction automatique de concepts.

Fils RSS

On peut désormais composer soi-même des « bouquets » de sources d'actualité en syndiquant plusieurs fils d'information à l'intérieur d'un lecteur RSS. C'est le principe de la syndication vu notamment au chapitre 5. Le lecteur RSS Alertinfo permet ainsi de fédérer les fils d'information issus de plusieurs grands quotidiens francophones (*Le Monde*, *Les Échos*, *Le Figaro*, *Libération*, etc.). Ce lecteur peut être téléchargé gratuitement depuis le site du groupement professionnel Geste. Il faut filtrer judicieusement les contenus (en créant, par exemple, des filtres par mots-clés ou domaines) sous peine d'être « inondé » par le flux d'information ainsi généré.

D'autres agrégateurs proposent de suivre l'actualité dans des domaines ciblés grâce à une présélection en amont de flux RSS. Par exemple, le très utile Eufeeds centralise les flux de plus de mille journaux de tous les pays européens !

Archives ouvertes et sites de prépublications

De nombreuses initiatives ont été menées pour permettre la mise à disposition des résultats de la recherche au plus grand nombre, *via* les réseaux. La déclaration de Berlin, en 2003, a constitué une étape majeure dans ce mouvement du libre accès (Open Access Initiative). À travers ce texte, les principaux organismes de recherche européens s'engagent à « promouvoir un Internet qui soit un instrument fonctionnel au service d'une base de connaissance globale et de la pensée humaine ».

Les chercheurs avaient depuis longtemps la possibilité de publier des articles avant parution dans des revues à comité de lecture. Il existe en effet de nombreux sites de prépublication d'articles, la plupart en langue anglaise. La base Arxiv, base de preprints du Laboratoire de Los Alamos, précurseur des archives ouvertes, fut l'une des pionnières du domaine. Spécialisée en mathématiques et physique, cette base continue de s'enrichir chaque mois de 4 000 nouveaux documents. Les sites de prépublications offrent une grande souplesse en permettant à l'auteur d'auto-archiver, et même de mettre à jour en ligne, ses documents. Les versions successives sont disponibles sur le serveur.

Ce modèle a été repris par le Centre pour la communication scientifique directe (CCSD), unité du CNRS créée en 2000. Le CCSD maintient le serveur Hal destiné à la publication de documents scientifiques de toutes disciplines. On trouvera également une liste d'institutions américaines diffusant des preprints ou des rapports techniques en libre accès sur le site Virtual Technical Reports Center.

De nombreuses archives ouvertes respectent le protocole OAI (Open Archives Initiative) facilitant l'échange de données. Ce protocole permet de créer, d'alimenter et de tenir à jour, par des procédures automatisées, des réservoirs d'enregistrements qui signalent, décrivent et rendent accessibles des documents, sans les dupliquer ni modifier leur localisation d'origine.

PLOS (Public Library of Science) est une organisation à but non lucratif dont la mission est de donner libre accès à l'information scientifique et technique, médicale et biologique mondiale. Le portail PLOS Journals met à disposition, en open access, des journaux scientifiques et techniques : l'accès au texte intégral est gratuit, les coûts de publication sont pris en charge par l'auteur ou l'organisme dont il dépend, la version papier de la revue restant payante au prix de l'impression.

Le site **Oaister**, lancé en 2005 par la Bibliothèque de l'Université du Michigan, offre à travers un outil unique l'interrogation de plusieurs centaines de sites d'archives institutionnelles, respectant la norme OAI-PMH. Il compte début 2013 plus de vingt-cinq millions de documents (le nombre a doublé en quelques années !) provenant de 1 100 éditeurs. L'objectif est de créer une collection librement accessible de documents académiques.

L'accès libre peut concerner également des documents pédagogiques : c'est le cas par exemple de l'Université numérique Ingéniérie et Technologie[96] qui donne accès à des cours en ligne dans le domaine des sciences de l'ingénieur. Ce site utilise le logiciel ORI-OAI (Outil de référencement et d'indexation, réseau de portails OAI).

On n'oubliera pas le répertoire **DOAJ** (Directory of Open Access Journals) des revues gratuites et disponibles en libre accès sur la Toile. Début 2013, ce répertoire comptait plus de 9000 revues en libre accès, classées par grand thème. Cet annuaire, publié par l'Université de Lund en Suède, est devenu un outil incontournable pour le repérage des revues scientifiques publiées en libre accès.

Afin de suivre l'actualité très riche du mouvement du libre accès, on peut consulter le blog Libre accès à l'IST créé sur le site de l'Inist.[97]

L'inventaire des corpus numérisés et des projets de numérisation des établissements et organismes de l'Enseignement supérieur et de la recherche est consultable sur le site Numes. Ce site est ouvert aux chercheurs, étudiants et professionnels et complète pour le volet scientifique le portail Patrimoine numérique du ministère de la Culture et de la communication.

« Journalisme citoyen »

Terminons enfin ce tour d'horizon des médias du web en évoquant la notion de « journalisme citoyen ». L'un des pionniers dans le domaine a été Agoravox, lancé dès 2005 par Carlo Revelli et Joël de Rosnay.

Le principe est de permettre à des journalistes « non professionnels », ou à tout citoyen, de s'exprimer ou de commenter des faits d'actualité avec un regard différent de celui des médias traditionnels. Les articles doivent toutefois correspondre à une politique éditoriale. D'autres projets journalistiques indépendants se sont développés

96 http://www.unit.eu/fr
97 http://openaccess.inist.fr/

plus récemment. Ils se positionnent parfois sur « la réflexion critique sur les médias », comme le site Arrêt sur image, créé par le journaliste Daniel Schneidermann en septembre 2007 à la suite de l'arrêt de l'émission du même nom sur France 5.

Un univers Netvibes, créé par Olivier Le Deuff et intitulé Portail des actualités, intègre d'ailleurs un onglet « Journalisme citoyen »[98].

La vague de personnalisation « 2.0 » gagne également les médias en ligne : l'application Flipboard permet ainsi de créer son propre magazine personnalisé, à partir de contenus provenant de différentes sources, avec des fonctionnalités de lecture différée et de curation. Plusieurs centaines de milliers de comptes ont été créés, y compris par des éditeurs professionnels.

QR 13 COMMENT TROUVER DES OUVRAGES EN TEXTE INTÉGRAL ?

Des bibliothèques numériques en développement

« Quand on proclama que la Bibliothèque comprenait tous les livres, la première réaction fut un bonheur extravagant. Tous les hommes se sentirent maîtres d'un trésor intact et secret. »

(Jorge Luis Borges, « La Bibliothèque de Babel », *in Fictions*).

Les réactions à l'annonce du projet de Google visant à numériser et mettre en ligne les fonds de bibliothèques universitaires ou publiques, bien que parfois passionnées, ne furent pas, en France du moins, de « bonheur extravagant ». On se souvient, entre autres, du débat lancé en 2005 par Jean-Noël Jeanneney, alors président de la Bibliothèque nationale de France, à propos de ce projet. On trouve sur Google Books plus de 15 millions de livres, en partenariat avec des bibliothèques, mais il existe bien d'autres collections virtuelles d'ouvrages en texte intégral.

L'un des pionniers fut le projet Gutenberg, initié dès les années 1970 et alimenté par des bénévoles. Le travail de ces volontaires (numérisation, OCR) est réparti selon un système intitulé « distributed proofreaders ». Le catalogue Gutenberg donne accès à plus de 40 000 livres gratuits du domaine public, dont une grande majorité en langue anglaise ; le réseau de partenaires de ce projet couvre plus de 100 000 titres. Un flux permet de surveiller la mise en ligne de nouveautés.

L'équivalent français, le projet ABU (Association des bibliophiles universels) du CNAM, donne accès à 288 textes de 101 auteurs, pour la plupart des classiques de la littérature française. Le site n'est plus actualisé depuis 2002.

98 www.netvibes.com/actus#journalisme_citoyen

Gallica 2 a remplacé depuis 2009 la première version de Gallica. Cette bibliothèque numérique a franchi le cap des 2 millions de documents, dont près de 450 000 ouvrages numérisés. Les documents sonores, les manuscrits et les partitions y sont également accessibles. Ce site propose également des dossiers thématiques multimédias. La nouvelle version permet de faire des recherches sur du texte « océrisé ». Des flux de diffusion, dont un flux Twitter, présentent les dernières mises en ligne.

Le projet Europeana fut la réponse de l'Europe au « défi » lancé par Google. Il s'agit de la mise en commun des ressources numériques de plusieurs bibliothèques nationales des États membres de l'Union. Un prototype a été présenté au Salon du livre 2007, et le site a démarré fin 2008, avec plus de 2 millions de documents. Europeana est désormais riche de 20 millions d'objets numériques (images, textes, sons et vidéos dont la bibliothèque numérique sert uniquement de catalogue de recherche. Les œuvres sont disponibles à travers des liens vers l'institution les ayant numérisées, par exemple Gallica pour la France.

Créée à l'initiative de la bibliothèque du Congrès américain, la Bibliothèque numérique mondiale a été lancée par l'Unesco en avril 2009. Le site donne accès librement à des livres, des manuscrits, des photos, des vidéos, des enregistrements sonores issus des bibliothèques nationales et institutions culturelles du monde entier. Cette bibliothèque numérique offre des fonctions de recherche et de navigation en sept langues, selon une échelle chronologique, par thèmes, lieux géographiques ou institutions participantes.

Livres et moteurs de recherche

Outre la riposte française, le programme Google Books a parfois suscité de vives réactions : la Guilde des auteurs américains ainsi que l'Association des éditeurs américains et des éditeurs indépendants ont entamé en 2005 une procédure de recours collectif contre ce projet. Ce qui a conduit Google à le scinder en deux parties : un programme « partenaires » pour les éditeurs qui souhaitent numériser leurs catalogues et un projet « bibliothèques » pour la numérisation des collections patrimoniales. En France, la Bibliothèque municipale de Lyon est l'une des partenaires du programme[99].

Yahoo! a annoncé en 2005 son soutien à un projet concurrent de Google Books, l'Open Context Alliance, soutenu également par l'Internet Archive et d'autres partenaires institutionnels ou privés. Le projet se distingue de celui de Google par son caractère ouvert, partagé… et non commercial ! L'archive d'OCA contient plus d'un million d'ouvrages en toutes langues et est accessible sur le site d'Archive Internet qui l'héberge, ainsi que *via* Yahoo! et d'autres moteurs.

99 Liste des bibliothèques ayant rejoint Google Books : http://en.wikipedia.org/wiki/Google_books#Library_Participants

Autres sites proposant des livres gratuits à télécharger

- **Ebooks libres et gratuits** : communauté éditant ou répertoriant des livres électroniques accessibles gratuitement.
- **Internet Archive** : fondation projetant de constituer une archive d'Internet et des documents en accès libre y figurant. Ce site est en anglais, mais répertorie aussi des textes dans d'autres langues.
- **Wikisource** : projet de bibliothèque numérique lié à l'encyclopédie Wikipédia. Du fait du système « wiki », les textes ne sont proposés qu'au format html.
- **Feedbooks.com** : se définit lui-même comme le « YouTube du papier électronique ». Il s'agit d'une plate-forme de téléchargement et de publication de contenus électroniques *e-paper* universelle, c'est-à-dire compatible avec tous les types de formats de fichiers et de lecteurs. La plupart des contenus sont gratuits.

Astuce : comment voir si un livre est disponible intégralement ?

Pour identifier si un livre est disponible en texte intégral sur le web, on peut utiliser l'astuce suivante sur Google ou Yahoo! : saisir entre guillemets le titre de l'ouvrage, puis le faire suivre des expressions full text ou bien texte intégral.

Librarything et les bibliothèques 2.0

De nombreux éléments du web 2.0 sont bien sûr applicables au monde de l'édition. Un site comme Librarything (disponible en français) est par exemple représentatif du mouvement en cours, en mettant en relation les internautes « avec des gens qui lisent ce qu'ils lisent » et en permettant le partage de catalogage et de critiques.

Babelio, autre site social dédié aux livres et aux lecteurs, a fait peau neuve début 2010 et propose désormais une interface plus riche en fonctionnalités et plus rapide. Babelio compte aujourd'hui plus de 500 000 livres catalogués. Les bibliothèques publiques peuvent également enrichir leurs catalogues de critiques de lecteurs, citations, nuages de mots-clés, à travers le site Babelthèque.

QR 14 COMMENT TROUVER DES IMAGES OU DES VIDÉOS ?

Plus de huit milliards de photos hébergées sur Flickr, plus de quatre milliards de vidéos vues quotidiennement sur YouTube... Ces chiffres éloquents, en augmentation constante, témoignent du dynamisme des sites de partage d'images et vidéos. Dans ce domaine également, le web 2.0 a apporté un grand renouveau aux usages de recherche d'information, mais il convient de ne pas négliger pour autant les méthodes « classiques ».

La recherche d'images ou de vidéos s'effectue ainsi de diverses manières : par le biais des options spécialisées des grands moteurs classiques, des banques d'images gratuites ou payantes, ou encore des plates-formes de partage de documents et de curation de contenus.

Quel que soit le mode de recherche, il faut bien entendu rester particulièrement vigilant quant à la question des droits d'auteur. Seules les images libres de droits, ou sous licence Creative Commons, sont réutilisables...

Les options de recherche d'images ou vidéos des moteurs classiques

Les principaux moteurs de recherche (Google, Yahoo!, Bing, Exalead, Ask) sont dotés d'options de recherche d'images ou de vidéos. Mais attention : la recherche s'effectue généralement à partir des métadonnées contenues dans l'intitulé du fichier image ou vidéo, ou encore dans le texte avoisinant.

Des options de recherche avancée, variables selon les moteurs, permettent de limiter la recherche d'images par taille, format, couleur ou noir et blanc, etc. Google et Bing offrent de plus la possibilité, en recherche avancée, de distinguer les photos des illustrations, avec chez Google Images un filtre sur les photos d'actualités.

Nous avons évoqué au chapitre 2 les nombreuses innovations apparues récemment en matière de recherche d'images : filtrage de la recherche selon une palette de couleurs, ainsi que des outils de détection de formes (voir détail ci-après). On trouve ces différentes options chez Exalead, Google et Bing. Ces deux derniers moteurs ont expérimenté également la recherche par similarité d'images. À partir d'une requête, on obtiendra des images similaires en termes de forme et de couleur.

Google se distingue par ses options variées de recherche avancée de vidéos : limitation par langue, durée, date, format de fichier, etc., ou selon la présence ou non de sous-titres. Quant à Exalead, il propose, dans sa recherche avancée de documents vidéos, un filtre sur le nombre de visualisations !

Les moteurs de recherche d'images ou vidéos

Plusieurs moteurs se sont spécialisés uniquement dans la recherche d'images web. Certains d'entre eux exploitent les images issues de plusieurs plates-formes et offrent des fonctionnalités de filtre complémentaires à celles mentionnées plus haut.

Citons parmi les plus originaux ou complets :

- **Picsearch**, pour sa rapidité et sa puissance, qui revendique plus de 3 milliards d'images indexées ;
- **Pixolution**, pour son interface en flash, qui mise sur l'interactivité. À partir d'une recherche par tags, l'utilisateur sélectionne les images qui lui semblent les plus intéressantes, et le moteur relance une recherche affinée en fonction de la sélection ; la recherche s'effectue sur Flickr et Yahoo ! images ; la recherche par similarité est également disponible
- **Cydral**, pour ses options de recherche par similarité : on pourra rechercher à partir non pas de mots-clés mais d'une image choisie par l'internaute.
- **Tineye**, pour son option de « reverse image search », à partir d'une image donnée.

Ces options de recherche par similarité, de plus en plus présentes dans les moteurs d'images, sont développées également plus bas, au paragraphe « Reconnaissance graphique automatique ».

En matière de vidéos, le succès énorme de YouTube (racheté en 2006 par Google, faut-il le rappeler !) éclipse un peu d'autres plates-formes de partage comme le français Dailymotion, l'américain Vimeo, l'israélien Metacafe, ou encore Soapbox, lancé par Microsoft et rebaptisé Bing Vidéos. Nombre de ces plates-formes sont dotées de flux RSS pour suivre la mise en ligne de nouveautés. L'outil Keepvid permet de télécharger des vidéos depuis plusieurs de ces plates-formes.

Nous avons vu au chapitre 2 plusieurs exemples de moteurs de recherche vidéos : les deux plus connus sont Blinkx et Truveo, mais on peut citer également Fooooo, Strimoo, etc.

La recherche dans les banques d'images

Les banques d'images des grandes agences photographiques sont payantes sur le web. Néanmoins, on peut y trouver des bases d'images gratuites : attention, celles-ci ne sont pas toujours libres de droits !

Exemples de bases de données de photos ou d'images artistiques

Art resource archive	www.artres.com
Corbis (Microsoft)	www.corbis.com
Getty Images	www.gettyimages.fr
Artchive	www.artchive.com
Agence Réunion Musées nationaux	www.photo.rmn.fr
Fotosearch	www.fotosearch.fr

La recherche par tags dans les plates-formes de mutualisation

En complément des plates-formes célèbres de partage d'images (Flickr, Picasa, Photobucket, Fotolia, etc.), il convient de mentionner l'immense réservoir de contenus libres qu'est Wikimedia Commons. Cette médiathèque en ligne est riche désormais de plus de seize millions de fichiers libres de droits. Il s'agit de photos, dessins, musiques, textes et vidéos dans le domaine public ou sous licence libre. Les conditions de distribution de chaque fichier sont indiquées sur la description d'accompagnement.

En l'occurrence, les tags peuvent être extraits automatiquement du titre ou de la description, ou encore apposés par les internautes eux-mêmes. Sur Flickr, on peut « geotagger » des photos, c'est-à-dire les relier au pays d'origine. La recherche s'effectue à la fois *via* des tags classiques et une carte géographique. Picasa, le grand concurrent de Flickr, offre la possibilité d'appliquer un « geotag » à des photos grâce à Google Earth.

La recherche d'image : reconnaissance graphique automatique

La recherche d'images basée sur la description textuelle du fichier, ou même *via* les tags, donne satisfaction pour des requêtes simples, telles qu'un nom de personne ou de lieu. Cependant, dès lors que la recherche se complexifie, il convient d'utiliser des moyens plus sophistiqués. Une recherche d'images représentant « une petite maison rouge au bord de la mer » ne pourra pas s'effectuer correctement par une requête mots-clés sur des moteurs classiques.

Nous avons vu au chapitre 2 que le moteur Exalead a été un pionnier dans le domaine des technologies de reconnaissance de forme, grâce à un partenariat avec la société LTU Technologies. Ce moteur est ainsi capable de limiter une recherche à des visages. Cette option est désormais disponible chez Google qui a d'ailleurs récemment acheté des sociétés spécialisées dans la reconnaissance d'images. Plusieurs moteurs proposent désormais d'affiner la recherche sur un critère « visage », ou même « tête et épaules » !

La recherche d'images du moteur Bing : de nombreux filtres disponibles

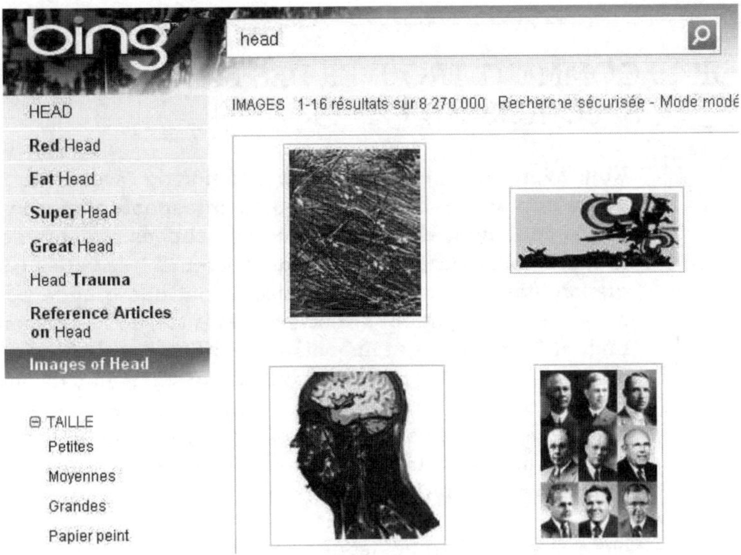

L'une des technologies les plus étonnantes dans ce domaine reste le service de reconnaissance de formes Riya, intégré au moteur de recherche visuelle Like.com destiné au commerce électronique. À partir d'un produit sélectionné (par exemple des chaussures rouges), le moteur lance une recherche sur des images ressemblantes en termes de modèle, forme ou couleur. La technologie Riya[100] peut également s'appliquer à la reconnaissance de visages, à partir de photos mises en lignes et taguées par les internautes eux-mêmes.

Le moteur Tineye propose une option intéressante de recherche inversée : à partir d'une photo choisie par l'internaute, le moteur recherche les sites qui contiennent une image similaire ou identique. Offrant ainsi des applications de détection de photos utilisées en contournant les droits d'auteur… Bien entendu, la reconnaissance graphique vise également des objectifs commerciaux. La société Pixazza, rachetée en 2009 par Google, vise à intégrer des liens sponsorisés dans les images présentes sur le web, à la manière du programme Adwords pour les pages web.

On retrouve cette technique de recherche par similarité, mais adaptée à la recherche par couleurs, sur le moteur expérimental Idee Multicolour Search Labs. On peut ainsi rechercher des images extraites de Flickr contenant, par exemple, à la fois du bleu clair, du vert foncé et du jaune.

La reconnaissance graphique automatique n'en est encore qu'à ses débuts et l'on attend avec impatience les réalisations des programmes de recherche dans le domaine. Notamment le projet collaboratif Quaero, qui porte sur la compréhension automatique

100 www.riya.com/groundTruth

de documents multimédias et multilingues et réunit autour de Technicolor 32 partenaires privés et publics, dont Exalead. Plusieurs prototypes peuvent être visualisés sur le site Quaero.org.

QR 15 COMMENT TROUVER DES BASES DE DONNÉES SPÉCIALISÉES ?

Nous avons vu au chapitre 2 que la notion de « web invisible », c'est-à-dire non accessible aux moteurs, correspond pour une part à des pages contenues dans des bases de données structurées. De nombreuses bases documentaires aux contenus très variés sont en effet disponibles sur la Toile. Ces bases, dont une grande partie est en accès payant, émanent de sociétés savantes, de fournisseurs d'information économique et financière, de diffuseurs d'articles de presse, d'offices de brevets, etc. Elles concernent soit le monde académique, en répertoriant des données scientifiques, des articles de revues, des thèses, des actes de congrès, soit le monde de l'entreprise, en donnant accès, entre autres, à des études de marché, des articles de presse économique ou des bilans.

Les bases de données sont soit distribuées par le producteur lui-même, soit regroupées au sein de serveurs qui peuvent donner accès à plusieurs centaines de bases. Certains de ces serveurs existent depuis plus de vingt ans (c'est le cas par exemple du serveur Dialog, racheté par Proquest) et sont désormais accessibles *via* le web, sur la base d'un abonnement payant. On peut ainsi interroger simultanément plusieurs bases de données spécialisées.

Les bases de données offrent un triple avantage.

- ***Des contenus à valeur ajoutée, fiables, à jour et sélectionnés en amont*** par des producteurs qualifiés : études de marché, rapports d'analystes financiers, développements de projets pharmaceutiques, etc.
- ***Un corpus structuré en champs documentaires*** (auteur, mots-clés, date, provenance géographique, etc.) interrogeables selon une syntaxe autorisant souvent de nombreuses options de recherche, comme les équations booléennes ou la troncature, et également des possibilités de tri des résultats selon des critères sophistiqués. De plus, les bases bibliographiques proposent une indexation mots-clés souvent basée sur des thésaurus ou vocabulaires contrôlés. Cela permet non seulement de mieux cibler sa recherche, mais encore de l'enrichir par l'utilisation de termes connexes ou associés.
- ***Des options de visualisation et d'analyse des résultats :*** la base de données d'informations financières Diane permet ainsi de comparer les bilans d'entreprises d'un même secteur. Certains serveurs de bases de données proposent en outre des possibilités de veille et de diffusion ciblée d'informations.

On peut distinguer trois familles de bases de données en ligne, selon la nature des contenus.

Bases bibliographiques

Ces bases donnent accès à des données bibliographiques, c'est-à-dire à la description d'articles de périodiques, d'études, de thèses, etc. Le résumé et l'indexation des articles sont assurés par des documentalistes ou experts du domaine, et la recherche s'effectue à partir d'un thésaurus indiquant termes associés ou rejetés. Il est possible de commander le document original, notamment les articles de presse, auprès d'organismes spécialisés, le plus important en France étant l'Institut de l'information scientifique et technique (Inist), basé à Nancy.

Bases en texte intégral

Elles donnent accès au texte intégral d'articles de presse, d'études de marché ou de brevets. La recherche s'effectue sur le texte intégral, au moyen parfois de moteurs de recherche sophistiqués. Certaines bases proposent parfois un résumé des articles en complément du texte intégral. Ces bases peuvent être distribuées par des groupes de presse : c'est le cas de Science Direct qui permet l'accès au texte intégral de 2 500 revues scientifiques, dont les titres du groupe Elsevier.

On trouvera une liste des principales bases bibliographiques et texte intégral dans la Question/Réponse 12 « Comment trouver des articles de presse ? »

Banques d'images

Les banques d'images des grandes agences photographiques sont payantes sur le web. Néanmoins, on peut y trouver des bases d'images gratuites : attention, ces images ne sont pas toujours libres de droits.

On trouvera une sélection de bases de données images dans la Question/Réponse 14 « Comment trouver des images et vidéos ? »

Agrégateurs et serveurs de bases de données

Les bases de données peuvent être regroupées et distribuées au sein d'un serveur unique. Parmi les serveurs commerciaux les plus célèbres, on peut citer Dialog, DataStar (ces deux serveurs, qui faisaient partie du groupe Thomson Reuters, ont été rachetés en 2008 par le groupe Proquest) ou Questel. Ces serveurs permettent une interrogation multibases et des services d'alerte sur profils.

Répertoires de bases de données

Dadi (Database directory), créé par l'Urfist de Lyon, recense environ 1 000 bases de données gratuites, indexées selon la classification décimale Dewey.

Le guide Sinbad, maintenu également par l'Urfist de Lyon, dresse un panorama des sociétés qui produisent, éditent et diffusent des bases de données. Attention toutes fois à la mise à jour.

Completeplanet recense plus de 70 000 bases de données gratuites, en anglais, sur tous sujets et classées par thèmes. On ne peut malheureusement pas interroger simultanément plusieurs bases et le répertoire ne semble plus maintenu.

Il existe également des répertoires de bases de données spécialisés par secteur.

Secteur	*Producteur*	*Adresse*
Santé	CHU Rouen	www.chu-rouen.fr/documed/tex.html
Patrimoine culturel	Ministère de la Culture	http://www.culturecommunication.gouv.fr/Etudes-et-documentation/Bases-de-donnees
Sciences humaines	Institut des Sciences et sociales de l'Homme (Lyon)	http://calame.ish-lyon.cnrs.fr/ (plus mis à jour)
Économie	Réseau Ecoline	http://urfist.enc.sorbonne.fr/anciensite/Ecoline/TEXTbd_tableau.htm
Droit	Réseau Jurisguide	http://jurisguide.univ-paris1.fr/

QR 16 OÙ TROUVER L'INFORMATION SUR DES PERSONNES ?

De façon volontaire ou non, chacun laisse des traces plus ou moins apparentes de ses « passages » sur le web. Dès lors, la recherche d'information sur les personnes devient souvent plus facile, et surtout plus fructueuse, qu'il y a quelques années. Certes, la facilité de trouver des données sur un individu sera toujours fonction de sa notoriété ; mais, plus que jamais, il faut prendre en compte la « notoriété numérique » ou « e-réputation » qui peut s'avérer fort différente des prévisions attendues « in real life » (IRL).

Par ailleurs, on connaît la rapidité avec laquelle se sont développées et se densifiées les plates-formes de réseaux sociaux. L'identité « numérique » de certains internautes, dont ils ne maîtrisent pas toujours l'unité, peut se trouver morcelée entre différents espaces dont le positionnement et la fonction peuvent se révéler fort différents (du très sérieux éditeur d'un blog professionnel que l'on retrouve sans surprise sur le réseau professionnel Linkedin aussi bien que sur Twitter).

L'identité numérique et l'e-réputation sont deux notions voisines mais qu'il convient de distinguer (voir Question/Réponse 6, « Comment ne pas laisser de traces sur Internet »)

Un nombre toujours croissant des recherches sur le web ont un rapport avec des personnes (des « stars de la télévision à votre voisin de palier »), ce qui explique le nombre d'acteurs aujourd'hui présents sur le créneau…

La recherche classique par mots-clés

Il s'agit tout simplement d'inscrire dans la fenêtre de recherche d'un moteur le prénom et le nom de la personne, entre guillemets pour limiter le bruit : *« prénom nom »*. Certes, les résultats intégreront peut-être des homonymes, mais ils seront facilement mis de côté grâce à l'opérateur SAUF (c'est-à-dire souvent le signe –). On pourra compléter cette recherche avec la requête *« nom prénom »*.

Si l'on connaît un pseudonyme utilisé par la personne recherchée, il faut bien entendu le tester.

Sur des personnes un tant soit peu connues, une requête associant les mots-clés *biographie OR biography* au nom recherché donnera généralement de bons résultats pour des informations plus complètes.

La recherche sur les réseaux sociaux

L'inscription à un réseau social va de pair avec la création d'un « profil », consultable par l'ensemble des membres du réseau (profil simplifié pour l'ensemble des internautes), qui constitue donc une facette de l'identité numérique d'une personne.

On peut donc :

- chercher quelqu'un sur un réseau (en particulier Facebook, du fait du nombre de ses adeptes, se revendique comme le premier moteur de recherche de personnes au monde…) ;
- effectuer une recherche sur plusieurs réseaux sociaux sur un moteur généraliste comme Google : *« prénom nom site:facebook.com OR site:viadeo.com OR site:linkedin.com* (la même requête en utilisant l'opérateur inurl : au lieu de site : peut permettre d'élargir le spectre des réponses) ;
- utiliser un métamoteur spécialisé, c'est-à-dire un outil qui collecte et synthétise les données laissées par les personnes sur Internet, de manière souvent plus large que sur les seuls réseaux sociaux, mais disponibles uniquement sur des sites publics : 123people est le plus connu, mais il en existe d'autres comme Zoominfo.com, Wink.com, What's yoName, Pipl.com, Whozat, ou Yatedo.

Notons que 123people, développé en Autriche, dispose d'une interface française, qui permet de disposer de sources françaises comme Viadeo, le site 118 000 (concurrent des pages jaunes) ou Wikipédia : seront ainsi disponibles toutes sortes d'informations, des plus élémentaires (adresse, tél., mail) aux plus complètes (articles, photos, etc.), habilement présentées sur la page de résultats. Cependant, l'outil amalgame toutes les informations concernant un prénom et un nom accolés, qui peuvent en fait concerner des personnes différentes mais portant le même nom (en s'inscrivant, on peut toutefois aider à désambiguïser les homonymes connus).

Le moteur de recherche de personnes Pipl.com permet quant à lui de chercher sur Google Scholar avec la fonction author :.

Youseemii propose de plus un calcul de « l'indice de visibilité » sur le web d'une personne ou d'une entreprise. Cet indice se base sur les statistiques (nombre de followers, etc.) associées aux comptes des personnes ou entités sur plusieurs supports (réseaux sociaux, blogs, forums, plates-formes de partage vidéos…).

Graph search, le nouveau moteur de recherche de facebook

En début 2013, Facebook annonçait son nouveau moteur de recherche Graph Search. À l'heure où nous écrivons ces lignes, ce nouveau moteur est accessible uniquement aux internautes américains (après avoir été en beta test plusieurs mois). Graph Search suscite des inquiétudes dans la mesure où il permettra de profiler des personnes selon leurs goûts, leur localisation, leurs habitudes… D'où la nécessité de protéger son profil Facebook !

Les biographies de célébrités

Il s'agit là de recherches plus classiques, sur des outils mieux balisés, pour trouver des informations sur diverses personnalités : artistes, auteurs, politiques, personnages historiques, etc.

Voici quelques répertoires parmi les nombreux qui existent :

- en anglais : omnibiography.com, qui revendique plus de 110 000 biographies, ou biography.com
- en français : biographie.net (« le plus grand inventaire de biographies classées par dates et lieux » selon les éditeurs de ce site) ou monsieur-biographie.com (qui propose d'ailleurs à chacun de rédiger sa propre biographie !)

Voir aussi les dictionnaires biographiques généraux ou spécialisés en ligne proposés sur le site de la BnF[101]. De nombreux répertoires spécialisés existent aussi sur le web, dans tous les domaines, qu'il s'agisse de biographies de musiciens (exemple sur le site musicologie.org) ou de celles d'auteurs libres penseurs ou athées[102].

Wikipédia

L'encyclopédie collaborative Wikipédia est également un bon outil pour débuter des recherches, de nouveaux articles sur des personnes plus ou moins connues y apparaissent chaque jour. À noter cet impressionnant récapitulatif sous le titre « List of people »[103], qui répertorie des listes de gens partageant des caractéristiques les plus diverses (la surdité comme le fait d'avoir mystérieusement disparu !).

101 http://signets.bnf.fr/html/categories/c_920biographie.html
102 http://atheisme.free.fr/Biographies/index.html
103 http://en.wikipedia.org/wiki/Lists_of_people

QR 17 COMMENT CHERCHER L'INFORMATION ÉCONOMIQUE ET FINANCIÈRE ?

L'information économique et financière, quel que soit son support de consultation, se caractérise par trois éléments. Tout d'abord, il s'agit souvent d'information à valeur ajoutée, produite par des cabinets d'étude ou des analystes financiers, et donc payante, même sur le web. Ensuite, dans ce domaine tout particulièrement, il faut souligner l'importance de la fiabilité des sources. Enfin, l'information économique et financière peut être rapidement frappée d'obsolescence.

Les bases de données de renseignement financier ou d'informations marchés (secteur largement dominé par de grands producteurs ou diffuseurs anglo-saxons) ont longtemps été accessibles par le biais de serveurs spécialisés et de réseaux dédiés. On y accède désormais *via* le web, sur abonnement ; les sites d'entreprises, d'organismes officiels, de fédérations professionnelles ainsi que les agrégateurs d'actualité, voire les blogs, peuvent également constituer des sources d'informations précieuses et souvent gratuites.

On trouvera aisément sur le web des indicateurs économiques, des rapports annuels de sociétés cotées, des statistiques, etc. La plus grande difficulté consiste à se procurer des informations financières ou stratégiques concernant des PME-PMI, des données fines sur certains segments de marché, ou encore à identifier des entreprises dans certains pays ou zones géographiques.

Bien engager sa recherche

Afin d'identifier des sources de qualité, il est intéressant de démarrer sa recherche à partir de grands portails spécialisés en économie et finance, qui recensent des centaines de sites stratégiques classés par catégories et sous-catégories. Citons parmi ces « points de départ » :

RIME : ressources Internet en économie et management	Sélection des meilleurs sites en économie et management effectuée par un réseau de documentalistes d'écoles de commerce	L'annuaire est désormais disponible *via* la plate-forme Delicious http://delicious.com/association_rime/
RFE : Resources for Economists	Site incontournable en sciences économiques, plus de 2 000 ressources (dont blogs de chercheurs, papiers de recherche, etc.)	www.rfe.org
Alternatives économiques	Sélection de 300 sites en économie, finance, marchés, etc., effectuée par la célèbre revue	www.alternatives-economiques.fr/Sites-Economiques-de-reference_fr_50.html

Sans oublier le guide Ecoline[104], destiné aux étudiants et enseignants, qui présente des repères méthodologiques de recherche d'informations économiques, financières, statistiques, ainsi qu'un répertoire très complet de bases de données.

S'informer sur un secteur d'activité

Commencer par identifier le code (s'il existe) correspondant au secteur. Les grandes nomenclatures françaises (NAF), européennes (NACE) ou américaines (SIC, NAICS) sont consultables sur le web, mais ne sont pas toujours adaptées à des secteurs émergents ou transversaux.

Rechercher ensuite des études réalisées sur ce secteur par des cabinets généralistes ou spécialisés. La grande majorité des éditeurs d'études français ou étrangers (Xerfi, Eurostaf, Euromonitor, Datamonitor, etc.) diffusent leur catalogue sur le web, ce qui permet d'identifier des études et éventuellement d'obtenir un sommaire ainsi qu'une liste des entreprises citées. Le site Xerfi.fr propose, outre le catalogue des études produites par le cabinet, des chiffres clés et des données de conjoncture gratuites.

Consulter également des portails spécialisés en études de marché, comme Reportlinker ou Marketresearch.com. ReportLinker agrège 1,2 million d'études en anglais et fournit un accès direct et organisé aux documents édités par 200 000 sources d'information différentes (ministères, syndicats professionnels, ambassades...). Certains producteurs, comme le cabinet Freedonia, par exemple, proposent d'acheter en ligne uniquement certains chapitres, voire des pages extraites d'une étude donnée.

Exploiter ensuite les données sectorielles « à la source » sur les sites de fédérations ou associations professionnelles. Il en existe un grand nombre sur le web, correspondant à des secteurs d'activité traditionnels ou même certains segments de marché fins. La principale difficulté consiste à identifier ces sites.

Une astuce : l'équation de recherche *cosmétiques fédération OR association* permettra de repérer des sites de fédérations professionnelles dans le domaine des cosmétiques. L'annuaire professionnel Indexa.fr, cité plus haut, recense également un grand nombre d'organismes professionnels en France. Attention toutefois, certaines fédérations professionnelles réservent leurs chiffres clés à leurs seuls adhérents.

L'Agence pour la création d'entreprises (APCE) propose sur son site des ressources regroupées par secteur d'activité : organismes, sites web, presse, ouvrages et études, manifestations, actualités.

À consulter également, la sélection de sites par secteurs d'activité de la Chambre de commerce et d'industrie de Paris[105] ou les répertoires

104 À consulter à l'adresse suivante : http://urfist.enc.sorbonne.fr/anciensite/Ecoline/Ecoline.html
105 www.ccip75.fr/upload/pdf/bookmark-sect-actvt.pdf

de portails professionnels cités plus haut au paragraphe 2.4 « Les répertoires d'outils de recherche ».

Enfin, ne pas oublier les revues sectorielles, nombreuses sur le web, mais dont les archives sont loin d'être toujours gratuites. Le site Tarifmedia ou celui de la Fédération nationale de la presse spécialisée[106] présentent un éventail de sites de presse sectorielle en France.

Une astuce pour trouver des éléments d'études sectorielles sur le web : saisir *via* un moteur de recherche un ou plusieurs termes correspondant au secteur visé, et les compléter par des termes tels que « parts de marché », « volume des ventes », « taille du marché » (ou leur équivalent en anglais...).

Exemple : sur Google, l'équation suivante *cosmétiques bio OR biologique « parts de marché » OR « volume des ventes » OR « taille du marché »* permettra d'identifier des chiffres clés sur le marché des cosmétiques bio.

Trouver des données statistiques

France		
INSEE	Site de statistiques sur la France : grands indicateurs, comptes nationaux annuels et séries longues, comptes spécialisés. Le site de l'INSEE donne accès désormais aux statistiques industrielles (SESSI)	www.insee.fr
Ministère du Développement durable	Service d'observation et de statistiques sur l'énergie, les transports, le développement durable	www.statistiques. equipement.gouv.fr
Le Kiosque finances	Commerce extérieur, chiffres clés de l'économie, etc. Statistiques douanières	http://lekiosque. finances .gouv.fr www. douane.gouv.fr
Ministère de l'Agriculture, Agreste	Données statistiques et études sur les industries agro-alimentaires, l'agriculture, etc.	www.agreste.agriculture. gouv.fr
Europe		
Eurostat	Site de statistiques européennes. Statistiques générales et régionales, données sectorielles (économie et finances, industrie, services, commerce, agriculture, transports, environnement, énergie, etc.)	http://ec.europa.eu/ eurostat

106 www.fnps.fr, rubrique Annuaire.

Monde		
Moteur Rechstat	Spécialisé dans les statistiques : répertoire des sites des instituts, bureaux, offices ou autres sources fournissant des statistiques officielles	www.kyxar.fr/~jalac
Organismes statistiques nationaux	Liens vers des sites officiels nationaux dans le monde entier	www.insee.fr/fr/liens/accueil_liens.htm
Portail de statistiques mondiales	Liens vers des données statistiques mondiales, réunies par la Bibliothèque de l'Université du Michigan	www.lib.umich.edu/govdocs/stats.html

S'informer sur les entreprises

Un premier niveau d'information peut être apporté par les annuaires d'entreprises, qu'ils soient généralistes ou spécialisés (Bottin, Europages, etc.). Attention, certains de ces annuaires (le célèbre Kompass, par exemple) ne sont pas en accès totalement gratuit. Les sites de fédérations professionnelles peuvent fournir des listes d'entreprises actives dans un secteur. Sans oublier ceux des chambres de commerce, dont on trouvera un annuaire complet sur Worldchambers.com.

Il existe sur le web un grand nombre de sites d'informations financières et de données de solvabilité concernant des entreprises françaises ou étrangères. En voici une sélection représentative :

Infogreffe	Kbis, statuts et bilans des entreprises inscrites au RNCS	www.infogreffe.fr
Societe.com	Extraits gratuits de bilans d'entreprises françaises, cartographie des dirigeants	www.societe.com
Diane	Bilans d'un million d'entreprises françaises. Module d'analyse financière	https://diane.bvdep.com/
Cofacerating	Portail d'informations sur les entreprises, secteurs et pays	www.cofacerating.fr
Dun&Bradstreet	Données sur 11 millions d'entreprises américaines	www.dnb.com
Skyminder	Bilans de 50 millions d'entreprises mondiales	www.skyminder.com
One source global business information	Données financières sur des millions d'entreprises dans le monde entier	www.onesource.com

À noter que la plupart de ces sites sont en accès par abonnement payant ou achat à l'acte : societe.com constitue une exception en délivrant gratuitement des extraits de bilans, le document complet pouvant être acheté en ligne.

Les sociétés cotées mettent facilement en ligne leurs derniers rapports annuels ou semestriels. En revanche, plusieurs sites regroupant des rapports annuels comme rapportannuel.com ou reportgallery.com ont fermé récemment. Les organismes régulateurs de la Bourse (AMF en France, SEC aux États-Unis) proposent sur leur site de nombreux documents et informations concernant les sociétés cotées.

Repérer des indicateurs économiques concernant des pays ou régions

Missions économiques	Pour 133 pays du monde, la rubrique Information pays délivre, sous la forme d'un fichier pdf téléchargeable gratuitement, des données sur la situation économique du pays et les grands indicateurs utiles	www.dgtpe.fr/se/
OCDE	Propose l'accès aux données statistiques de tous les pays membres de l'OCDE Accès aux statistiques par thème ou par pays	www.oecd.org
Organisation mondiale du commerce	Liens vers les 153 membres de l'OMC. Donne accès aux renseignements essentiels sur les statistiques commerciales, les engagements pris dans le cadre de l'OMC, etc.	www.wto.org
Banque mondiale	La rubrique Pays et régions propose des rapports, statistiques et études par continent sur 100 pays en développement (le site donne accès en ligne aux indicateurs économiques du monde *via* le *World Developpement indicators*, compilation annuelle d'indicateurs statistiques)	www.worldbank.org
Worldfactbook CIA	Le Worldfactbook contient un grand nombre d'indicateurs économiques ou démographiques sur tous les pays du monde	https://www.cia.gov/library/publications/the-world-factbook/

QR 18 COMMENT CHERCHER L'INFORMATION SCIENTIFIQUE ET TECHNIQUE ?

L'information scientifique et technique (IST) couvre les vastes domaines de la recherche universitaire ainsi que de l'industrie. On y trouve une production de plus en plus abondante de la part des chercheurs, avec un nombre très important de revues ou comptes rendus de colloques et congrès, en croissance exponentielle depuis une cinquantaine d'années. Le passage au support électronique et, en particulier, le développement des archives ouvertes ont ouvert l'accès à un corpus gigantesque de données issues de revues à comité de lecture, mais également publiées directement par les chercheurs. Le support électronique se prête en effet tout particulièrement à la diffusion de l'IST, de par son caractère interactif et une couverture internationale.

Contrairement au domaine de l'information économique et financière, on trouvera sur le web un grand nombre de bases de données gratuites en sciences, techniques et médecine : la célèbre base Medline de résumés d'articles de revues médicales, par exemple, est en libre accès depuis plusieurs années. Des moteurs spécialisés comme Scirus ou Google Scholar permettent d'identifier des ressources scientifiques et techniques de qualité.

Bien engager sa recherche

Le tableau ci-dessous répertorie quelques grands portails et outils incontournables pour démarrer une recherche d'informations scientifiques et techniques.

Inist	Portail multidisciplinaire permettant la consultation d'un ensemble de bases de données et de revues scientifiques	www.inist.fr
Science Direct	Accès au texte intégral des publications (plus de 2 000 revues) de l'éditeur Elsevier (accès payant)	www.sciencedirect.com
Scirus	Créé par l'éditeur Elsevier et basé sur le moteur Fast, un moteur dédié à l'IST (articles, brevets, pages de chercheurs, prépublications, etc.). Va disparaître courant 2014.	www.scirus.com
Exemplar	Lancé début 2010 par l'éditeur scientifique Springer. Contient des articles édités par Springer ainsi que des articles en *open access*.	www.springerexemplar. com/

Exploiter des sites de prépublications scientifiques, des archives ouvertes

Le principe des archives ouvertes est « le stockage des publications scientifiques sur des serveurs fonctionnant avec un logiciel *open source*, permettant une interopérabilité avec d'autres serveurs et offrant un accès totalement gratuit », selon le dossier réalisé sur le sujet par l'École des ponts et chaussées[107].

Le protocole OAI-PMH permet le « moissonnage » de métadonnées d'une archive ouverte vers le serveur d'un fournisseur de services.

Un des exemples les plus connus d'espaces de publication en *open access* est la célèbre revue *Public Library of Science* (PLOS) ; voici quelques autres sites incontournables.

Open Archives Open Doar	Liste de sites d'archives compatibles au format OAI	www.openarchives.org www.opendoar.org
Arxiv	L'un des plus anciens sites de prépublications en mathématiques, physique, informatique	http://arxiv.org
Oaister	Répertoire de revues électroniques et d'archives e-print en accès libre. Contient plus de 23 millions de ressources	www.oaister.org

Découvrir des brevets français et internationaux

Des bases de données de brevets sont depuis plusieurs années accessibles gratuitement sur le web (les bases payantes offrent bien sûr des fonctionnalités supplémentaires).

L'étude des brevets reste essentielle puisqu'elle permet notamment :

- d'éviter la contrefaçon (même involontaire). Un brevet est valide tant qu'il est entretenu, et ceci pour une durée limitée à 20 ans. Pendant cette période, son utilisation ne peut être autorisée que par le déposant ;
- de découvrir des brevets qui risquent de freiner le développement du produit ou procédé ;
- de faire le point sur les entités ou structures travaillant dans le domaine, et de voir les axes d'évolution des principaux acteurs ;
- d'établir un panorama des technologies utilisées et des solutions adoptées pour assurer une fonction particulière ;
- de dégager des créneaux non exploités, des solutions potentielles.

107 www.enpc.fr/fr/documentation/doc_electronique/dossier_openaccess.htm

Différentes informations sont utilisables pour rechercher des brevets correspondant à un thème donné : le numéro (*patent number*), la date de publication (date à laquelle le brevet a été déposé à l'office de brevets : *filed date*), la date d'émission (date à laquelle le brevet est publiquement accessible : *issue date*), le nom du déposant (*assignee name*), le titre (*title*), le résumé (*abstract*), le nom du(des) inventeur(s) (*inventor name*), la date de dépôt (*publication or filed date*), la classe internationale[108] (*international class :* les brevets sont rangés dans des classes correspondant à des domaines d'activité, en fonction de ce qui y est décrit), corps du brevet (*full text*).

Rappelons que, dans chaque pays, existe un organisme gérant les brevets et l'ensemble des activités de propriété intellectuelle, tel l'INPI pour la France.

On peut donc se connecter aux différents offices nationaux de brevets pour avoir accès aux bases nationales.

- Le service de recherche PATENTSCOPE®[109] permet d'effectuer des recherches en texte complet dans plus de 1,4 million de demandes internationales de brevet publiées depuis 1978.

- L'USPTO[110] (US Patent and Trademark Office) propose le texte intégral d'environ 650 000 brevets américains depuis 1976. À noter que Scirus, le portail scientifique et technique gratuit d'Elsevier, référence les brevets de l'USPTO sur son métamoteur de recherche de bases de données. On peut ainsi chercher à partir de mots-clés à la fois sur des articles et des brevets.

Autres sites utiles pour la recherche de brevets

Office européen des brevets	Gratuit. Recherche par mots-clés, nom du déposant, date, classification européenne ou internationale, etc.	http://ep.espacenet.com
Plutarque (INPI)	Brevets français et européens. Recherche gratuite, visualisation payante	www.plutarque.com
Google Patents	Recherche sur plus de 7 millions de brevets américains	www.google.com/patents

108 Répertoire des classes internationales en ligne www.wipo.int/classifications

109 www.wipo.int/patentscope/fr

110 www.uspto.gov/patft

QR 19 COMMENT RECHERCHER EFFICACEMENT AVEC TWITTER ?

Twitter, un outil de recherche d'information ?

Twitter est bien davantage un outil de communication qu'un moteur de recherche d'information. Rappelons que l'outil a été lancé en 2006 et que son objectif initial est de permettre à un groupe de personnes de communiquer en échangeant des messages courts, de type SMS (limités à 140 caractères). Mais Twitter s'est imposé au fil des années comme un véritable outil de recherche d'information et de veille : de nombreuses entreprises, institutions, personnalités du monde politique ou économique diffusent quotidiennement de l'information en temps réel sur la plate-forme de « gazouillis » (tweet en anglais). Twitter est particulièrement adapté pour découvrir des contenus « propulsés » via la plate-forme : billets de blogs, articles, opinions... Twitter fait ainsi désormais partie de la panoplie des veilleurs, que ce soit pour surveiller l'e-réputation d'une personne ou d'une entité, pour scruter le web en temps réel, ou pour obtenir un écho (même biaisé) de l'opinion sur un sujet d'actualité... (voir chapitre 1, paragraphe 2.3).

Un signe de l'importance prise par Twitter ? La bibliothèque du Congrès a entrepris depuis 2010 d'archiver l'ensemble des messages publiés depuis l'origine. Le nombre de messages archivés dépasse aujourd'hui les 180 milliards !

Parlons le Twitter sans peine

La première prise en main de Twitter peu sembler un peu déroutante pour le néophyte, dans la mesure où la plate-forme utilise un vocabulaire qui peut sembler un peu ésotérique au départ :

- Tweet : message en 140 caractères maximum diffusé sur la plate-forme Twitter
- Hashtag : mot-clé précédé d'un dièse. Permet de désigner un terme comme sujet principal d'un tweet et de faciliter les recherches ou le suivi d'un mot-clé (nom de personne, sujet...)
- Abonnés ou Followers : les membres du réseau Twitter qui suivent un compte donné
- Abonnements ou Following : les membres du réseau Twitter que suit un utilisateur
- Twittos (ou Twitteur, ou twitterer) : utilisateur du réseau Twitter
- RT ou retweet : permet de rediffuser aux abonnés à un compte un message publié par un autre membre du réseau
- Favorites : permet de marquer ses tweets préférés
- @ : l'arobase accolée à un nom d'utilisateur sert à le citer dans un message : @nom ou @pseudo. Lorsqu'un nom d'utilisateur est précédé d'un symbole @, il devient un lien vers un profil.

Le moteur de recherche officiel : Twitter Search

Twitter Search est le moteur « officiel » associé à la plate-forme. C'est l'un des moteurs les plus performants pour y effectuer des recherches ponctuelles (la recherche automatisée n'est pas proposée). De nombreuses options de recherche avancée sont proposées :

- les options classiques des moteurs web : guillemets pour chercher une expression, - pour exclure un terme, OR pour chercher un terme ou un autre ;
- filtrage par langue (à partir des codes de langues ou du filtre de recherche avancée de Twitter Search) ;
- ciblage de la recherche sur des messages provenant d'un utilisateur donné (from:nom), adressés à un destinataire (to:nom), ou mentionnant un utilisateur (@nom) ;
- pour éviter les phénomènes de redondance, exclusion des retweet en rajoutant dans la requête -RT. On peut également limiter la recherche aux tweets contenant des liens avec la commande filter:links ;
- recherche par géolocalisation, avec possibilité de donner une distance maximum en kilomètres ;
- filtrage des messages selon les opinions exprimées, qu'elles soient positives (smiley positif) ou négatives (smiley négatif). Bien entendu, ce mode de filtrage n'est pas toujours efficace et ne tient pas compte du contexte et de l'environnement sémantique, et ne peut détecter une éventuelle ironie dans les messages...

Opérateurs de recherche

Operator	Finds tweets...
twitter search	containing both "twitter" and "search". This is the default operator.
"happy hour"	containing the exact phrase "happy hour".
love OR hate	containing either "love" or "hate" (or both).
beer -root	containing "beer" but not "root".
#haiku	containing the hashtag "haiku".
from:alexiskold	sent from person "alexiskold".
to:techcrunch	sent to person "techcrunch".
@mashable	referencing person "mashable".
"happy hour" near:"san francisco"	containing the exact phrase "happy hour" and sent near "san francisco".
near:NYC within:15mi	sent within 15 miles of "NYC".
superhero since:2010-12-27	containing "superhero" and sent since date "2010-12-27" (year-month-day).
ftw until:2010-12-27	containing "ftw" and sent up to date "2010-12-27".
movie -scary :)	containing "movie", but not "scary", and with a positive attitude.
flight :(	containing "flight" and with a negative attitude.
traffic ?	containing "traffic" and asking a question.
hilarious filter:links	containing "hilarious" and linking to URLs.
news source:twitterfeed	containing "news" and entered via TwitterFeed

Twitter : une galaxie d'applications et de services... en recomposition

On ne compte plus les nombreux services satellites qui gravitent dans la « galaxie Twitter ». De nombreux outils de recherche et de veille, parfois éphémères, se sont développés au cours des dernières années. Citons parmi les plus utiles et jusqu'à présent durables :

- HootSuite, outil de gestion des réseaux sociaux sous forme de tableau de bord qui permet aux utilisateurs de se tenir au courant en temps réel de l'activité de leurs comptes sur Twitter, Facebook, Linkedin, Google Plus...
- Twitpic : partage de photos et vidéos publiées sur Twitter
- Tweetbeep : l'équivalent d'un « Google alerts » pour Twitter : alerte l'utilisateur par mél dès qu'un des mots-clés sous surveillance apparaît sur Twitter (paramétrage possible toutes les heures)
- Twitscoop : serait plutôt l'équivalent d'un « Google trends » en proposant un système de ranking des mots-clés afin de détecter les tendances émergentes.

Un certain nombre de services développés à partir de Twitter ont souffert de la modification de l'API (interface de programmation) survenue en juin 2013. C'est le cas notamment de l'excellente plate-forme Tweetdeck, qui avait été rachetée par Twitter en 2011. Tweetdeck continue d'exister en tant qu'extension pour Chrome et en version web.

Il n'est plus possible actuellement de générer des flux RSS directement à partir de Twitter (mais c'est encore possible via Netvibes ou autres applications). On trouvera dans la blogosphère[111] des explications (à remettre à jour éventuellement !) sur la démarche à suivre depuis juin 2013 pour générer des flux RSS avec la nouvelle API Twitter.

QR 20 QUELQUES OUTILS SIMPLES ET GRATUITS POUR L'ANALYSE AUTOMATIQUE DE L'INFORMATION

Nous avons mentionné tout au long de cet ouvrage l'importance de l'analyse de l'information, que ce soit dans le cadre d'un processus de recherche ponctuelle ou de veille automatisée.

L'analyse de l'information est un processus complexe qui nécessite bien entendu une intervention humaine importante. Cette fiche présente une sélection d'outils gratuits permettant d'aider à l'analyse de l'information. Ces outils effectuent des opérations d'extraction automatisées d'informations contenues dans un document ou dans

111 Par exemple ici : http://www.digital-strategy.fr/veille-numerique/tools/twitter-generer-des-flux-rss-avec-la-nouvelle-api

des données non structurées. Les méthodes utilisées relèvent de la statistique, de la linguistique et de la sémantique.

Là encore, il ne faut pas s'attendre à des outils « miracles » pouvant se substituer à l'intelligence humaine. Néanmoins, on peut distinguer plusieurs familles de solutions qui peuvent aider l'internaute veilleur professionnel ou non à se libérer de la surabondance d'information et faire émerger les fameux « signaux faibles ».

Les outils de mind mapping

Nous avons évoqué au chapitre 4 (méthodes de sourcing) la possibilité de représenter des sources d'information, ou bien des résultats de recherche, sous la forme d'une carte mentale (appelée également carte heuristique ou carte mentale). Plusieurs logiciels ou solutions en ligne permettent de réaliser ce type de carte. Ces solutions sont destinées à représenter des liens sémantiques entre idées, ou à hiérarchiser des concepts selon une arborescence définie par l'utilisateur. On peut réaliser très simplement, parfois en temps réel, ou même de façon collective, une carte heuristique destinée à clarifier des idées en amont d'un projet. À partir d'un nœud central, on ajoutera des branches et des sous-nœuds, reliés entre eux. Des icones et des repères de couleur agrémentent le caractère visuel de la carte.

Exemples de solutions de mind mapping :

XMind	Très complet, contient des modèles d'analyse prédéfinis (SWOT, PESTEL)
Free Mind	L'un des logiciels de mind mapping les plus anciens, facile à utiliser mais parfois austère
Mindomo	Solution entièrement en ligne, offrant moins de fonctionnalités dans sa version gratuite, mais très facile à prendre en main. Possibilité de partage de cartographies

Les outils de visualisation de données

Ces outils permettent de visualiser graphiquement des données afin de faciliter leur compréhension. La plupart des solutions sont basées sur des modèles de représentations graphiques classiques (diagrammes, histogrammes) mais certains proposent également des options plus originales (arborescences, nuages de mots...).

Caractéristiques des outils de visualisation

Many Eyes (IBM)	Possibilité de choisir son modèle de représentation (carte, graphique, diagramme en réseau, treemap, tag cloud, etc.), de réaliser son schéma, de partager sa réalisation.
Impure (Bestiario)	Créé par une start-up barcelonaise, il intègre un langage de programmation visuelle et propose, à partir de l'interface présentée sur le site, de rassembler, gérer et visualiser des informations de différentes provenances (web, fichiers personnels). La société propose également depuis 2012 un environnement de programmation visuelle baptisé Quadrigram.
Zoho Reports	Zoho Reports peut récupérer les données venant de différents formats de fichiers ou directement d'une base de données et les transformer en graphiques sectoriels, tableaux et tables pivots, autant de formats familiers aux utilisateurs de tableurs.
Google Chart Tools (Google)	Conçu pour visualiser des données résidant ailleurs, par exemple sur un site web ou au sein de Google Docs. Il offre à la fois les API Charts utilisant une simple requête URL vers un serveur de graphiques Google pour créer une image statique, et l'API Visualisation qui accède à une bibliothèque JavaScript pour bâtir des graphiques interactifs.

Certains de ces outils de visualisation sont associés à des agrégateurs d'actualités et servent à faciliter la consultation et faire émerger d'éventuels « signaux faibles ». Les agrégateurs (payants, sur abonnement) Factiva ou Business Source Complete offrent ainsi la possibilité d'affiner les résultats d'une requête à travers des extractions d'entités nommées, d'analyse de termes récurrents, ou de représentation graphique sous forme d'histogramme.

Le site Newsmap propose ce type d'affichage sous forme de blocs de couleur, appliqué au service Google News. On obtient ainsi une vue d'ensemble constamment mise à jour sur l'actualité, classée par thématique et par pays.

Notons également l'approche originale proposée par l'agrégateur américain Silobreaker : à partir d'une requête faite de mots-clés, le moteur génère un graphe relationnel des entités nommées (noms de personnes, de lieux, d'entreprises…) citées dans les articles répondant le mieux à la requête. Les co-occurrences de termes sont ainsi mises en évidence et peuvent aider à faciliter la formation d'hypothèses sur les données.

Les outils de cartographie relationnelle

Ils permettent de visualiser des liens parfois difficiles à déceler entre des personnes, des entités, des entreprises... On peut s'en servir pour mettre en évidence le réseau d'influence d'un dirigeant, d'éventuels conflits d'intérêts. Chaque entité (ou personne) est représentée sur le graphe par un nœud, et les relations sont représentées par des tracés dont la longueur et la couleur varient selon la nature des données. Ces solutions utilisent des algorithmes de spatialisation ainsi que des filtres statistiques.

Gephi	Solution Open Source développée à l'Université technologique de Compiègne. Permet de réaliser des graphes très détaillés
Touchgraph	Une version de démonstration peut servir à cartographier les liens de similarité entre sites, ou encore des liens d'amitié dans Facebook.
Just Map it	Développé par Social Computing, permet de cartographier des flux RSS

Les outils de création de frises chronologiques

L'analyse « temporelle » est une courbe qui permet de suivre dans le temps un mot-clé ou un sujet. Les frises chronologiques sont idéales pour suivre l'évolution d'une crise, ou mettre en évidence la simultanéité d'événements dans le temps. La plupart des frises sont de forme linéaire, mais peuvent éventuellement adopter d'autres formes. On peut les utiliser comme produits livrables de veille, notamment pour retracer une suite d'événements, avec possibilité de liens vers des documents textuels ou multimédias.

Dipity	En ligne, possibilité de réutiliser des frises déjà réalisées par des internautes
XTimeline	Possibilité d'associer des images, vidéos, séquences en Flash...
Simile	Conçu par le MIT

Les outils de résumés automatiques

En fait, cette catégorie d'outil extrait essentiellement des phrases les plus importantes d'un texte et les met bout à bout afin de créer un résumé. On peut ainsi éviter des lectures fastidieuses ! Ces solutions fonctionnent avec plusieurs formats de documents et un grand nombre de langues. Parmi les solutions les plus utilisées, citons Copernic Summarizer (que l'on peut tester gratuitement pour une période d'un mois) ou Essential Mining (que l'on peut teste en ligne).

Les solutions d'analyse bibliométrique

Il peut être particulièrement éclairant, notamment dans le domaine de la veille technologique, de mettre en évidence les collaborations entre chercheurs ou entre institutions de recherche. La cartographie peut ainsi servir à représenter et matérialiser la sociabilité scientifique, par exemple :

- la visualisation des liens entre chercheurs, entre auteurs d'articles portant sur des thèmes similaires de recherche, entre codéposants d'un même brevet
- l'identification des inventeurs communs à plusieurs entreprises ;
- le nombre de citations d'un brevet dans d'autres brevets, afin d'en mesurer l'importance et l'influence ;
- le repérage de communautés de chercheurs internationaux travaillant sur un même sujet.

Le logiciel Intellixir offre des fonctionnalités importantes d'analyse à partir de plusieurs champs personnalisés (code brevet, mots-clés, auteurs, affiliation...) et de représentation sous forme cartographique des interactions entre plusieurs valeurs. On peut ainsi réaliser automatiquement des classifications de portefeuilles de brevets et mettre en évidence des axes de recherche invisibles via des méthodes d'analyse humaine classiques Intellixir.

Certains logiciels se spécialisent dans la veille brevets et l'analyse automatisée de leurs contenus ; c'est le cas de Matheo Patent qui peut effectuer une analyse selon plusieurs critères (nom de déposants, pays d'origine, dates, etc.).

EN GUISE DE CONCLUSION

1. GOOGLE, TOUJOURS ET PARTOUT, MAIS JUSQU'À QUAND ?

31 janvier 2009 : une panne de courte durée affecte le moteur Google à la suite d'une série d'erreurs. Durant une cinquantaine de minutes, le moteur de recherche indique comme potentiellement dangereux les sites trouvés suite à une requête et en interdit l'accès aux internautes. La conséquence immédiate de ce bug est une baisse très importante du trafic sur le web[112]... Apparemment anodin, cet incident est révélateur de l'importance qu'a prise le géant du web dans les usages des internautes. Une étude publiée en 2013 affirme que les outils et services de Google représentent plus d'un quart du trafic Internet aux États-Unis.

Janvier 2019 : Google sera-t-il encore le moteur de référence ? Utiliserons-nous encore des moteurs de recherche pour accéder aux contenus informationnels ? Quelle sera la place des moteurs dans le web de données, et dans le futur web des objets connectés entre eux ?

Google a gagné haut la main la première guerre des moteurs. Comme le rappelle Olivier Andrieu dans la préface de cet ouvrage, « l'ogre Google » a réussi en dix ans le tour de force de faire de son nom un synonyme de « moteur de recherche ». Un autre expert de la recherche web, Danny Sullivan, fondateur de Search Engine Land, résume en une phrase la difficulté à laquelle sont confrontés ses concurrents pour attaquer sa position de leader : « Google est une habitude, et les habitudes sont très difficiles à casser » (« *Google is a habit, and habits are very hard to break*[113] »). Pour lui, suggérer aux gens d'utiliser d'autres moteurs de recherche, dans l'objectif de sortir d'une situation de quasi-monopole, « ce serait comme de leur dire : "Vous devriez vous trouver un nouveau meilleur ami" » (« *It's like saying "You should go get a new best friend"* »).

Google est ainsi devenu le paradigme d'un nouveau monde numérique. *What would Google do ?* (traduit en français par *La Méthode Google*), tel est le titre d'un ouvrage paru en 2009, sous la plume du journaliste Jeff Jarvis[114]. Selon l'auteur, « Google n'est pas l'ennemi. Google est la clé de la compréhension de la nouvelle économie et du nouveau monde qui s'ouvre ». Jeff Jarvis analyse les facteurs clés de succès du géant californien (produire des contenus gratuits, offrir

112 Voir notamment l'article « Défaillance Google du 31 janvier 2009 : 50 minutes pour un retour à la normale », *AT Internet Institute*, 2 février 2009, www.atinternet-institute.com/fr-fr/arrets-sur-l-actualite/panne-google-31-janvier-2009/index-1-1-1-158.html

113 Cité par Randall Stross, « Everyone loves Google, until it's too big », *The New York Times*, 22/02/2009. www.nytimes.com/2009/02/22/business/22digi.html ?_r=3

114 JARVIS, J., *La Méthode Google : que ferait Google à votre place ?*, Paris, FaberNovel, 2009.

réactivité et simplicité, donner du pouvoir aux utilisateurs, éliminer certains intermédiaires, etc.) et imagine comment ces méthodes pourraient s'appliquer à d'autres secteurs d'activités.

Google a laissé loin derrière lui ses principaux concurrents directs (Yahoo! et Bing notamment). Et pourtant la guerre des outils de recherche ne peut se réduire à un simple affrontement entre ces différents moteurs : de nouveaux entrants dans le secteur, amenant de nouveaux usages collaboratifs et sociaux font planer une menace sur l'hégémonie de Google dans le monde du web. En mars 2010, pour la première fois, le réseau social Facebook dépassait aux États-Unis en termes de trafic, et sur une semaine complète, le célèbre moteur. Les tentatives de Google pour s'imposer dans le monde des réseaux sociaux n'ont pas encore été couronnées de succès, malgré de grands moyens déployés autour de Google Plus depuis 2011 : ces manœuvres témoignent du déplacement de la « guerre des moteurs » sur le terrain du web social et de la fidélisation des internautes.

Cet affrontement entre les moteurs ne concernera donc pas la recherche textuelle, arrivée désormais à une certaine maturité ; le nouveau terrain d'affrontement se situera davantage du côté des services en ligne de toutes natures, du web temps réel et social, et également dans le domaine de la recherche multimédia.

2. QUEL MOTEUR IDÉAL POUR LES UTILISATEURS ?

À la lecture des pages précédentes, on pourrait arriver à la conclusion que l'outil « idéal » de recherche sur le web reste encore à créer... Si l'on souhaitait dresser un portrait-robot de ce moteur de rêve, on pourrait le définir doté notamment des attributs suivants.

- Index important de pages statiques et dynamiques, accès à des contenus de tous types (articles de presse, blogs, fils RSS, multimédia, etc.) avec des options thématiques ou sectorielles, mise à jour rapide des index.
- Interface d'interrogation permettant des options avancées de recherche booléenne, l'usage de la troncature, de suggestion de mots-clés ou synonymes, incluant un correcteur orthographique, la recherche phonétique, voire la recherche multilingue.
- Présentation des résultats possible sous forme de cartographie, options de catégorisation automatique.
- Possibilité de surveillance automatique des nouveaux résultats obtenus aux requêtes et des modifications du contenu des pages ; possibilité d'accès aux précédentes versions des pages, de résumés et de traductions automatiques.
- Personnalisation pour une meilleure interaction avec l'utilisateur et ses besoins ou critères de qualité, tout en préservant totalement sa vie privée, son anonymat ; ce qui représente un équilibre difficile, sinon quasi impossible à atteindre !
- Intégration aboutie au navigateur du ou des outils sélectionnés, permettant à la fois un usage direct des fonctionnalités du

moteur, mais aussi l'archivage des documents, leur indexation et leur partage.

- Accès optimisé via des ordinateurs, tablettes, smartphones... avec des fonctionnalités étudiées pour les mobiles
- Et, surtout, des algorithmes de classement des résultats non liés à des critères commerciaux, garantissant la plus grande pertinence par rapport aux termes de recherche.

Actuellement, aucun moteur ne peut prétendre correspondre à cet idéal, ni ne semble s'en rapprocher !

3. L'HUMAIN D'ABORD

Au-delà des aspects concernant l'interface, si la première guerre des moteurs se termine par une nette victoire de Google, d'autres terrains d'affrontement commencent à émerger ; les moteurs sociaux d'une part, les moteurs sémantiques d'autre part, sans oublier la recherche en « temps réel » (*real-time search*) qui constitue depuis le début des années 2010 un sérieux challenge pour les moteurs classiques.

Les dirigeants de Google sont bien entendu conscients de ces nouveaux enjeux et ne cessent d'innover : lors du salon I/O 2012, par exemple, a été présenté un outil de recherche contextuelle destiné aux utilisateurs de systèmes Android, et qui effectue des investigations sur le Web en fonction de l'heure, de l'agenda, ou de l'emplacement géographique de l'utilisateur. Avec cet outil baptisé Google Now, on est clairement dans le registre de la personnalisation mais on peut émettre des doutes sur le respect de la vie privée par cette nouvelle application...

Nous avons vu au chapitre 4 l'émergence de la « curation digitale », c'est-à-dire la pratique par des internautes de la sélection, de l'agrégation et du partage de contenus informationnels dans le but d'en faciliter l'accès. Au-delà de l'effet de mode, la pratique de la curation illustre un phénomène que l'on pourrait qualifier de « retour de l'humain » dans le processus de la recherche d'information sur Internet. Dans un même ordre d'idées, le blog « Demain la veille » relatait en mai 2013 l'expérimentation menée par une équipe conjointe de chercheurs de la Business School de Madrid et de l'Université de Cambridge. Ces chercheurs sont arrivés à déterminer la combinaison optimale pour assurer le taux le plus élevé de prédictions réussies. Les machines assurent les meilleures prédictions lorsque le contexte est sans ambiguïté. Mais l'humain démontre sa supériorité sur la machine dans un environnement incertain et mouvant, en moyenne l'avis de trois experts est requis...

Le blog EASI News annonçait en mars 2013 l'acquisition par Google de la société canadienne DNN Research, spécialisée dans les réseaux de neurones appliqués à la reconnaissance vocale et l'apprentissage du langage. Selon l'expert Christian Van Den Berghen, cette acquisition viendrait accélérer le rapprochement homme – machine : en tous cas, cette acquisition montre l'intérêt de Google pour l'apprentissage des machines, notamment le domaine de la reconnaissance vocale ou de la compréhension du langage.

4. LE WEB SÉMANTIQUE POUR RENFORCER L'« INTELLIGENCE » DES MACHINES

Les moteurs mentionnés dans les différents chapitres de cet ouvrage pourront innover en matière de collecte de contenus ou d'algorithmes de pertinence. Par contre, le type d'indexation pratiqué par ces outils demeure fondé sur une approche morphologique ou syntaxique, mais non pas sémantique. Actuellement, les moteurs classiques dans leur ensemble sont encore peu capables de désambiguïser un terme, de prendre en considération polysémies ou homonymies, etc.

Certes, ces moteurs commencent à intégrer de façon plus importante les technologies linguistiques : nous avons notamment évoqué, au chapitre 2, les possibilités d'interrogation de Wikipédia en langage naturel *via* le moteur Powerset.

Mais une autre voie se profile, à partir d'une meilleure description des contenus en amont : le concept de « web sémantique » repose sur l'idée d'une possibilité de recherche « intelligente » en fonction du sens des mots, et fondée sur des définitions créées pour des ordinateurs (et non pas pour des utilisateurs humains). Le web sémantique permet d'ajouter une couche de métadonnées aux informations existantes : en complétant les balises classiques html par des « annotations » XML plus riches en sens, et en utilisant la norme RDF (Resource Description Framework).

Les ontologies constituent la troisième composante du web sémantique : il s'agit de systèmes d'organisation des connaissances sur un ensemble d'objets et de concepts, et des relations et règles d'inférence entre ces concepts. Les ontologies sont spécialisées sur des domaines particuliers (par exemple dans le domaine médical) et permettent de constituer une structure de base de connaissances exploitée ensuite par des agents logiciels.

Ces développements auraient-ils pour conséquence la fin des moteurs de recherche tels que nous les utilisons au quotidien ? Certainement pas dans l'immédiat, dans la mesure où, à l'heure actuelle, seuls un très petit nombre de documents respectent les standards XML et RDF. De plus, il est important de donner à l'internaute différentes voies d'accès à l'information, et différents modes de recherche, afin qu'il conserve sa liberté de choix, en toute transparence.

5. UN WEB 3.0 DÉJÀ EN ROUTE, UN AVENIR TRÈS OUVERT

Ce terme de « web 3.0 » a commencé à poindre, depuis la fin de l'année 2006, dans des conférences et des débats. Le concept s'inscrit-il dans la continuité du web 2.0, ou bien en rupture ? Certains entendent le concept web 3.0 comme les prémices d'un web sémantique. D'autres, comme Fred Cavazza, y voient pour les services marchands d'Internet une nouvelle chaîne de valeur qui ne se limitera plus au web, mais s'étendra notamment aux terminaux mobiles, offrant ainsi de nouvelles perspectives aux services en ligne.

L'un des principes majeurs du web 2.0 était de repositionner l'internaute au cœur du réseau, en offrant davantage d'interactivité, et en développant l'aspect social et collaboratif du web. Le web 3.0 permettra non seulement aux humains d'interagir entre eux, mais offrira également une meilleure organisation de l'accès aux énormes gisements d'informations numérisées disponibles, en modélisant le cheminement du cerveau humain. Des machines pourraient ainsi extraire des informations, en se basant sur des métadonnées depuis de grands réservoirs d'information, et les agréger de façon à fournir à l'utilisateur, non pas une longue liste de documents, mais des données correspondant à sa requête. Le web de demain sera tout autant un web social qu'un web de données, voire un véritable web d'« objets ».

Avec la généralisation du web sémantique, les millions de documents disponibles sur le web seraient davantage structurés et formalisés, et leur contenu serait décrit par un balisage adéquat, basé sur les standards XML et RDF. Le web 3.0 peut être perçu comme une nouvelle extension, caractérisée sur le plan technique par ses aspects sémantiques, mais également par une participation collective encore plus étendue ainsi qu'une meilleure intégration de données hébergées actuellement sur plusieurs plates-formes, correspondant ainsi à la vision de Tim Berners-Lee d'un « web de données ». Nova Spivack, président de Radar Networks, reprenait en 2007 cette notion de *web of data*, en estimant que « nous sommes en train de passer d'un web de documents connectés à un véritable web de données. »

Le web sémantique répondrait ainsi aux aspirations de nombreux professionnels de la veille : d'une part, un accès à la connaissance et aux données formalisé, *via* des ontologies spécialisées, dans un métalangage permettant de s'affranchir de la barrière des langues et des ambiguïtés linguistiques ; d'autre part, des possibilités d'analyse de l'information accrues par des traitements linguistiques sophistiqués. Ces traitements s'adapteront tout particulièrement à de gros volumes d'informations structurés (bases de données de presse, de brevets), semi-structurés ou non structurés (CV, forums, courriers électroniques, etc.). Pour autant, la structuration apportée par le web sémantique ne constitue pas la panacée : cela permet juste une meilleure adéquation entre les requêtes formulées par la machine et les données disponibles.

6. LES RÉSEAUX SOCIAUX, AU CŒUR DES USAGES

En attendant la généralisation du web sémantique, on constate actuellement l'importance prise par les réseaux sociaux dans les usages du web. Une étude[115] menée en 2013 en Amérique du Nord par le cabinet Forrester met en évidence la place de plus en plus

115 http://www.forrester.com/How+Consumers+Found+Websites+In+2012/fulltext/-/E-RES92661

importante qu'ont prise récemment les réseaux sociaux dans les méthodes de recherche d'information sur le web. Selon cette étude, si 54 % des répondants utilisent toujours un moteur de recherche pour accéder à des sites connus ou non, ce sont aujourd'hui plus de 30 % des sondés qui utilisent les réseaux sociaux pour découvrir de nouveaux contenus en ligne (contre 18 % en 2010 et 25 % en 2011). L'exploration des liens passe en troisième position avec 28 % de citations (en baisse par rapport aux 31 % obtenus en 2011).

Cette recherche « sociale » est bien sur l'une des grandes tendances du moment, et remet en question le schéma classique de la requête par mots-clés popularisé par Google et ses prédécesseurs. Le moteur Graph Search, que Facebook lance à l'été 2013 aux États-Unis deviendra-t-il un concurrent direct de Google, ou sera-t-il un simple complément ? À l'heure où nous écrivons ces lignes, il est encore trop top pour se prononcer, mais il est certain que la guerre des géants Google et Facebook ne fait que commencer, et opposera pendant longtemps les deux camps ainsi que leurs alliés respectifs.

7. LE FUTUR DE LA RECHERCHE, SELON GOOGLE

Quelle que soit l'issue de cette nouvelle « guerre » des moteurs, il est certain que le modèle classique de la recherche par mots-clés va évoluer fortement au cours des prochaines années. Lors du lancement du « Knowledge Graph » à l'été 2012, des responsables de Google tentaient d'évoquer le futur de la recherche comme basé sur la contextualisation et non la requête. Le futur de la recherche passe également par une adaptation aux nouveaux usages mobiles (par exemple des recherches menées en conduisant une voiture, etc.). Dans ce cadre, les internautes ne peuvent plus se contenter d'une liste d'URL en guise de réponse. Selon le site Webrankinfo en mai 2013, Google testerait actuellement l'affichage de résultats sans leur URL. Ce qui risque de rendre encore plus difficile la traçabilité de l'information et illustre clairement le passage de l'algorithme classique du PageRank à l'« author rank »... (voir chapitre 2).

Quoi qu'il en soit, on constate un glissement du rôle des moteurs de recherche vers des moteurs « de réponses et de recommandations », selon l'expression utilisée par le site Abondance[116] en mai 2013.

Google deviendrait ainsi de plus en plus un moteur qui fournit la réponse, et non plus un moteur qui fournit un lien vers la réponse... C'est sur ce terrain de la recommandation que Facebook pourrait concurrencer Google avec son nouveau dispositif Graph Search.

Google continue de se désengager de certains secteurs jugés peu rentables (par exemple, l'agrégation de flux avec l'arrêt de Google Reader), mais poursuit sa politique de diversification et d'acquisition de start-ups innovantes. Au printemps 2013, Google a racheté la startup Wavii qui a mis au point une technologie de traitement du langage naturel. Un mois auparavant, Yahoo! avait racheté la société

116 http://www.abondance.com/actualites/20130502-12520-du-moteur-de-recherche-aux-moteurs-de-reponses-et-de-recommandations.html

Summ.ly, fondée par un jeune britannique de 17 ans, et qui propose une application permettant de lire facilement des actualités sur un terminal mobile.

La technologie Wavii met en oeuvre l'extraction d'information ouverte (Open Information Extraction). L'approche proposée par Wavii consiste à récupérer l'information via des milliers de sources (médias classiques, blogs, médias sociaux...), de la synthétiser et de la présenter sous forme de flux personnalisé correspondant aux besoins de l'utilisateur. Les possibilités d'interrogation en langage naturel permettraient ainsi aux smartphones de devenir des sortes d'assistants personnels « intelligents » à travers une panoplie d'outils intégrés : le service Google Now, cité plus haut, ainsi que les « lunettes Google » en sont des exemples désormais concrets.

Ainsi, l'avenir de la recherche d'information sur Internet reste très ouvert et il est bien difficile, tant les initiatives et les acteurs foisonnent, de se projeter dans un avenir même proche. Il est clair qu'aucun outil ne peut prétendre fournir « réponse à tout ». Aucune méthode de recherche ne peut s'imposer au détriment d'une autre. En fonction du type de données recherchées, l'internaute s'attachera avant tout à trouver les sources les plus adaptées, et différents outils, généralistes ou spécialisés, continueront de coexister. Les divers types d'objets documentaires, qu'ils soient matériels ou numériques, ainsi que les supports et outils de stockage, vont continuer à suivre l'évolution des technologies : les outils et méthodes de recherche s'adapteront *de facto* à cette évolution. Les enjeux financiers et sociaux, importants, joueront également un rôle non négligeable.

Une certitude toutefois : les dix règles d'or énoncées dans le premier chapitre de ce livre perdureront encore longtemps, dans la mesure où l'intelligence et la capacité d'analyse, de raisonnement et de distanciation propres à la personne humaine continueront à jouer un rôle clé pour des recherches fructueuses !

GLOSSAIRE

Add-on : Un add-on est un ajout logiciel, permettant d'apporter une extension à un logiciel. L'add-on est généralement produit par l'éditeur du logiciel, contrairement au plug-in.

Adresse IP : Numéro d'identification de chaque ordinateur connecté à Internet. IP signifie Internet Protocol. L'adresse est constituée de quatre nombres, compris entre 0 et 255, séparés par des points.

Agrégateur RSS (ou Atom) : équivalent de « lecteur RSS » (ou Atom). Outil permettant d'afficher en un seul espace les actualités publiées sous forme de fil RSS (ou Atom) par plusieurs sources. Parmi les plus utilisés, on peut citer Netvibes, Feedreader, the Old Reader...

AJAX (Asynchronous JavaScript And XML) : méthode informatique de développement d'applications Web permettant d'économiser de la bande passante, en ne rechargeant pas une page entière alors que seuls certains éléments ont besoin de l'être, mais en ne rafraîchissant que ces éléments de la page. Cela permet de produire des contenus dynamiques et réactifs en ne nécessitant que peu d'appels au serveur hébergeant la page. AJAX est une combinaison de plusieurs technologies : HTML, CSS, Javascript, XML De nombreux sites web 2.0 sont développés en AJAX.

AMP : Apache, MySQL, PHP. Il s'agit d'un environnement comprenant le logiciel de serveur Apache (l'un des serveurs http les plus répandus sur Internet) ainsi que les technologies MySQL et PHP (voir définitions).

API : Interface de programmation permettant à un utilisateur de développer des applications conviviales. De nombreux sites classiques ou 2.0 proposent des API pour intégrer automatiquement leur contenu à d'autres sites.

Archives ouvertes : Mode d'accès principalement utilisé pour les articles de revues ou de recherches universitaires, sélectionnés par des pairs, publiés gratuitement. Deux modes de publication sont possibles : la publication en libre accès dans des revues à accès ouvert comme la bibliothèque scientifique PLOS, ou l'auto-archivage par les auteurs de leurs articles dans un dépôt comme le projet HAL (Hyper articles en ligne) du CNRS. Le projet Open Archives Initiative (OAI) vise à faciliter l'échange et la valorisation d'archives numériques. Elle permet à des fournisseurs de services de moissonner des métadonnées sur les sites de fournisseurs de données.

Astrosurfing : Forme de propagande qui consiste à simuler la promotion d'une personnalité, produit, événement, ou autre par un public présenté comme indépendant, en donnant l'impression d'un mouvement populaire et spontané. Les services du web 2.0 (blogs, réseaux sociaux) peuvent faire partie de cette campagne de communication déguisée.

Atom : Format normalisé de syndication de contenu Web, basé sur le XML, qui permet, la syndication de contenu entre différentes ressources Web. Concurrent de RSS, le format Atom a été créé dans le but de simplifier les différents formats RSS existants. La différence entre les deux formats réside surtout dans l'emploi de balises XML différentes. Les deux formats sont généralement lus par les agrégateurs.

Balise META : Ces balises servent à intégrer des métadonnées dans une page HTML. Ces informations seront placées dans l'en-tête (HEAD) de la page, et ne seront pas visibles par l'internaute. Elles sont destinées essentiellement aux navigateurs web et aux moteurs de recherche. Parmi les balises META, on peut citer les balises Title (titre de la page), Description (description du contenu en quelques phrases), ou encore Keywords (mots-clés). Cette dernière balise est de moins en moins prise en compte par les moteurs de recherche.

Bêta : Version de test d'un logiciel ou d'un service qui n'est pas encore finalisé. La version bêta succède à la version alpha, et précède les versions release et stable. Plusieurs sites et services du web 2.0 sont en « perpétuelle version bêta ».

Blog : Journal personnel disponible sur le web. Peut être tenu par un particulier, un chercheur, un journaliste, un salarié d'entreprise ou plus rarement par un groupe de personne (entreprise, collectivité). Le blog a pour objet de diffuser des billets, généralement liés à l'actualité, et présentés par ordre chronologique, alors qu'un wiki est destiné à la mutualisation des connaissances. Un blog peut présenter des contenus multimédias.

Blogosphère : Désigne l'ensemble des blogs accessibles via le web, ou bien un ensemble ayant trait à un sujet, ou encore provenant d'une même origine géographique.

Bookmark : Désigne la possibilité de marquer une page web pour la retrouver aisément. On utilise également les termes signets, marque-page ou favori. Il s'agit d'un repère par lequel on enregistre l'adresse d'une page web ou un emplacement dans tout type de document, afin de pouvoir y revenir sans recherche et sans adresse à taper.

Bookmarking social : Désigne les plates-formes qui permettent de réunir et partager entre différents utilisateurs les liens (bookmarks) identifiés et taggés préalablement par ces utilisateurs. Les plates-formes les plus célèbres de bookmarking social sont Delicious et Diigo.

Bookmarklet : Lien permettant d'exécuter du javascript. Un bookmarklet peut être stocké soit en tant qu'URL dans un signet avec la plupart des navigateurs Web soit en tant qu'hyperlien dans une page web.

Bundle : Liasse. Sur Delicious, cette fonctionnalité permet de regrouper des étiquettes (tags). Chaque liasse peut correspondre au regroupement d'un ensemble d'étiquettes dans une catégorie plus large. Une liasse peut correspondre également à une facette désignant par exemple lieux, époques, disciplines, types de ressources

Buzz : « Bourdonnement ». Cette technique marketing consistant à faire du bruit autour d'un nouveau produit ou d'une offre pour les faire connaître auprès du public. Le buzz marketing peut s'appuyer sur l'aspect web 2.0 avec l'utilisation des blogs, réseaux sociaux et autres outils participatifs pour démultiplier les canaux d'information.

Buzzword : « Mot à la mode » souvent éphémère

Carte heuristique : Mind map en anglais, appelée également carte mentale ou carte conceptuelle. Il s'agit un diagramme qui représente les connexions sémantiques entre différentes idées, ainsi que les liens hiérarchiques entre différents concepts intellectuels. Une carte heuristique met en œuvre différentes composantes améliorant son exploitation : utilisation de formes, de couleurs et de graphismes (illustrations, symboles) qui permettent théoriquement une compréhension aisée par un fonctionnement optimal et conjoint des hémisphères cérébraux.

CGI : Common Gateway Interface. Programme écrit en langage C, C++, Visual Basic ou Perl exécuté sur le serveur et qui renvoie une page HTML au client. Les CGI sont utilisés pour automatiser des actions, par exemple pour récupérer les informations saisies par un utilisateur dans un formulaire HTML, ou accéder aux bases de données.

CMS : Content Management System (système de management ou de gestion de contenu). Famille de logiciels destinés à la conception et à la mise à jour dynamique de site web ou d'application multimédia. Un CMS doit permettre à une équipe éditoriale de travailler simultanément sur le contenu du site et à un responsable de publication de valider les différentes contributions avant leur mise en ligne. Exemples de CMS : SPIP, Joomla, Drupal

Contenu généré par les utilisateurs : Voir UGC.

Creative Commons : Les licences Creative Commons sont des contrats d'accès ouvert permettant aux titulaires de droits d'autoriser le public à effectuer certaines utilisations, tout en ayant la possibilité de réserver les exploitations commerciales, les oeuvres dérivées ou le degré de liberté. Ces autorisations non exclusives peuvent être utilisées pour tout type de création : texte, film, photo, musique, site web

Crowdsourcing : Littéralement « approvisionnement par la foule ». Le *crowdsourcing* consiste à utiliser la créativité, l'intelligence et le savoir-faire d'un grand nombre d'internautes pour créer des contenus, participer à l'alimentation d'un site. Cette participation des utilisateurs à la création des contenus représente une forme d'externalisation (outsourcing) et permet de réduire les coûts en se basant sur un système de bénévolat ou de micropaiement.

CSS : Cascading Style Sheets, ou feuilles de style en cascade. Il s'agit d'un langage qui permet de gérer la présentation d'une page Web. L'objectif est de séparer la structure du document HTML et sa présentation. Le langage CSS est une recommandation du World Wide Web Consortium (W3C), au même titre que HTML ou XML.

Curation de contenus : (Content curation en anglais) pratique qui consiste à sélectionner, éditorialiser, partager et republier des contenus numériques pertinents sur un sujet donné. La curation concerne des contenus textuels (articles, documents, billets de blogs) ou multimédias (images, vidéos).

Dépôt institutionnel : Offre un ensemble de services permettant aux chercheurs d'une institution d'enregistrer, préserver et diffuser des documents numériques. L'objectif étant de recueillir en texte intégral la production scientifique d'une institution et à la rendre librement accessible via Internet.

Digital natives : Désigne la génération qui a grandi dans un environnement numérique.

Dublin Core : Schéma de métadonnées qui permet de décrire des ressources numériques ou physiques et d'établir des relations avec d'autres ressources. Il comprend officiellement 15 éléments de description formels (titre, créateur, éditeur), intellectuels (sujet, description, langue) et relatifs à la propriété intellectuelle.

Encodage : Il en existe plusieurs formes. Un encodage numérique est un procédé de transformation d'une source vidéo ou audio en un format informatique déterminé ; un encodage de caractères définit une manière de représenter les caractères (lettres, chiffres, symboles) dans un système informatique ; un encodage sémantique est un procédé de transformation d'un langage formel (typiquement, un langage de programmation ou de description ou un langage mathématique) en un autre langage formel.

Favori : voir Bookmark.

Fil RSS (ou Atom) : Page XML accessible via Internet et contenant des actualités respectant le format RSS (ou Atom).

Filtrage collaboratif : Regroupe l'ensemble des méthodes qui visent à construire des systèmes de recommandation en fonction d'avis d'utilisateurs. La recommandation peut concerner des choix de lecture, musique

Flux RSS (ou Atom) : Synonyme de fil RSS (ou Atom).

Flash : Une des méthodes les plus populaires pour ajouter des animations et des objets interactifs à une page web. Flash est généralement utilisé pour créer des animations, des publicités ou des jeux vidéo. Les fichiers Flash, généralement appelés « animation Flash » sont au format .swf. Ils peuvent être inclus dans une page web et lus par le plug-in Flash du navigateur, ou bien interprétés indépendamment dans le lecteur Flash Player distribué par Adobe Systems.

Foire aux questions : Correspond à l'acronyme anglais **FAQ** (frequently asked questions). Il s'agit de questions récurrentes, accompagnées des réponses correspondantes.

Folksonomie : (TRADUIT également parfois par potonomie, peuplonomie) Ce mot valise, contraction de folk (peuple) et taxonomie, désigne une forme de « classification collaborative décentralisée spontanée » basée non pas sur un vocabulaire contrôlé et standardisé, mais sur des termes choisis par les utilisateurs eux-mêmes, intitulés tags. L'objectif étant de faciliter l'indexation des contenus, ainsi que la recherche d'information.

Fouille de données : En anglais, data mining. À pour objet l'extraction d'un savoir ou d'une connaissance à partir de grandes quantités de données, par des méthodes automatiques ou semi-automatiques, et l'utilisation industrielle ou opérationnelle de ce savoir.

Freemium : Modèle économique qui consiste en la mise à disposition gratuite d'un service de base. Pour accéder à des fonctionnalités plus étendues, les utilisateurs doivent payer, et utilisent alors une version « premium ». C'est l'un des modèles privilégiés des sites 2.0.

FTP : File Transfer Protocol. Protocole de communication destiné à l'échange informatique de fichiers sur un réseau TCP/IP. Il permet, depuis un ordinateur, de copier des fichiers vers un autre ordinateur du réseau, d'alimenter un site web, ou encore de supprimer ou de modifier des fichiers sur cet ordinateur.

General Public Licence : Ou Licence publique générale GNU, elle régit l'utilisation, l'usage et de diffusion, de la majorité des logiciels libres.

Géolocalisation : Procédé permettant de positionner un objet (une personne, une information...) sur un plan ou une carte à l'aide de ses coordonnées géographiques.

Geotagging : Géocodage. Consiste à apposer des méta-données géographiques (latitude, longitude, altitude, lieux de saisie) à des fichiers images, texte ou vidéo ou autre ressource numérisée accessible via le web.

GNU : Projet de système d'exploitation composé exclusivement de logiciels libres.

Granularité : Taille minimale d'un élément pouvant être manipulé par un système. Par granularité de l'information, on entend des niveaux d'information qui se situent en deçà (section, paragraphe, phrase, etc.) ou au-delà (série, collection, etc.) du document lui-même.

HTML : Hypertext Markup Language. Langage de description de documents qui permet d'écrire de l'hypertexte. Il s'agit d'un langage de balisage qui permet de créer des documents interopérables avec des équipements très variés de manière conforme aux exigences de l'accessibilité du web.

ID3 : Métadonnées pouvant être insérées dans un fichier audio, par exemple MP3. Ces métadonnées permettent d'avoir des informations sur le contenu du fichier comme le titre, le nom de l'interprète, ou encore la date de sortie.

Java : Technologie mise au point par Sun Microsystems qui permet de créer des logiciels fonctionnant quel que soit le type d'ordinateur utilisé (PC, Mac, Linux). Cette technologie regroupe plusieurs éléments : le langage de programmation orienté objet Java, la machine virtuelle Java qui permet à un programme Java de s'exécuter, et la plate-forme Java composée d'un moteur d'exécution et d'un compilateur.

Langage de balisage simplifié (LBS) : langage de balisage utilisant une syntaxe simple, conçue pour qu'un fichier en ce langage soit aisé à saisir avec un éditeur de texte simple, et facile à lire dans sa forme non formatée. L'application principale pour ces langages est la saisie de contenu pour un site web avec contributions d'auteurs variés, tels que les blogs et les wikis pour lesquels la seule interface garantie disponible pour tous les auteurs est une simple zone de texte.

Lecteur RSS : Voir agrégateur RSS.

Lightweight markup Language : Voir Langage de balisage simplifié.

Linked data : Les Linked Data ou Données Liées sont un projet officiel du W3C. L'objectif est de relier ensemble des données qui ne l'auraient pas été auparavant. Les données liées permettent de découvrir toutes sortes de données, de s'y connecter, d'en obtenir la description et de les utiliser.

Longue traîne : ou Long tail, expression définie par Chris Anderson, rédacteur en chef du magazine Wired. Désigne l'ensemble des produits des fonds de catalogues marchands de produits culturels (livres, musique) qui se vendent en proportion réduite, mais dont la somme des ventes pourrait collectivement dépasser la vente des produits les plus vendus. Ce concept marketing s'applique au modèle économique du web 2.0.

Mashup ou **Mash up :** Application web composite mixant plusieurs sources ou plusieurs contenus pour fournir un nouveau produit ou service. Le terme se traduit en français par remixage, ou mosaïque.

Méta-données : En anglais metadata. Il s'agit d'un ensemble de données structurées qui décrivent des documents imprimés ou numériques, permettent de les retrouver, de les partager et de les utiliser dans des contextes différents. On distingue : les métadonnées descriptives (nom de l'auteur, titre, etc.) ; les métadonnées administratives (déposant et son affiliation, droits d'accès au document, etc.) ; les métadonnées de structure (s'il y a des annexes, des documents liés, etc.)Le contenu des pages web est structuré à l'aide de balises méta, contenant des méta-données. Les métadonnées sont à la base des techniques du web sémantique.

Micro-blogging : Dérivé « allégé » du blog, permet de publier des contenus textuels en format court (moins de 140 caractères) et sans titre. Le but est de les partager avec ses connaissances ou n'importe quelle personne intéressée. Il est également possible de souscrire à des flux de personnes ou des canaux de discussion. Twitter en est la plate-forme la plus emblématique.

Moissonnage : Opération informatique au cours de laquelle un fournisseur de services récupère auprès d'un fournisseur de données, les métadonnées nécessaires à l'élaboration des services proposés. On appelle fournisseur de données le serveur informatique diffusant les métadonnées liées aux documents et fournissant ces mêmes documents. On appelle fournisseur de services un serveur informatique qui collecte les métadonnées issues d'un certain nombre de fournisseurs de données, et y apporte de la valeur ajoutée. Un fournisseur de services peut également être un fournisseur de données.

MP3 : Format de compression de données audio assurant une qualité d'écoute sur Internet comparable à celle d'un CD audio.

MySQL : Un système de gestion de base de données (SGBD). Il fait partie des logiciels de gestion de base de données les plus utilisés au monde. C'est un logiciel libre développé sous double licence en fonction de l'utilisation qui en est faite. MySQL a été acquis par la société Sun, elle-même reprise par Oracle Corp.

Nuage de tags : Présente les tags correspondant à un site (ou à plusieurs) en les regroupant sur un même espace et leur attribuant une taille variable suivant la fréquence d'utilisation ou d'occurrence. Cela donne une vision d'ensemble des principales thématiques. Le site *Tagcrowd.com*14 permet de générer un nuage de tags à partir d'un texte.

OIA-PMH : L'Open Archives Initiative (OAI) a défini un protocole de collecte de métadonnées (Protocol for Metadata Harvesting, PMH), généralement désigné par l'acronyme OAI-PMH, http://urfist-apps.unice.fr/wiki_AO

Open Source : S'applique aux logiciels dont la licence, généralement gratuite, respecte la possibilité de libre redistribution et l'accès au code source. Ce qui permet au logiciel d'être modifié et par une large communauté de développeurs à travers le monde. La notion de logiciel libre, très voisine de celle d'Open Source, repose sur la liberté d'utilisation, de modification, et de distribution.

Outsourcing : Externalisation. Désigne le transfert de tout ou partie d'une fonction d'une organisation (par exemple, les services informatiques) vers un partenaire externe. Le terme d'infogérance désigne les services d'externalisation informatique proposés par des sociétés de services en informatique.

PageRank : Système de classement des pages Web mis au point par les fondateurs du moteur Google. Il s'agit d'un algorithme qui permet de mesurer la popularité d'une page sur le Web. Cette note qui va de 0 à 10, est calculée en fonction de nombreux critères, dont entre autres le nombre de liens pointant vers la page, ainsi que la provenance de ces liens.

Parser : Analyseur syntaxique. Algorithme qui permet d'analyser un texte et d'en déterminer sa structure syntaxique afin d'effectuer divers traitements, par exemple une compilation.

Perl : Langage de programmation optimisé pour l'extraction d'information de fichiers textes et la génération de rapports. Perl est le langage le plus populaire pour l'écriture de scripts CGI (exécution de requêtes sur un serveur).

PHP : Hypertext Preprocessor. Langage de script souvent utilisé pour produire des pages Web dynamiques, c'est-à-dire dont une partie du contenu est créé ou extrait au moment de l'affichage de la page. Les atouts du langage PHP sont entre autres la possibilité d'inclure les scripts PHP au sein d'une page HTML, et la simplicité d'interfaçage avec des bases de données.

Plug-in : Petit programme complémentaire qui vient se greffer à un logiciel pour en augmenter les fonctionnalités. Il existe de nombreux plug-ins permettant aux navigateurs de lire certains formats d'image, de vidéo, ou de son.

Podcast : Issu de la combinaison des termes *iPod* (d'Apple) et *broadcasting*, ce terme désigne le fait de rendre disponible en ligne un fichier audio au format numérique. Ce fichier peut être téléchargé directement sur un ordinateur ou un périphérique, via un flux de diffusion. Équivalent français : baladodiffusion. L'utilisateur peut ainsi se composer une liste de lecture à la carte. Pour les fichiers vidéo, on emploie le terme de vidéocast.

Python : Langage de programmation souvent utilisé pour automatiser des enchaînements d'actions répétitives. Ce langage orienté objet s'inspire largement de Perl.

RDF : Resource Description Framework. Il s'agit d'un modèle de graphe destiné à décrire de façon formelle les ressources Web et leurs métadonnées, de façon à permettre le traitement automatique de telles descriptions. Développé par le W3C, RDF est le langage de base du Web sémantique.

Répertoire de ressources : Liste de sites web sélectionnés généralement pour leur qualité, et organisés selon un plan de classement. Le répertoire peut être généraliste ou spécialisé.

RSS : Really Simple Syndication (syndication vraiment simple) ou Rich site Summary (résumé de site riche). Ce format de syndication permet d'extraire automatiquement d'un site web ou d'un blog du contenu régulièrement mis à jour. Un fichier RSS est un simple fichier texte au format XML comportant la description synthétique du contenu. Ce format a été créé en 1999 par Netscape.

Script : Succession d'instructions informatiques rédigées sous forme de texte qui, une fois interprétées, vont être à l'origine d'actions.

Sémantisation : Désigne le fait de privilégier le contenu sémantique d'une unité linguistique. La sémantisation du web consiste à y ajouter une couche d'« intelligence » à partir de méta-données et de relations sémantiques entre termes.

Sérendipité : L'art de découvrir par chance ou sagacité de résultats que l'on ne cherchait pas.

Signet : voir Bookmark.

Social bookmarking : Partage de signets. Des plates-formes comme Delicious ou Diigo proposent aux internautes de mutualiser leurs signets en associant à chaque URL des mots clefs (tags).

SPAM : Envoi en masse de courriers électroniques, généralement publicitaires, et non sollicités par le destinataire. Le terme « pourriel » peut être utilisé en français à la place du terme SPAM, dont l'utilisation dans ce sens provient d'un sketch célèbre des Monty Python.

SPIP : Système de Publication pour l'Internet Partagé. Système de publication pour l'Internet qui s'attache particulièrement au fonctionnement collectif, au multilinguisme et à la facilité d'emploi. Il s'agit d'un logiciel libre, distribué sous la licence GNU/GPL. Il peut ainsi être utilisé pour tout site Internet, qu'il soit associatif ou institutionnel, personnel ou marchand.

SQL : Structured Query Language (langage structuré de requêtes). Langage informatique spécialisé dans l'interrogation de bases de données.

Système de gestion de contenu voir CMS.

TAG : Mot-clef sous forme d'« étiquette » que les utilisateurs peuvent apposer sur un document numérique (texte, photo, vidéo), de façon à en décrire le contenu. Le *tagging* introduit une part de subjectivité par rapport à l'indexation automatique effectuée par les moteurs. Les tags peuvent également être extraits automatiquement d'un texte en fonction de leur fréquence d'occurrence.

Tag cloud : Voir nuage de tags.

Tagger : Action d'apposer un tag ou étiquette.

Tagging (ou taggage) : Insertion d'une étiquette (tag) dans un fichier numérisé (image, texte, vidéo). La pratique du tagging peut être individuelle ou collective.

Triplet : Ensemble de trois éléments. Dans le web sémantique, un triplet désigne un ensemble composé de deux éléments (sujet, objet) et de la relation entre les deux (predicat). Ces triplets d'information sont appelés « définitions », et sont décrits via le langage RDF.

UGC : User Generated Content (Contenu généré par les utilisateurs). Désigne un ensemble de contenus produits ou directement influencés par les utilisateurs, principalement dans le domaine du texte (blogs et wikis), de la photo numérique ou de la vidéo (plates-formes de mutualisation). On oppose les UGC aux contenus traditionnels produits, vendus ou diffusés par les entreprises de média classiques.

URI : Uniform Resource Identifier. Il s'agit d'une courte chaîne de caractères destinée à identifier une ressource sur un réseau (par exemple une ressource Web). Un URI peut être de type « locator » (on parle alors d'URL) désignant l'emplacement, ou de type « name » (URN) qui identifie une ressource par son nom dans un espace de noms, indépendamment de son emplacement.

URL : Uniform Resource Locator. Chaîne de caractères utilisée pour désigner les ressources du Web : pages HTML, image, son, vidéo Elle indique l'endroit exact sur le réseau où se situe la ressource ainsi que le protocole nécessaire (http, ftp, etc.) pour pouvoir accéder à l'information. TinyURL est un service web qui offre de courts alias d'URL, plus faciles à saisir.

User Generated Content : Voir UGC.

Web de données : le concept de « web of data », imaginé par Tim Berners Lee, consiste en une meilleure structuration et interopérabilité des données disponibles sur le web. Le web sémantique est un web de données. On utilise également l'expression « web 3 ».

Web services : Programme informatique permettant la communication et l'échange de données entre applications et systèmes hétérogènes dans des environnements distribués à l'aide des fichiers XML. Des programmes résidant sur le serveur de la source interrogée reçoivent des ordres de requêtes sous forme d'URL, exécutent ces requêtes et renvoient les résultats au serveur donneur d'ordre.

Widget : Élément autonome et de petite taille apparaissant au sein d'une page Web ou sur le bureau d'un ordinateur et permettant d'afficher une information particulière ou offrant au visiteur la possibilité d'interagir avec le site. Le widget est prêt à l'emploi et peut être implanté facilement.

Wiki : Site web dynamique dont tout visiteur peut modifier les pages à loisir. Le terme vient la langue hawaïenne (wikiwiki = rapide). Un wiki a pour objectif de mutualiser des connaissances et est organisé autour d'un plan de classement. Les contributeurs d'un wiki sont généralement anonymes.

Workflow : Désigne la modélisation et la gestion informatiques de l'ensemble des tâches à accomplir et des différents acteurs impliqué dans la réalisation d'un processus métier. Le terme de Workflow pourrait être traduit en français par Gestion électronique des processus métier.

XML : Extensible Markup Language. Langage informatique de « balisage » générique. Il permet notamment d'élaborer des jeux de balises permettant de décrire et de qualifier le contenu d'un document. Les formats RSS et Atom sont des formats reposant sur deux jeux de balises qui leur sont propres et respectant le formalisme du XML.

XSLT : Extensible Style Language Transformations. Ce langage déclaratif sert à transformer un fichier XML en un fichier d'un autre format (HTML, texte pur, texte enrichi).

BIBLIOGRAPHIE/WEBOGRAPHIE

OUVRAGES

ANDERSON (C.), *The Long Tail: Why the Future of Business is Selling Less of More*, 2006.

ANDRIEU (O.), *Réussir son référencement web,* Paris, Eyrolles, 2013.

BALMISSE (G.), *La recherche d'information en entreprise*, Hermès, Paris, 2006.

BATTELLE (J.), *The Search. How Google and Its Rivals Rewrote the Rules of Business and Transformed Our Culture*, New York, Portfolio, 2005.

BENKLER (Y.), *La richesse des réseaux. Marchés et libertés à l'heure du partage social*, Lyon, Presses Universitaires de Lyon, 2009.

CARDON (D.), *La démocratie Internet. Promesses et limites*, Paris, Seuil/La République des idées, 2010.

CASTELLS (M.), *La galaxie Internet*, Paris, Fayard, 2001.

COLLECTIF, *La recherche d'information et le travail documentaire,* Paris, Nathan, 2012.

COLLECTIF, *Le document numérique à l'heure du web de données,* Séminaire INRIA, 1er au 5 octobre 2012 – Carnac, Paris, ADBS Éditions, 2012.

COURRIER (S.), *Produire des fils RSS et Atom*, Paris, ADBS Éditions, 2009.

DARNTON (R.), *Apologie du livre*, Paris, Folio Essais, 2012.

DESCHAMPS (C.), *Le nouveau management de l'information. La gestion des connaissances au cœur de l'entreprise 2.0,* Limoges, FYP Éditions, 2009.

DESCHAMPS (C.) et MOINET (N.), *La boîte à outils de l'intelligence économique*, Paris, Dunod, 2011.

FOENIX RIOU (B.), *Recherche éveillée sur Internet : mode d'emploi*, Paris, Bases/ Lavoisier, 2011.

ITEANU (O.), SALVATORI (O.), *L'identité numérique en question,* Paris, Eyrolles, 2010.

KYROU (A.), *Google God. Big Brother n'existe pas, il est partout*, Paris, Éditions Inculte, 2010.

LE COADIC (Y.-F.), *Le besoin d'information*, Paris, ADBS Éditions, 2008.

LEVY (S), *In the Plex. How Google Thinks, Works and Shapes our Lives*, New York, Simon & Schuster, 2011.

MOINET (N.) et MARCON (C.), *Développez et activez vos réseaux relationnels,* Paris Eyrolles, 2007.

STEPHENSON (G.A.), « Knowledge Browsing – Front-ends to statistical databases », Statistical and scientific Database Management, 1988, pp. 327-337.

WOLTON (D.), *Informer n'est pas communiquer*, Paris, CNRS Éditions, 2009.

ZARA (O.), *Réussir sa carrière grâce au Personal Branding*, Paris, Eyrolles, 2008.

ARTICLES

AGUITON (C.) et CARDON (D.), « The Strength of Weak Cooperation: an Attempt to Understand the Meaning of Web 2.0 », dans *Communication & Strategies*, n° 65, 1st quarter 2007, pp. 51-65.

ANDRIEU (O.), « Le mythe du PageRank », 25 octobre 2007, http://blog.abondance.com/2007/10/le-mythe-du-pagerank.html

ANDERSON (C.) et WOLFF (M.), « The Web is Dead, Long live the Internet », dans *Wired,* août 2010, [http://www.wired.com/magazine/2010/08/ff_webrip].

BAKSHY (E.), ROSENN (I.), MARLOW (C.) et ADAMIC (L.), « The Role of Social Networks in Information Diffusion », 2012 [http://www.scribd.com/facebook/d/78445521-Role-of-Social-Networks-in-Information-Diffusion].

BLANCHARD (A.), « Ce que le blog apporte à la recherche », in Marin Dacos (dir.), *Read/Write Book*, Marseille, Cléo (« Coll. Édition électronique »), 2010, [http://cleo.revues.org/172].

BOUTIN (E.), *La recherche d'information sur internet au prisme de la théorie des facettes*, Habilitation à diriger des recherches, 9 octobre 2008, Université de Toulon.

BOYD (D.) et ELLISON (N.), « Social network sites: Definition, history, and scholarship », dans *Journal of Computer-Mediated Communication*, vol. 13, n° 1, 2007 october, [http://jcmc.indiana.edu/vol13/issue1/boyd.ellison.html].

DELAHAYE (J.-P.), « Démocratie et notoriété sur Internet », dans *Pour la Science,* novembre 2005.

DE LA PORTE (X.), « L'internet, c'est fini », dans *InternetActu,* mars 2011, [http://www.internetactu.net/2011/03/21/linternet-cest-fini-la-technologie-est-devenue-le-soubassement-de-nos-vies].

GUILLAUD (H.), *« Qu'est ce que le web 2.0 : Modèles de conception et d'affaires pour la prochaine génération de logiciels »*, dans *InternetActu*, 21 avril 2006, [http://www.internetactu.net/2006/04/21/quest-ce-que-le-web-20-modeles-de-conception-et-daffaires-pour-la-prochaine-generation-de-logiciels/].

HOWE (J.) et ROBINSON (M.), « The rise of crowdsourcing », dans *Wired,* juin 2006, [http://www.wired.com/wired/archive/14.06/crowds.html].

LAWRENCE (S.) et GILES (C.L.), « Accessibility and Distribution of Information on the Web », *Nature*, 1999, vol. 400, pp. 107-109.

LIU (H.), MAES (P.) et DAVENPORT (G.), « Unraveling the taste fabric of social networks », dans *International Journal on Semantic Web and Information Systems*, vol. 2, n° 1, 2006, pp. 42-71.

MAUREL (L.), « La curation met le droit dans tous ses états », dans *Documentaliste-Sciences de l'information*, 2011, vol. 48, n° 2, pp. 13-14.

NOTHAFT (H.), « The myth of serendipity », dans *Techcrunch*, novembre 2010, [http://techcrunch.com/2010/11/27/myth-serendipity/].

NOYER (J.M.), GALLEZOT (G.), ERTZSCHEID (O.) et CHARTRON (G.), « De la numérisation des revues à leur déconstruction numérique », dans *Les Cahiers de la SFSIC*, n° 2, avril 2008, pp. 15-17, [http://archivesic.ccsd.cnrs.fr/sic_00288310].

PASQUALE (F.), « Rankings, Reductionism and Responsibility », *Cleveland State Law ReviewSymposium*, 21 novembre 2006.

PASQUINELLI (M.), « Google's PageRank. Diagram of the Cognitive Capitalism and Rentier of the Common Intellect », dans Becker (K.) et Stalder (F.) (dir.), *Deep Search. The Politics of Search beyond Google*, Insbruck, StudienVerlag, 2009, p. 155.

Révolution numérique et droits de l'individu : pour un citoyen libre et informé, rapport d'information n° 3560 des députés Patrick Bloche et Patrice Verchère. Assemblée nationale, juin 2011. Troisième partie : les droits des mineurs dans l'univers numérique, pp. 209-236, [http://www.assemblee-nationale.fr/13/rap-info/i3560.asp].

VERONIS (J.), « Google : le plus grand corpus linguistique de tous les temps », dans *Technologies du langage*, 16 décembre 2010, [http://blog.veronis.fr/2010/12/google-le-plus-grand-corpus.html].

INDEX

D

E

F

G

H

I

J

K

L

M

N

O

P

Q

R

S

Y

Z

TABLE DES MATIÈRES